Web GIS
原理与开发

主 编 袁 瑾
副主编 满 旺 郑小平

图书在版编目(CIP)数据

Web GIS 原理与开发 / 袁瑆主编. —西安:西安交通大学出版社,2023.10

ISBN 978-7-5693-3341-1

Ⅰ.①W… Ⅱ.①袁… Ⅲ.①地理信息系统—应用软件 Ⅳ.①P208

中国国家版本馆 CIP 数据核字(2023)第 124914 号

书　　名 Web GIS 原理与开发
Web GIS YUANLI YU KAIFA
主　　编 袁　瑆
策划编辑 李　佳
责任编辑 李　佳
责任校对 王　娜

出版发行 西安交通大学出版社
(西安市兴庆南路 1 号　邮政编码 710048)
网　　址 http://www.xjtupress.com
电　　话 (029)82668357　82667874(发行中心)
(029)82668315(总编办)
传　　真 (029)82668280
印　　刷 西安日报社印务中心

开　　本 787 mm×1090 mm　1/16　**印张** 18.875　**字数** 447 千字
版次印次 2023 年 10 月第 1 版　2023 年 10 月第 1 次印刷
书　　号 ISBN 978-7-5693-3341-1
定　　价 56.80 元

如发现印装质量问题,请与本社市场营销中心联系。
订购热线:(029)82665248　82667874
投稿热线:(029)82668818
读者信箱:19773706@qq.com

前　言

在数字化时代的今天，地理信息系统（geographic information system，GIS）已经成为全球及区域治理或城市管理等行业中基础性的、不可或缺的重要工具。随着互联网的普及和发展，Web GIS 作为 GIS 的一种延伸应用，也受到更多人的关注和应用。

本书旨在向读者介绍 Web GIS 的基本原理和开发技术，帮助读者了解并掌握 Web GIS 的相关知识。书中首先介绍了 Web GIS 的基本概念和发展历程，帮助读者了解 Web GIS 的起源和演变过程。随后详细介绍了 Web GIS 的基本原理，包括 Web GIS 基本原理与架构、Web 技术基础、GIS 技术基础、GIS Web 服务、GIS 应用热点等内容。读者通过对这些基本原理的学习，能够建立对 Web GIS 的整体框架、工作流程以及应用领域的认知。

在介绍了原理之后，本书以 Web GIS 的开源构建方案为例，重点介绍了 Web GIS 应用的开源开发技术和工具。书中详细介绍了 Web GIS 的后端服务构建软件和技术，包括后台空间数据库 POSTGIS 和 GIS 服务器 GeoServer 的安装与配置以及 GIS Web 服务的发布管理技术，前端的 JavaScript 编程语言和 OpenLayers 开发框架等，并结合实例讲解了如何使用这些技术进行 Web GIS 应用的开发。此外，书中着重介绍了开放地理信息联盟（open geospatial consortium，OGC）发布的标准体系以及创建标准 Web GIS 应用所用到的 OGC 标准，包括 WMS、WMTS、WFS、WCS 和 WPS 等。

本书在编写过程中借鉴了国内外相关优秀教材和文献的经验和成果，同时结合作者多年的教学和实践经验，既注重理论知识的传授，又注重实际应用的指导。书中内容丰富、应用性强，可作为高校 GIS 相关专业、网络地理信息系统专业课程教材，也适合广大 GIS 爱好者及从事相关工作的技术人员使用。由于编者水平有限及时间仓促，本书难免存在疏漏和不妥之处，敬请读者批评指正。

编　者

2023 年 2 月

目　录

原理篇

开发篇

原理篇

第1章　Web GIS 概述

20 世纪 60 年代，加拿大科学家罗杰·汤姆林森为了完成加拿大土地调查局的土地调查任务而开发了世界上第一个地理信息系统(geographic information system，GIS)。GIS 经过约 60 年的不断完善与发展，逐步成为一门专门处理地理空间位置有关问题的，能够对地理空间数据进行采集、存储、管理、分析、表达和共享的技术与科学。

1989 年，欧洲粒子物理研究所的蒂姆·伯纳斯·李博士领导的小组提交了一个针对互联网的新协议和一个使用该协议的文档系统，并将这个新系统命名为万维网(world wide web，Web)。Web 是人类在互联网上表达和交流信息的工具，Web 技术一经发明，就和人类的生产、生活深度结合。Web 和商务活动结合，产生了电子商务；Web 和政务活动结合，产生了电子政务；Web 和媒体结合，产生了新的媒体。Web 技术以开放包容的特点，在 30 多年的时间里，深度改变了人类生活的方方面面。

1.1　Web GIS 的概念

1. Web GIS

Web GIS 就是使用了 Web 技术的 GIS。Web 技术是开发互联网应用的技术的总称，包括 Web 客户端技术和 Web 服务端技术。Web 客户端技术包括超文本标记语言(hyper text markup language，HTML)、级联样式表(cascading style sheets，CSS)、JavaScript 语言、浏览器技术(Web browser)等；Web 的服务端技术包括 Web 服务器技术、应用服务器技术、数据库技术等。这些 Web 技术将在后面章节中详细讨论。

2. 互联网和万维网

人们容易把互联网和万维网认为是同样的事物，但两者在概念上有明显的区别。互联网强调的是硬件设施，是将海量计算机通过网络链路连接起来，并实现计算机与计算机之间通信和协作的计算机网络。互联网中的计算机之间的通信协作主要依靠各种互联网协议，包括物理层协议、链路层协议、传输控制/网络地址协议(transmission control protocol/Internet protocol，TCP/IP)、超文本传输协议(hypertext transfer protocol，HTTP)、简单邮件传输协议(simple mail transfer protocol，SMTP)、文件传输协议(file transfer protocol，FTP)、即时通信(instant message，IM)、远程登录(telnet)、对等网络(peer to peer，P2P)等。而万维网主要是指运行在互联网上的巨量的网站和超文本文件的集合，这些超文本文件通过超文本传输协议链接起来。万维网是互联网上的内容，是互联网最有价值的部分。

1.1.1 GIS 的 Web 化

GIS 为什么要和 Web 结合，它使用 Web 来做什么呢？Web 对 GIS 可以产生以下帮助。

1. 有利于 GIS 的推广和传播

传统的单机 GIS 系统安装过程复杂，而且价格高昂，一般用户接触不到专业复杂的 GIS 软件和数据。通过 Web 技术，所有安装了 Web 浏览器的计算机都能通过互联网访问 GIS 软件和数据，这使得更多用户能够接触到 GIS，使 GIS 能够从实验室走向大众，得到更加广泛地传播和应用。

2. 有利于 GIS 的数据安全和访问效率

GIS 具有海量的数据资源，通过单机系统访问 GIS 数据资源，需要将数据统一部署到桌面系统所在的主机中，这会带来损失效率和安全隐患。通过 Web 技术则可以按照“集中存储、按需访问”的原则，通过 Web 浏览器实现对用户感兴趣的 GIS 局部数据的在线访问。

3. 有利于 GIS 系统更新维护

单机 GIS 系统的软件和数据的更新，需要在每台计算机上进行软件和数据的安装、拷贝，耗时耗力。通过 Web 技术的帮助，GIS 的更新可以只考虑在服务器上的更新，客户端在访问服务器的时候可以自动访问到更新后的 GIS 软件和数据，显著提升了系统更新维护的效率。

4. 有利于 GIS 的共享和互用

Web 技术使各 GIS 系统能够在统一的 Web 标准协议之下完成链接，使 GIS 数据与功能的共享与互用成为可能。

全球可访问的、开放的、低成本的、高效的万维网为传统单机 GIS 赋予了新的特性和优势。GIS 技术和 Web 技术紧密结合，完成 GIS 的 Web 化，是 GIS 发展的必经之路。在 Web 技术的加持下，GIS 不再是一个单一的、孤立的单机信息系统，而是向互联互通、标准规范、形式多样、开放协作的 Web GIS 演变，GIS 的“S”，正在完成从单机系统（system）到网络服务（service）的转变。

1.1.2 狭义和广义的 Web GIS

1. 狭义的 Web GIS

狭义的 Web GIS 专指运行在 Web 浏览器上的 GIS。早期有学者一度认为“GIS＋Web 浏览器”就是 Web GIS，也从 Web GIS 这种概念的定义逻辑出发，衍生出移动 GIS、嵌入式 GIS 等概念。这种定义将现在常见的智能手机、嵌入式系统，还有各种穿戴式设备中使用的 GIS 排除在 Web GIS 的范畴之外，不利于 GIS 的发展。

2. 广义的 Web GIS

广义的 Web GIS 认为，除了包含运行在 Web 浏览器上的 GIS 外，所有的实现了服务端和客户端分离，服务端和客户端之间通过互联网、万维网标准协议进行通信的 GIS 系统都是

Web GIS。按照广义的 Web GIS 的定义，现有的运行在智能手机上的各类地图 app，运行在智能手表、智能眼镜上的各类穿戴设备上的需要与服务器进行通信的 GIS 系统，运行在桌面上的各类 GIS 系统（如 ArcGIS、SuperMap、QGIS）等，都是 Web GIS，都是 GIS Web 化后的产物。

1.2　Web GIS 的发展历程

1.2.1　罗杰 · 汤姆林森与 GIS

罗杰 • 汤姆林森（1933—2014）因为在 GIS 领域的开创性贡献而被认为是 GIS 之父，他 1933 年出生于英国剑桥，1951—1952 年曾经在英国皇家空军任飞行员，退伍后先后在英国诺丁汉大学和加拿大阿卡迪亚大学拿到了地理学和地质学两个学士学位，此后他主要在加拿大从事地理系统的顾问工作。

罗杰 • 汤姆林森于 1962 年开始用计算机制图，这是纯粹的事务性项目——加拿大土地调查局需要调查该国的土地信息，这需要约 800 万加元雇佣近 600 人的合格制图员用 3 年时间来完成，但政府只有 50 到 60 个合格的地图制图专业人员，于是罗杰 • 汤姆林森临危受命，分析了所有技术和经济的可行性报告，得出的结论是可以开发一个系统来完成这项工作，而且不需要几年，只需要几周时间就能完成，同时花费少于 200 万加元。这就是世界上第一个 GIS——加拿大地理信息系统诞生的背景。

1.2.2　蒂姆 · 伯纳斯 · 李与万维网

蒂姆 • 伯纳斯 • 李于 1984 年加入欧洲核子研究中心物理粒子实验室，1989 年 3 月，蒂姆向该组织递交了一份立项建议书，建议采用超文本技术（hypertext）把欧洲核子研究组织内部的各个实验室连接起来，在系统建成后，将可能扩展到全世界。1989 年夏天，蒂姆成功地开发出世界上第一个 Web 服务器和 Web 客户端程序。虽然这个 Web 服务器简陋得只是欧洲核子研究中心的电话号码簿，它只允许用户进入主机查询每个研究人员的电话号码，但它实实在在是一个所见即所得的超文本浏览/编辑器。

1989 年 12 月，蒂姆为他的发明正式定名为 World Wide Web，即我们所熟悉的万维网。万维网通过一种超文本方式，把网络上不同计算机内的信息结合在一起，并且可以通过超文本传输协议（HTTP）从一台 Web 服务器转到另一台 Web 服务器上检索信息。1991 年 5 月，万维网在Internet上首次露面就引起轰动，获得了极大的成功，被广泛推广应用。

1994 年，蒂姆创建了非营利性的组织万维网联盟（World Wide Web consortium，W3C），邀请了 Microsoft、Netscape、Sun、Apple、IBM 等 155 家的知名互联网公司参与，以致力于 Web 技术标准化，并推动 Web 技术的发展。

蒂姆和他创立的万维网彻底改变了互联网，始终坚持技术公平很好地维持了万维网的标准，使世界上的各种单一应用程序最终可以在万维网上透明地对话，这使得蒂姆被称为“万维网之父”。蒂姆因发明万维网、第一个浏览器和使万维网得以扩展的基本协议和算法而获得 2016 年度的图灵奖。

1.2.3 第一个交互式地图网页

1993 年，施乐公司的帕洛阿尔托研究中心开发了一个交互式的地图网页，这标志着 Web GIS 的诞生。这个网页首创了在 Web 浏览器中运行 GIS 的方法，展示了用户不必在本地安装 GIS 软件和数据就可以在任何有互联网的地方访问和使用地理信息系统，这是传统的单机 GIS 无法比拟的。

1.2.4 相继而来的 Web GIS 产品

1994 年，加拿大国家地图信息网诞生。

1995 年，美国亚历山大数字图书馆、全国地理数据仓库发布了人口调查局的 Tiger 数据，该地图服务如图 1－1 所示；第一款开源的 Web GIS 软件 GRASSLinks 出现，其界面如图1－2 所示。

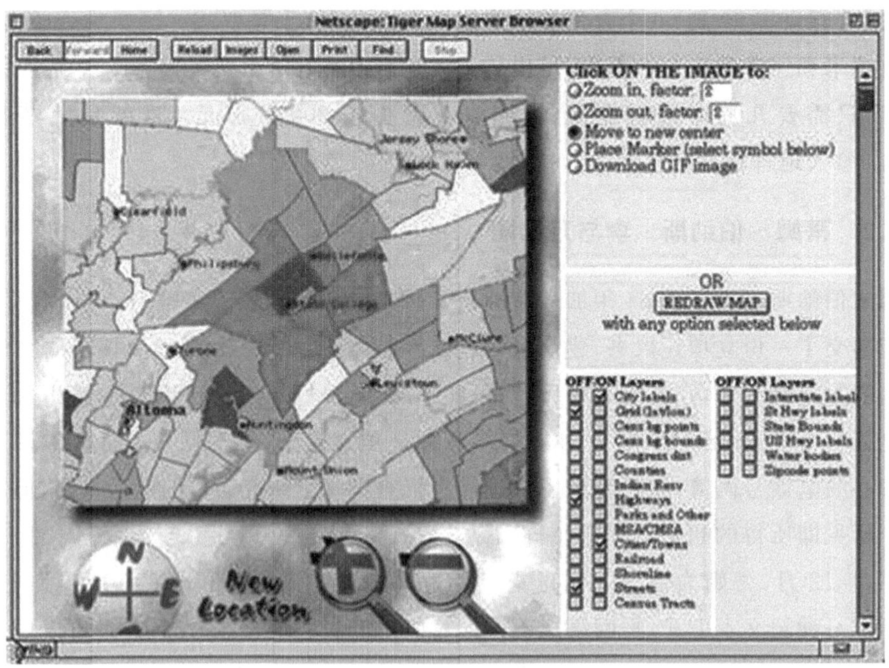

图 1－1　Tiger 地图服务

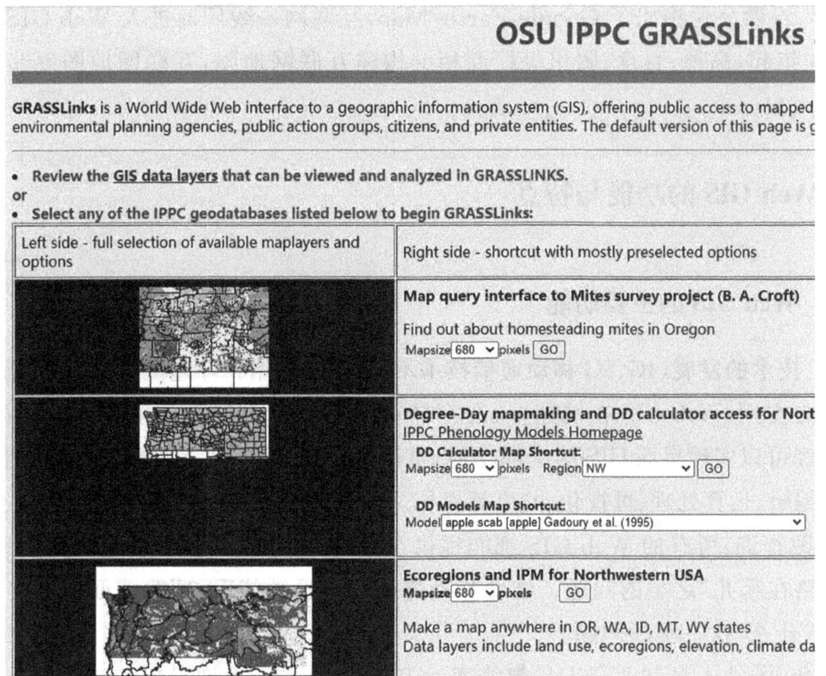

图 1－2　GRASSLinks 界面

1996 年，第一款大众 Web GIS 软件 MapQuest 问世，其界面如图 1－3 所示。

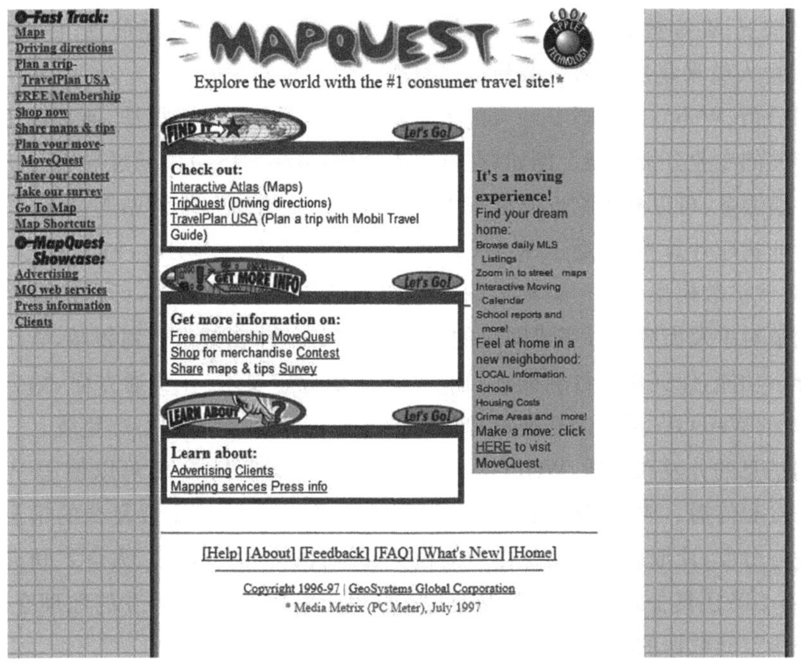

图 1－3　MapQuest 界面

1996—2004 年，多种商用 Web GIS 软件出现，市场竞争越发激烈。

2005 年，谷歌公司推出了 Google Earth/Map，互联网一线厂商进入 Web GIS 领域。

从 2006 年起，高德、百度、腾讯等厂商相继构建互联网地图，互联网地图逐步成为互联网应用的重要入口。

1.3 Web GIS 的功能与特点

1.3.1 Web GIS 的主要功能

随着 IT 技术的发展，4G、5G 移动通信技术不断迭代，网络传输速度迅速提升，服务端分布式运算技术走向实用，Web GIS 在网速上、在存储和运算能力上的瓶颈正被一一打破。理论上，Web GIS 已经可以实现桌面 GIS 的全部功能，可以在 Web 浏览器上实现地理空间信息的收集、存储、管理、编辑、运算处理、可视化、共享等操作。常见的 Web GIS 系统可提供的主要功能如下：

在线地图查询：所有的 Web GIS 都能提供在线地图浏览功能，帮助用户实现地图查询，回答用户“xx 路在哪儿”之类的问题。结合移动终端的定位功能后，还能够回答用户“我在哪儿”“我的周围有什么”这一类的问题。

数据采集：专业人员和业余人员都能通过 Web GIS 进行数据采集汇聚。Web GIS 采集的数据可以具备地理空间位置信息，能够通过互联网及时汇聚到服务器的数据库中，极大地提升空间数据的外业采集效率。Web GIS 的数据采集功能和移动智能终端相结合，能够完成很多领域的数据采集功能。如在城市管理领域可以由巡视人员通过智能终端进行“随手拍”，上报市政设施损害情况；在零售业领域，可以由销售人员上报门店巡视管理信息；在土地管理领域，可以由数据采集人员采集房屋和土地利用信息等。

地理空间分析：Web GIS 通过其独有的地理数据和地理空间分析算法，能够给用户提供很多和空间位置相关的专业分析功能。例如，在日常生活中，Web GIS 可以通过导航分析为用户提供路线咨询和导航服务，可以利用临近分析来查找附近的商店、酒店、加油站等设施；科研机构可以结合自己的专业构建计算模型，通过 Web GIS 为用户提供专业分析功能，如在大气污染防治过程中，可以通过大气扩散模型计算污染物泄露影响的区域；在零售业方面，可以协助用户根据客户群体分布和竞争对手及街区地形完成网点的选址和布局工作；在城市规划领域，Web GIS 可以提供土地利用分析功能，保证规划目标能够符合各种用地规定要求；在交通方面，结合已知的路网信息和拥堵情况，Web GIS 可以为驾驶员建议更专业的、路况更合理的行车路线。

地理空间信息的分发和传播：Web GIS 作为在 Web 上运行的 GIS，可以使用 Web 进行地理空间信息的分发和传播。Web GIS 利用万维网全球链接的特点，将重要复杂的信息通过在线地图这种载体进行分发，让地理空间信息在政府机关、科研机构、商业部门、大众之间进行分传播。

最后，Web GIS 还具备共享功能，能够通过互联网进行跨部门、跨行业的地理空间数据共享，以降低重复采集空间数据的成本。

1.3.2 Web GIS 的主要特点

Web GIS 将 GIS 从实验室解放出来，将其推向大众，应用越来越广泛。Web GIS 集合了

Web 技术的多种优势，相比于传统的单机 GIS 系统，它具备以下特点。

1. 快速而广泛的传播能力

Web GIS 使用了 Web 技术，这意味着任何一个 Web GIS 应用一经发布就能被全世界的人通过 Web 进行访问和使用。

2. 众多的终端用户

Web GIS 可以被很多的用户同时使用，理论上，这种“很多”是没有上限的，这也说明 Web GIS 具有较好的性能和较强的扩展能力。

3. 低廉的部署成本

Web 浏览器作为 Web GIS 的主要客户端，其部署成本非常低，所有的操作系统都有默认使用的浏览器，创建一个 Web GIS 供多个机构或用户共享，成本肯定比购买单套的桌面软件低廉。

4. 跨平台的互操作

Web 浏览器是存在于各种不同的操作系统上的，由于 W3C 的标准存在，不同的操作系统对于 Web 浏览器上的相同内容都有近乎相同的展示，这使得 Web GIS 有较好的跨平台特性。

5. 更新维护的统一

相对于桌面 GIS，Web GIS 的维护更新不需要终端用户干预即可完成，通过在服务器上更新程序，终端用户即可方便地获取 Web GIS 应用程序的更新，访问到最新的程序和数据。Web GIS 显著降低了系统维护的复杂性，适合更新维护时效性高的应用场景。

6. 应用领域的广泛

Web GIS 通过 Web 技术突破了 GIS 技术只存在于实验室的桎梏，让更多的用户参与到 Web GIS 的应用中来。Web GIS 的应用范围已经扩展到人的吃、穿、住、行、公共管理等需要使用地理空间位置信息的相当多的领域。

1.4　Web GIS 的典型应用领域与案例

1.4.1　在线地图——国家地理信息公共服务平台（天地图）

在线地图一直都是 Web GIS 的最典型的应用领域，也是互联网应用的重要入口。随着在线地图服务市场的不断竞争，目前只剩下几家在线服务地图供应商提供大众地图服务。国外有荷兰的 TomTom、芬兰的 Here、美国的谷歌、微软等；国内有百度地图、高德地图、腾讯地图、搜狗地图等在线地图服务提供商。

在国家层面上，我国开发并部署了国家地理信息公共服务平台来提供在线地图服务（即天地图，https://www.tianditu.gov.cn/），如图 1-4 所示。天地图是国家基础地理信息中心建设的网络化的地理空间信息共享与服务门户，集成了来自国家、省、市（县）各级测绘地理信息部门，以及相关政府部门、企事业单位 、社会团体、公众的地理空间信息公共服务资源，向各类用户提供权威、标准、统一的在线地理信息综合服务。

图 1-4　天地图国家地理信息公共服务平台

天地图集成了面向全国范围的在线地图服务，可以提供全国所有城市的地名、地物及交通路线等信息。同时，天地图提供了开放的应用程序接口（application programming interface，API），可供第三方用户调用其数据资源和功能，结合用户自有数据进行二次开发，构建用户自有的应用。天地图 API 的类型包括地图 API、功能 Web 服务 API、数据 API 等。天地图作为国家地理信息公共服务平台，已经支撑了很多二次开发应用，例如 2020 年以来，国家基础地理信息中心就基于天地图研发了全球新冠肺炎疫情信息展示系统，如图1-5所示。

图 1-5　基于天地图的新冠肺炎疫情分布图

1.4.2　信息采集——全国乱占耕地建房行为调查

信息采集是 Web GIS 的重要功能，结合移动端的智能手机定位及拍照功能，能够辅助外业采集人员快速完成信息采集。

2020 年底，为了快速完成我国自然资源部摸排农村乱占耕地建房的任务，技术人员使用 Web GIS 技术开发了面向全国的乱占耕地建房的调查系统，如图 1－6 所示。该系统先通过卫星影像的比对分析确定疑似乱占耕地建房图斑，然后将所有图斑下发到对应的设区市，由设区市组织疑似乱占耕地建房行为的确认工作。

外业人员可以使用智能手机的定位、拍照、上传信息的功能，通过智能手机 app 进行外业取证调查(如图 1－7 所示)，判断是否存在占用耕地建房的行为。并将采集到的信息回传到服务端，由服务端进行数据汇总和统计分析。形成了云(服务端)和端(移动端)一体化的外业数据采集与汇聚分析系统，在三个月内就完成了全国范围内的乱占耕地建房的行为调查。

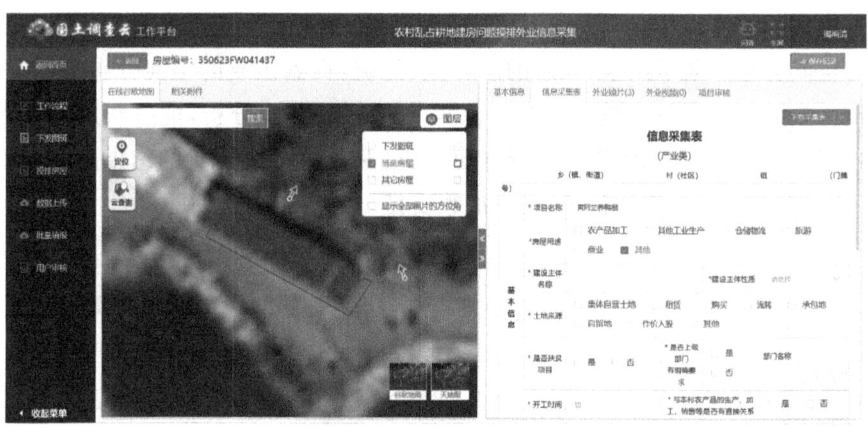

图 1－6　基于 Web GIS 的乱占耕地调查工作平台

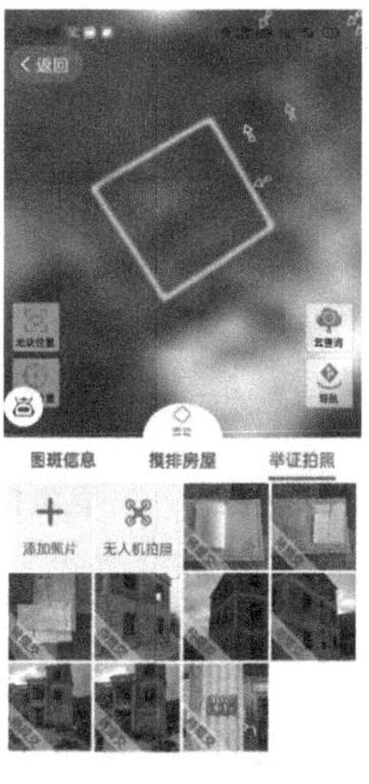

图 1－7　基于 Web GIS 的乱占耕地调查 app

我国非常重视基本国情的调查和普查，普查的内容包括人口、经济、土地利用、污染源、海洋等。在普查活动中，使用 Web GIS 技术构建的云-端一体的数据采集系统，极大提升了各类普查项目的执行效率。

1.4.3　空间分析——污染源分布空间分析

空间分析作为 Web GIS 的重要功能，能够让用户根据已有数据得到可以辅助其决策的地理空间分析结果。

污染源普查是重大的国情调查，2018—2020 年，我国组织开展了全国第二次污染源普查，对所有的工业、农业、生活、移动、集中式污染处理设施进行了统一调查。污染源普查的调查内容非常丰富，以工业污染源为例，包括了工业企业的产品产能信息、工艺信息、污染排放信息、污染治理设施信息等多个维度，共有 1000 多个字段。

普查工作完成后，对污染源数据的分析、利用成为了各级部门进行产业规划、环评审批、污染防治的重要依据。通过构建基于 Web GIS 技术的污染源空间分析平台，从多个维度分析污染物排放的空间分布并展示出来，如总的磷、二氧化硫、臭氧排放的空间分布等，如图 1-8 所示为厦门市污染源——氨氮排放空间分布。Web GIS 的空间分析，能够帮助不同专业、不同领域的用户通过 Web GIS 对污染源进行空间分析，并使用空间分析的结果为不同的目标（规划、环境评价、环境执法、污染防治等）提供决策支持。

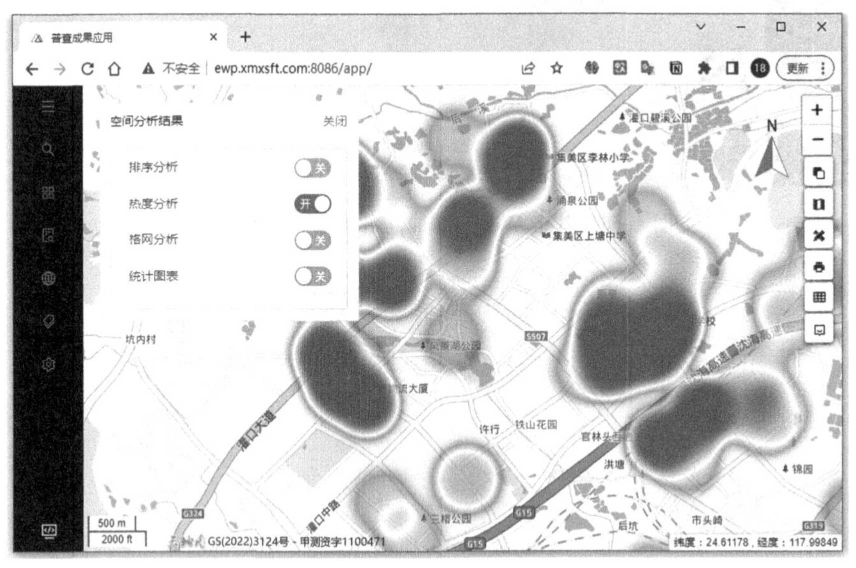

图 1-8　厦门市污染源——氨氮排放空间分布

1.4.4　信息分发——地理位置的共享

在各类社交场景中，人们经常会告诉其他人“我在哪儿”的需求，这种需求可以通过地理位置的共享技术，通过分享自己的位置的方式来解决。现在市场上主流的手机应用都提供了该功能，如通过在 app 中使用共享地理位置功能，告诉朋友聚会位置，让朋友快速通过导航软件找到自己；在打车软件中使用地理位置共享，让司机快速找到乘客；在广告中附上代表地理位置的二维码，让用户快速找到餐厅、楼盘、学校的位置等，都是 Web GIS 在地理位置共享领域的典型案例。如图 1－9 所示为地理位置的分享。

图 1－9　地理位置的分享(滴滴打车)

1.5　Web GIS 相关软件简介

Web GIS 有广泛的应用场景和市场前景，一直都是技术研究和商用软件领域的热点。国内外都有不同的厂商在开发自有的 Web GIS 软件产品，提出各自的解决方案。

目前常见的 Web GIS 产品有 ESRI 公司的 ArcGIS Enterprise、ArcGIS Online，Hexagon 公司的 GeoMedia、ERDAS APOLLO，武汉中地公司的 MapGIS IG Server，北京超图公司的 SuperMap iServer，开源产品 GeoServer、MapServer、OpenLayers、MapBox 等。

1.6　Web GIS 的发展趋势

1993 年以来，Web GIS 技术随着 Web 技术的发展而不断发展，Web GIS 软件已经由实验室产品变成了我们身边不可或缺的助手。从 Web GIS 的发展过程来看,呈现出以下发展趋势。

1.从封闭的 Web GIS 网站到基于 GIS Web 服务的架构

早期的 Web GIS 主要以单体网站为主要表现形式,都是作为独立的应用系统进行开发的,网站之间无法进行数据与功能的共享。GIS Web 服务的出现解决了这一问题,它作为独立运行在服务端的程序,可以被客户端灵活调用和重新组合,近年来已经逐渐发展成 Web GIS 的关键技术。Web GIS 的开发方法也向在服务端发布 GIS Web 服务,在客户端调用服务并展现结果的方式转变。相关内容将在第 5 章详细讨论。

2.服务端由孤立的服务器到分布式云服务

云计算技术已经完成了由概念到实践再到普及应用的转变。分布式的云 GIS 架构更稳定、功能更强大,它为浏览器、桌面或移动应用的客户端程序提供从数据到功能的全面支持,云 GIS 架构已经被工业界普遍接受并有了大量的实践案例支撑。

3.信息的流动由自上而下到双向流动

最初的 Web GIS 系统的信息流动方向主要是自上而下的,其主要原因在于空间数据管理的复杂性和网络基础设施不足。随着网络基础设施越来越完善,网速越来越快,空间数据管理技术越来越成熟,用户创建的 GIS 内容(user generate content,UGC)通过 Web 有序汇聚起来,成为一种重要的 GIS 数据来源。这种信息双向流动的 Web GIS,也被广泛应用于数据采集、突发性事故监控与分析、基础数据库的众包(crowdsourcing)建设等领域。

4.功能由地图展现到空间智能分析

近年来,快速发展的机器学习人工智能技术为 Web GIS 提供了更多的空间智能分析功能,这些智能分析功能能够挖掘出更多的信息,为政府部门、企业用户提供更多的决策支持。空间智能分析主要运用在遥感影像的智能解译、图像数据的智能识别、空间路径的智能规划、交通信息的实时预测等领域。

5.数据由静态数据到动态的时空数据

传统的 Web GIS 的空间数据基本上是静态的,更新频率低,建设好之后要经过 2～3 年才会完成数据的更新,而现代 Web GIS 需要管理动态的时空数据。如物联网监控设备监测到的数据,公众使用手机报告的各类地理事件,调研人员通过手机传输的各类实时信息,人和车的轨迹信息等。面对动态的时空数据,现代 Web GIS 要具备超高的实时吞吐能力、巨量的数据存储能力和实时的数据分析能力,才能适应应用需求。

6.可视化由二维地图到三维地图和虚拟现实

相比于传统的二维地图,三维地图的表现形式更直观、内容更丰富、能承载更多的信息。在 Web 浏览器上呈现三维场景曾经非常困难,但随着 HTML5 标准的普及,Web GL(Web graphics library)技术的成熟,越来越多的 Web GIS 产品能够通过 Web 浏览器实现三维地图的平滑、逼真展现。虚拟现实（virtual reality，VR）、增强现实（augmented reality，AR）等设备的不断成熟，还会给用户带来比三维地图更直观、更有冲击力的体验，也将在 GIS 应用领域发挥更大的作用。

第 2 章　Web GIS 的基本原理与架构

Web GIS 运行的基本过程是用户在客户端向服务端发送请求，服务端对该请求进行运算，将用户所请求的 GIS 数据和功能运算的结果按照标准协议进行编码并发送到用户所在的客户端，然后在客户端完成 GIS 数据和功能运算结果的展示。如此循环，直到用户停止操作为止。

Web GIS 是一种信息系统，研究 Web GIS，需要从其架构入手，认识 Web GIS 的各个组成部分，了解各部分的功能特点，掌握各部分之间的依赖和联系以及信息在各部分之间的流动和交换方式等，从而更深刻地理解 Web GIS 运行的基本原理。

理解 Web GIS 运行的基本原理，有利于我们站在全局理解 Web GIS 架构中各组成部分所扮演的角色，理解各组成部分涉及的技术、数据格式、标准规范、算法。同时也要认识到，Web GIS 的架构本身也在不断变化和演进之中。本书提到的架构模式，也有可能在今后被更高效、更可扩展的架构所替代。在实际应用中，Web GIS 的架构也需要根据应用的需求和成本等约束条件进行适当调整。

2.1　Web GIS 的基本原理与支撑技术

2.1.1　Web GIS 的请求和响应

一个 Web GIS 系统的运行是由一系列的请求和响应行为实现的。用户通过操作界面的交互形成请求，请求被客户端浏览器发出，经由互联网发送到服务端。服务端接收到请求后，根据用户的请求参数调用各类资源进行计算，将计算好的结果返回给客户端浏览器，再由客户端浏览器完成数据的渲染展示并等待下一步的用户交互动作。如此进行下一步的循环，直到用户结束操作，离开 Web 浏览器为止。

举个例子，在 Web GIS 中，要从服务端请求一幅地图图片，客户端浏览器发出的典型请求中应该包含以下内容：

(1)GIS 数据源所在的网络地址；

(2)地图图片涉及的图层列表；

(3)地图的空间参考系；

(4)地图的空间范围；

(5)地图的图例；

(6)要素数据的过滤条件；

(7)返回图像的样式及渲染方案；

(8)请求结果返回的格式，包括图像格式和数据格式。

对于客户端的请求，来自服务器的响应包含以下内容：

(1)按照客户端的请求(地图图层、空间范围、渲染方式、空间参考、过滤条件)生成的地图图片；

(2)按照客户端的请求生成的图例图片；

(3)按照客户端的请求返回的地理要素的坐标数据(空间参考系、经纬度坐标或直角坐标)；

(4)按照客户端的请求(图层列表、字段列表、过滤条件)返回的属性数据。

Web GIS 中典型的请求和响应内容都是基于 GIS 相关概念的，如地图、图层、空间参考系、空间范围、地理要素、属性数据、渲染方式等。同时，GIS 相关的地理空间数据也要通过 Web 技术进行存储、计算、传输和可视化。Web GIS 是 GIS 技术和 Web 技术相结合的产物。

Web GIS 系统的请求和响应过程必须有以下的技术支撑才能实现。

2.1.2　地理空间数据的存储管理技术

在 Web GIS 体系中，地理空间数据通常情况下都部署在服务端，一般情况下会以文件或者数据库的方式存储于服务器中，并通过文件系统或者空间数据库管理系统进行管理。

在硬件设备方面，根据 Web GIS 系统的应用规模和要求，采用相对应的存储设备对地理空间数据进行存储，从普通的机械硬盘，到专业的磁盘阵列、网络存储设备等，其存储容量从几十 GB 到数千乃至数万 TB 不等，存储方式可以是集中存储，也可以是分布式存储。

Web GIS 中的地理空间数据的主要表现形式是矢量数据和栅格数据(随着技术的发展，点云数据、三维模型数据等也逐步进入地理空间数据的范畴)。矢量数据是在一定的空间参考系下，以点、线、面、体等形式，通过坐标串来进行编码；栅格数据是以影像阵列的方式进行编码的。空间数据有其特有的数据结构，针对这些数据结构，对地理空间数据进行编码，设计地理空间数据的文件存储格式和数据库存储格式，作为地理空间数据的存储基础。

在地理空间数据的管理方面，对于文件数据，可以直接使用操作系统的文件系统进行管理。但文件系统只支持查询操作，不支持并发写操作，无法完成空间数据的多用户更新。如果需要对地理空间数据进行并发和在线维护，就需要空间数据库技术的支持。使用各类空间数据库管理软件，对地理空间数据进行空间索引后统一存储管理，并对外提供空间数据的及时查询与更新服务。

地理空间数据可以按照主题、地图、图层、数据的层次进行组织。同一地图中的各个图层的地理空间数据可以来自于文件，也可以来自于数据库，甚至来自于其他服务器。这种组织方式能够方便用户更快地找到所需要的地理空间数据。

关于空间数据的存储管理技术，我们将在第 4 章进行讨论。

2.1.3　空间查询与分析技术

传统的数据查询主要通过字段匹配的方式，让查询条件与数据库中的记录进行匹配。地理空间数据的查询除了具备字段匹配的功能，还具备空间查询功能。空间查询操作的参数由空间范围和空间拓扑算子构成，空间范围包含了空间参考系和查询范围的坐标串，而空间拓扑算子则用来计算空间查询范围与空间数据库中记录的空间关系，其结果由几何对象之间的关系决定。典型的空间拓扑关系包括包含、相交、相离、临近等。空间查询的过程是查询范围与查询对象之间不断进行空间拓扑运算的过程，其运算量比基于字段匹配的运算方式大，需要空间索引的辅助来加速空间查询运算。

除了地理空间数据查询技术外，Web GIS 还需要地理空间数据分析技术的支持。空间数据分析是由若干个空间数据的查询、更新、运算、处理等操作进行组合，完成某个具体的数据分析任务的过程。典型的空间分析方法包括空间信息分类、空间统计、空间度量计算、空间网络分析、空间插值等。空间分析过程可以视运算量、数据量等因素，在客户端或服务端完成。

关于空间查询与分析技术，我们将在第 4 章进行详细讨论。

2.1.4 地理空间数据的编码与传输技术

空间查询和分析的结果，需要进行统一的编码表达，并通过互联网传输到客户端，才能展现给用户。对结果数据的编码表达，应该使用公开的数据格式，方便各 Web GIS 软件开发商之间互相调用和集成空间查询与分析的结果。

对于空间数据在 Web GIS 中的表达有两种方案。一是直接将查询的数据绘制成的图像(包括遥感影像、地图图像等)供客户端调用，这些图像直接使用通用的网络图片格式，如 JPEG、PNG 等，Web GIS 客户端程序都能直接读取此类结果格式，对查询结果进行展示；二是返回空间数据本身，如查询结果的空间坐标系、边界坐标串、属性数据等。当前 Web GIS 下空间数据的主要编码方案有基于平面文件的 WKT、基于 XML 的 GML、基于 JSON 的GeoJSON 等，这些方案都是公开的，由这些方案所编码的空间数据，能够被 Web GIS 客户端程序进行读取、解析和展示，以方便进行下一步操作。

空间数据在互联网上的传输，主要是通过超文本传输(HTTP)协议进行。HTTP 协议是互联网上使用最广泛的应用层协议，可以“穿透”绝大多数的防火墙，能够方便地进行空间数据传输，让 Web GIS 的查询结果和各类标准浏览器无缝对接。

关于空间数据的编码和传输方案，我们将在第 3 章和第 4 章进行讨论。

2.1.5 地理空间数据的可视化与交互技术

空间查询与分析的结果在经过编码和传输后到达客户端浏览器，需要以人们能够快速理解的方式表达出来，这就需要对地理空间数据进行可视化表达。可视化是利用计算机图形学和图像处理技术将数据转换成图形或图像在屏幕或其他载体上显示出来，再进行交互的技术。对用户来说，地理空间数据(尤其是矢量数据)的可视化是必需的操作。地理空间数据要严格按照其空间坐标系和坐标串，并基于一定的渲染规则进行点、线、面数据的渲染和符号化，形成类似地图的视图，这些数据的具体含义才能被用户快速理解。

地理空间数据的可视化可以在服务端完成，也可以在客户端浏览器完成。服务端完成的可视化，是由服务器根据空间数据的查询结果完成相关地图图片在服务器中的绘制，再将图片以字节流的方式传输到客户端进行展示。在客户端浏览器中的可视化，是通过浏览器端的JavaScript程序等对传输过来的地理空间数据进行读取和解析，再依据地图学原理对数据进行渲染和符号化等操作，最终将地图展示给用户。

Web 浏览器有着丰富的界面表达与交互能力，能够帮助用户对地理空间数据进行访问和展示。Web GIS 在 Web 浏览器上为用户提供多种交互组件，帮助用户通过鼠标、键盘及触摸屏等完成 Web GIS 中常见的地图加载、缩放、漫游、图层控制、空间查询与分析等功能的调用。

2.2　Web GIS 的架构

Web GIS 是一个信息系统，具有其自身的系统架构。系统架构是指系统的组成部分以及各个组成部分之间的联系与依赖。研究 Web GIS 的系统架构，就是要研究 Web GIS 的组成部分以及各部分之间是如何通过协作实现用户通过 Web 对地理空间信息的访问。Web GIS 的架构本身是一个不断演进、不断优化的过程，这个演进过程也是我们需要了解的重要内容。

Web GIS 是 Web 技术和 GIS 技术的结合。和 Web 技术通常面对的表格式的关系数据不一样，GIS 领域内空间数据的复杂性主要体现在数据结构复杂、数据量较大且表现为变长数据。这使得地理空间数据在服务端运算比较复杂、耗费的计算资源多，在网络传输过程中所占的带宽较多，在客户端的渲染要求也更高。Web GIS 架构的设计，事实上就是设计一种在服务器、客户端和网络上较为均衡地分配计算压力的策略，最终达到计算资源的合理分配，做到空间运算、网络传输、渲染显示和数据安全等要求的平衡，并满足用户的访问需求。

自 Web GIS 诞生以来，其架构是不断演变的。Web GIS 架构的演变，一方面取决于用户的业务需求，另一方面也取决于服务端的存储与运算能力、网络传输能力、客户端的渲染计算能力。经过三十多年的发展，Web GIS 的架构已经演进得十分复杂了，总体来说，可以划分为胖客户端、瘦客户端和混合式架构三种模式。下面将详细讨论 Web GIS 的基本架构。

2.2.1　Web GIS 的基本架构

如图 2－1 所示，逻辑上，一个典型的 Web GIS 应用系统由 Web 浏览器、Web 服务器、GIS 应用服务器和数据服务器四个部分构成，这四个部分之间通过网络进行连接，通过 TCP/IP 协议簇进行通信。下面我们将讨论 Web GIS 应用的四个组成部分，以及各组成部分之间的联系。

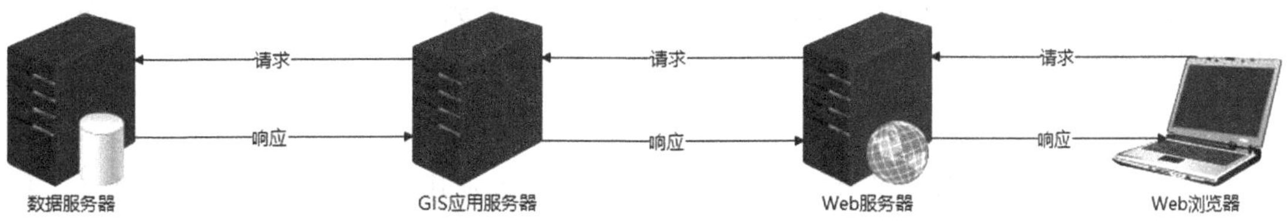

图 2－1　Web GIS 基本架构

2.2.1.1 Web浏览器

Web浏览器是显示Web服务器内的文件内容，并让用户与这些内容进行交互的一种通用软件，它可以显示Web服务器内的文字、图片、音频、视频及其他类型的信息。在各种计算机操作系统中，一般预先安装有Web浏览器。

Web浏览器是Web GIS系统与用户交互的界面，它承担着接收用户指令、向服务端发出请求，并呈现来自服务端响应结果的任务，是Web GIS区别于单机版GIS系统的重要特征。使用Web浏览器这种通用软件作为用户交互的界面，意味着用户不再需要安装专门的软件就可以实现对专业而复杂的地理空间数据的访问和展示。

2.2.1.2 Web服务器

Web服务器是驻留于互联网上的某种计算机程序，可以处理Web浏览器等客户端的请求并返回相应的结果。它可以放置网页文件、数据文件等。在Web GIS架构中，Web GIS客户端运行的基础文件，如网页和JavaScript程序，都存放于Web服务器中。

在Web GIS中，Web服务器主要用来管理用户的请求和响应，而不处理更复杂的业务逻辑，这部分业务逻辑将交由GIS应用服务器进行处理。Web服务器接收来自Web浏览器的请求后，如果Web服务器能够处理，会直接将Web浏览器所需的资源传输到Web浏览器展现；如果不能够处理该请求，它会将请求转发至GIS应用服务器，应用服务器经过处理之后，把计算结果传输至Web服务器，并由Web服务器再传输给Web浏览器。

Web服务器是通用的服务端技术，它有着很好的适配性，能非常好地完成用户请求的管理。Web服务器还有反向代理、负载均衡、流量管理、安全管理、日志统计、缓冲服务等通用功能，它能够帮助用户构建更复杂的Web GIS系统。

2.2.1.3 GIS应用服务器

GIS应用服务器是一个基于组件的中间层集成框架，它将GIS的主要功能以组件的方式集中起来进行统一管理，并以服务的方式对外提供统一的请求调用。GIS应用服务器收到Web服务器转发的用户请求后，会进行一系列的业务逻辑运算，并将运算的结果返回给Web服务器。

GIS应用服务器的业务逻辑运算包含服务发布、空间运算、空间查询、空间分析等，其功能比Web服务器更复杂。这也是当前GIS商用应用服务器软件价格昂贵的主要原因。

GIS应用服务器的业务逻辑，有的可以在GIS应用服务器范围内执行，有的则需要和GIS数据库服务器进行交互，在GIS数据库服务器的支撑下完成快速高效的GIS查询及分析操作，以支持多用户并发访问带来的响应时间上的压力。

2.2.1.4 地理空间数据服务器

地理空间数据服务器是Web GIS的重要组成部分，也是其数据资源最终存储的地方。随着地理空间数据类型的不断增多，地图数据、遥感影像、倾斜摄影、激光雷达、三维全景、物联网传感数据、手机信令等不同类型的地理空间数据在不同的业务需求之下，其存储需求也会不同，需要综合运用关系数据库、空间数据库、时序数据库、列式数据库以及各类不同类型的文件系统等来完成不同类型地理空间数据的存储需求。

地理空间数据服务器能够支持多人并发访问，并综合使用空间索引、空间运算技术对所存储的地理空间数据进行存储与查询。地理空间数据服务器可以响应来自应用服务器的查询请求，并将查询结果返回给应用服务器，再由应用服务器完成进一步的加工计算（如结果绘制及空间分析等），将计算结果向 Web 服务器提交，最终由 Web 服务器转发给使用 Web 浏览器的用户。

面向不同的业务需求，地理空间数据服务器需要使用不同的数据存储方案。如果需要大量的并发读写事务操作，会选择关系数据库扩展的空间数据库（如 Oracle、SQLServer）；如果需要做很多的基于时序的统计分析操作，则可以考虑使用列式数据库、时序数据库；如果需要存储大量的遥感影像，则需要考虑使用分布式的文件系统等。

2.2.2　胖客户端架构模式

所谓胖客户端架构，是指将空间运算、地图绘制渲染显示等计算任务交由客户端执行的一种架构模式。在这种模式下，服务端只承担数据存储的任务，地理空间数据传输至客户端后，相关空间运算查询、分析、渲染展示的任务都由客户端完成。如图 2－2 所示为胖客户端架构模式。相比于服务端，客户端承担的计算压力更大，完成的任务更多，这种模式称为“胖客户端”模式。

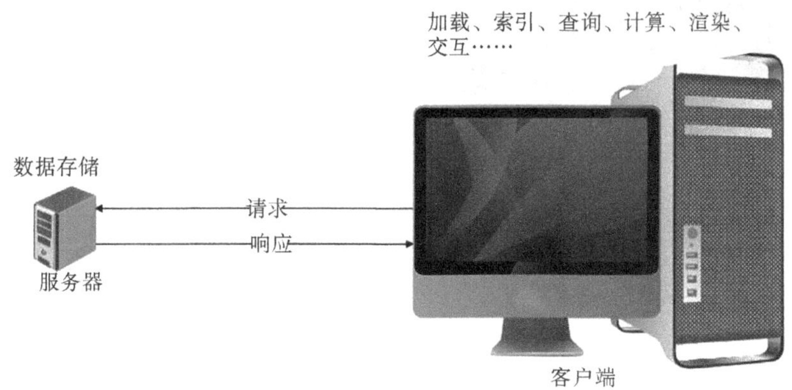

图 2－2　胖客户端架构模式

胖客户端模式在 Web GIS 发展的早期有一定的优势：数据存储在服务端，在启动时全部传输到客户端浏览器，第一次传输加载完毕后，基本不需要再进行网络通信交互，使用户有低延迟的感觉。这一是因为 20 世纪 90 年代到 21 世纪前 10 年，大多数的网络速度只有约 10～100 KB/s，如果将计算任务更多地放在服务端，对通信网络的压力较大；二是在 Web GIS 应用的初期，所涉及的地理空间数据量不大，一次性的数据加载可以在十分钟以内完毕，且加载之后不需要再次加载数据，在技术上是可行的。

但这种模式的劣势也很明显：一是严重依赖于浏览器插件，需要在浏览器上安装各种不同类型的插件。早期使用 ActiveX 插件，在浏览器端开始支持 Java applet 小程序后，也可以使用 applet 插件。使用这些插件的复杂程度和部署常用的应用程序一样，都需要经过插件安装和浏览器重启的过程，而且还会带来很多的兼容性问题。二是在第一次程序运行之前需要将相关数据全部传输至浏览器端，这会导致程序在初始加载的时候需要较长的时间，在空间数据量较大的情况下所需的时间是用户无法接受的，只能在空间数据量不大的场景下使用。三是因为需要将全部数据传输到客户端，这意味着数据泄露的可能性更大，有安全方面的挑战。四是受制于客户端（浏览器插件）的计算能力，只能做些简单的空间运算，无法完成复杂的空间分析功能。

插件式的胖客户端架构，是在较慢的网络带宽环境、较少的空间数据规模之下的一种权宜之计，有较大的改进空间。

2.2.3 瘦客户端架构模式

瘦客户端架构是一种让客户端浏览器仅仅负责显示数据并接收用户请求，将其他的计算和分析过程由服务器来完成的架构模式，如图 2-3 所示。在这种架构中，客户端承担的计算压力较小。这种架构在早期的 GIS 软件（如 ArcIMS、MapServer 等）中使用得比较多。

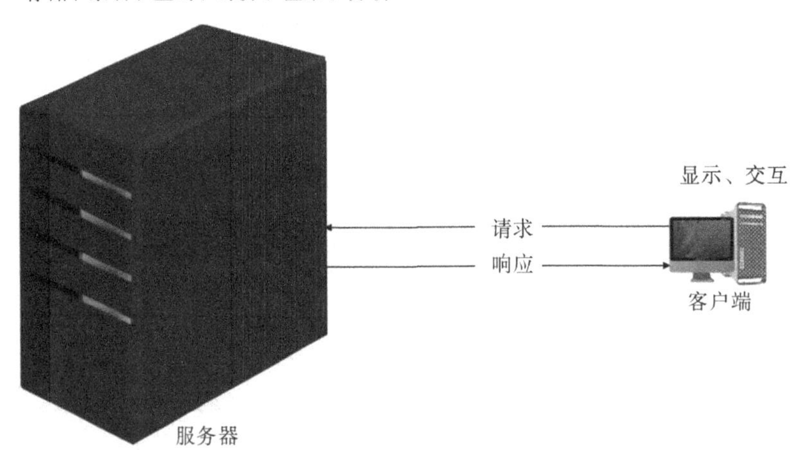

图 2-3　瘦客户端架构模式

在瘦客户端架构中，地理空间数据的存储、查询和渲染工作是在服务端完成的。服务端完成各种计算后，将计算结果以地图图片的方式传输到浏览器端。浏览器端只需要根据服务端响应完成结果图片的显示，并提供界面给用户进行交互，向服务端发送请求即可。

瘦客户端架构的优势：一是在浏览器客户端无需安装任何插件，基于标准的浏览器即可让用户实现对地理空间信息的访问，增强了用户体验。二是由于主要计算任务在服务端执行，只是将计算结果以图片的方式传输到客户端，让地理空间数据泄密的可能性大大降低。

瘦客户端架构的劣势：一是在网络传输速度较低的时期，将结果以图片的方式进行传输，占用的带宽资源较大；二是将大量的计算和渲染工作放在服务端完成，对服务器性能提出了很高的要求；三是重度的计算和数据传输压力也意味着这种架构的 Web GIS 系统不太能够承受太大的并发访问压力，阻碍了 Web GIS 应用的广泛流行。

2005 年后，Google Earth（Google Map）创造性地使用瓦片式地图的方法，将地理空间数据根据缩放级别进行预先的计算渲染和缓存，让用户直接访问不同级别的地图瓦片，降低了服务器的压力，这极大提升了瘦客户端的可用性。

2.2.4　混合架构

2013 年以来，随着网络基础设施、服务器硬件不断发展，4G/5G 移动网络的不断完善，云计算技术逐渐普及，公共地图服务（如天地图、高德、百度、谷歌等）作为一种基础设施引入了 Web GIS 的技术体系中。越来越多的 Web GIS 开发者开始使用“公共底图＋自有专题数据”的方法来搭建 Web GIS 应用。政府部门也按照这种方法建设了城市基础底图，供各个业务部门共享，并在基础底图上叠加各部门自有的专题数据进行 Web GIS 应用开发。这种架构，通过公共 API 集成各类公共地图服务的同时，将用户自有数据发布在自有的服务器上，通过浏览器完成各类地理空间数据的统一请求和集成展示。

在这种架构下，对于公共地图服务而言，是一种瘦客户端模式，客户端只是根据需求显示公共服务的底图；而对于用户自有数据而言，需要根据用户需求将自有数据的一部分或全部传输到浏览器端，由浏览器完成用户自有专题数据的查询、渲染、空间计算等工作，又属于胖客户端模式，可以认为这种架构是一种混合架构，如图 2－4 所示。

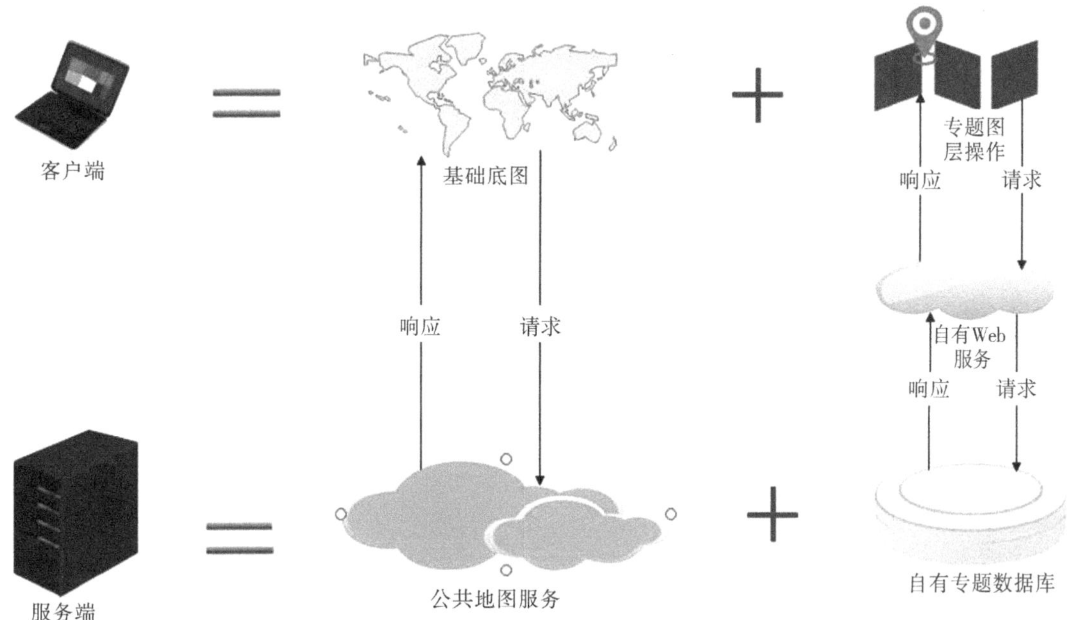

图 2－4　混合架构模式

混合架构融合了瘦客户端架构和胖客户端架构的优点，让搭建 Web GIS 应用的成本更低、速度更快。在网络基础环境、云计算技术和基础 GIS 软件技术不断发展的前提下，这种基于 Web 服务调用的混合架构的性能还能不断提升。一些复杂的、大型的空间分析功能，可以部署在云端供客户端调用，这使得用户能够在 Web GIS 应用中调用复杂的空间分析功能。

混合架构在数据安全方面，绝大多数情况下不会将用户自有专题数据全部传输至客户端，只是根据客户端的请求范围，传输部分自有的专题数据，数据安全性相对早期的胖客户端模式更高。

如表 2－1 所示，从网络压力、服务器压力、用户体验、数据安全和浏览器插件五个方面对三种不同架构模式进行对比发现，混合架构融合了胖客户端和瘦客户端的优势，用户体验好，更适合作为构建现代 Web GIS 应用的主流架构模式。

表 2－1　Web GIS 架构模式比较

Web GIS 架构模式	网络压力	服务器压力	用户体验	数据安全	浏览器插件
胖客户端架构	小	小	好	低	有
瘦客户端架构	大	大	一般	高	无
混合架构	适中	适中	好	高	无

第 3 章　Web 技术基础

Web GIS 是一种 Web 应用，对其开发需要建立在对 Web 应用的基本原理的理解和掌握上。Web 应用的运行过程是先由客户端向服务端提交请求，服务端根据请求完成相应计算，并向客户端发送响应数据，再由客户端完成响应数据的可视化并提供与用户的交互界面，再向服务端发出新的请求，如此循环。Web 应用的每一次请求/响应过程都涉及了客户端和服务端以及它们之间的通信。

Web 技术是开发互联网应用的技术总称，包括 Web 服务端技术和 Web 客户端技术。客户端和服务端技术经过 30 多年的发展后，开始逐渐分离并越来越专业化。如服务端在面临更大的访问压力时，可以使用专业的负载均衡、数据缓存、消息队列、数据库优化等技术解决访问压力过大的问题；客户端面临的网页程序的复杂度加大，对稳定性、兼容性和可维护性有更高的要求时，也可以使用基础前端代码管理工具、模块化编译工具和通用前端框架等技术让网页程序更稳定、性能更好。

3.1　Web 应用的基本原理

如图 3 - 1 所示，一个典型的 Web 应用由服务端和客户端（浏览器）及它们之间的通信链路构成。服务端和客户端之间通过互联网进行连接，通过标准协议进行通信。Web 应用的基本原理就是通过标准规范的 Web 浏览器，以网页为单位，通过标准的互联网协议（TCP/IP、HTTP）接收并处理来自服务器的数据，这些数据主要使用超文本标记语言（HTML）进行描述，按照层叠样式表（cascading style sheets, CSS）的要求进行渲染和展示，最后通过脚本语言（JavaScript）与用户进行行业务逻辑行为的交互。

从数据的视角看，服务端主要解决的是数据的产生问题，可以看成是 Web 应用的数据源头。客户端主要解决的是数据可视化问题，主要从结构（HTML）、表达（CSS）和行为（JavaScript）三个不同层次对服务端传输的数据进行重组，并进行可视化表达。

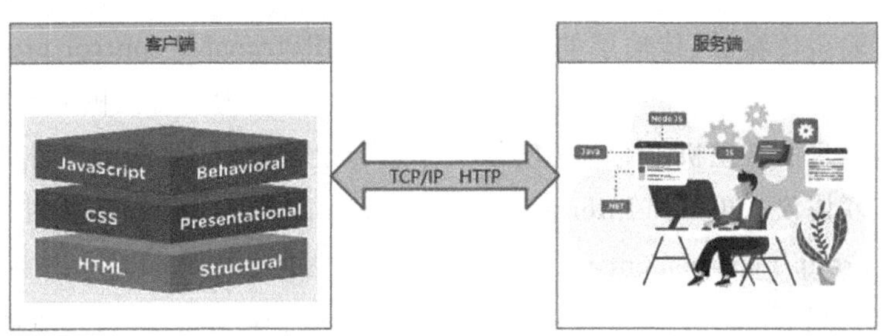

图 3 - 1　Web 应用原理图

3.2 Web 标准协议

所谓标准协议，是一组被广泛遵守的信息表达和传输的规则。这些规则涵盖了信息的表达、传输、交换等方面，涵盖了信息从产生到传输再到展示的全过程。

3.2.1 网络通信标准协议

为了使数据在网络上从源头到达目的地，网络通信的参与方必须遵循相同的规则，这套规则称为协议，它最终体现为在网络上传输的数据包的格式和通信规则。在 Web 应用的构建中，需要尽量采用通用的、被广泛接受的标准协议，用于客户端向服务器提出请求和服务端向客户端产生响应的数据编码和传输。

3.2.1.1 TCP/IP 协议

TCP/IP 协议(transmission control protocol/Internet protocol，传输控制协议/网际协议)是能够在多个不同网络间实现信息传输的协议簇。TCP/IP 协议不仅仅指的是 TCP 和 IP 两个协议，而是指由一系列相关子协议构成的协议簇，因为在 TCP/IP 协议簇中，TCP 协议和 IP 协议最具代表性，所以被称为 TCP/IP 协议。

TCP/IP 协议是最基本、使用最广泛的互联网通信协议，是事实上的互联网标准协议。TCP/IP 协议簇可以分为应用层、传输层、网络层、数据链路层四个层次，每个层次都包含若干子协议，见表 3－1。

表 3－1 TCP/IP 协议簇

TCP/IP 协议簇	
应用层	HTTP、SMTP、TIP、Telnet……
传输层	UDP、TCP
网络层	IP、ICMP、IGMP、ARP
数据链路层	网络接口及硬件

应用层的主要子协议有 Telnet(telecommunication network，远程登录协议)、FTP(file transfer protocol，文件传输协议)、SMTP(simple mail transfer protocol，简单邮件传输协议)、HTTP(hypertext transfer protocol，超文本传输协议)，应用层协议用来接收来自传输层的数据或者将数据传输至传输层；传输层的主要协议有 TCP(transfer control protocol，传输控制协议)、UDP(user datagram protocol，用户数据报协议)，主要为两台主机上的应用程序提供点到点的连接，使源、目的端主机上的对等实体可以进行会话；网络层的主要协议有 IP(Internet protocol，网际互联协议)、ICMP(Internet control messages protocol，互联网控制消息协议)、IGMP(Internet group management protocol，网络组管理协议)、ARP(address resolution protocol，地址转换协议)、RARP(reverse address resolution protocol，反向地址转换协议)等，网络层负责相邻计算机之间的通信，提供阻塞控制、路由选择等功能；数据链路层也称为网络接

口层，主要负责接收 IP 数据报后添加头部和尾部再通过网络发送，或者从网络上接收物理数据帧，抽出 IP 数据报交给网络层，并传输有地址的帧以及错误检测、流量控制。

TCP/IP 协议适应了世界范围内互联网数据通信的需要，从而得到迅速发展并成为事实上的标准。TCP/IP 协议具备以下特点：

(1)TCP/IP 协议标准是完全开放的，可以供用户免费使用，并且独立于特定的计算机硬件与操作系统；

(2)TCP/IP 协议独立于网络硬件系统，可以运行在局域网或广域网，更适合在互联网环境下运行；

(3)网络地址统一分配，网络中每一设备和终端都具有一个唯一地址；

(4)应用层协议标准化，可以提供多种可靠的网络服务。

关于 TCP/IP 协议的详细信息，读者可以阅读相关的文献及书籍，因为篇幅原因，本书不作深入探讨。

3.2.1.2　HTTP(S)协议

1. HTTP 协议

HTTP 协议是一个简单的请求/响应协议，它通常运行在传输层的 TCP 协议之上，是基于 TCP/IP 协议的应用层协议。它不涉及数据包(packet)传输，主要规定了客户端和服务器端之间的通信格式，默认使用 80 端口。如图 3－2 所示，HTTP 作为应用层协议，应用层下的传输层、网络层、链路层的协议对上层的应用协议是透明的。可以在逻辑上认为，客户端和服务器端之间通过 HTTP 协议直接通信；但在物理上，客户端和服务器端之间的每个字节的传输都经过了传输层、网络层和链路层的封装和解封过程，才能在 HTTP 协议上完成客户端和服务器端之间的数据传输。

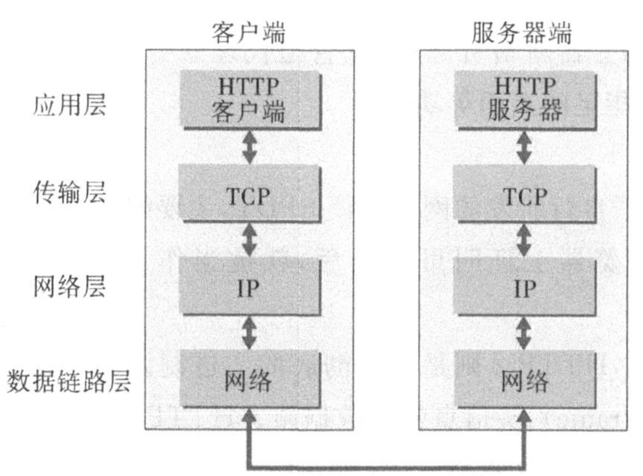

图 3－2　HTTP 协议通信过程

HTTP 协议是一种应用广泛的网络应用标准协议，自 1994 年诞生以来，一共经历了 4 个版本迭代，下面对 HTTP 协议发展过程进行介绍：

1)HTTP 0.9

最早的 HTTP 协议是 1991 年发布的 0.9 版。该版本极其简单，只有一个 GET 命令。

0.9版的 HTTP 协议就是一个交换信息的无序协议，仅限于文字传输。协议规定服务器只能返回 HTML 格式的字符串，不能返回别的格式的内容。

2)HTTP 1.0

1996 年 5 月，蒂姆·伯纳斯·李提出并发布了 HTTP 1.0，该版内容比 0.9 版丰富了很多。一是任何格式的内容都能发送，这使得互联网不仅可以传输文字，还能传输图像、视频、二进制文件等内容；二是增加了 POST 命令和 HEAD 命令，可以由客户端向服务器发布内容，并获得相关网页的状态，交互手段变多了；三是 HTTP 请求和响应的格式规范也变了，除了待传输的数据部分之外，每次通信都必须包括头信息(HTTP header)，用来描述请求/响应的元数据，其他新增的功能还包括状态码(status code)、多部件类型(multi - part type)、权限(authorization)、缓存(cache)、内容编码(content encoding)等。

HTTP 1.0 的主要缺点是，每个 TCP 连接只能发送一个请求，发送数据完毕，连接就关闭。如果还要请求其他资源，就必须再新建一个连接。

TCP 连接的新建成本很高，因为需要客户端和服务器三次握手，并且开始时发送速率较慢(slow start)，随着网页加载的外部资源越来越多，HTTP 1.0 性能差的问题就愈发突出了。

3)HTTP 1.1

1997 年 1 月，HTTP 1.1 发布，它进一步完善了 HTTP 协议，一直用到了 20 多年后的今天，直到现在还是最流行的 HTTP 协议版本。

相比于 HTTP 1.0，HTTP 1.1 的最大的变化就是引入了持久连接，即 TCP 连接默认是不关闭的，可以被多个请求和响应复用。客户端和服务器发现对方一段时间没有活动后，可以主动关闭连接，客户端允许同时与服务器建立多个持久连接。HTTP 1.1 还引入了管道机制，即在同一个连接里面，客户端可以同时发送多个请求，进一步提升了 HTTP 协议的效率。

HTTP 1.1 还增加了一些新的动词方法：如 PUT、CONNECT、TRACE、OPTIONS、DELETE等，用于实现服务器新增资源内容、管道代理服务、追踪服务器收到的请求、查看服务器性能和删除服务器指定的页面等功能。

4)HTTP 2

2009 年，谷歌公开了自行研发的网络协议 SPDY，主要解决 HTTP 1.1 效率不高的问题。这个协议在 Chrome 浏览器上证明可行以后，就被当作 HTTP 2 协议的基础。2015 年，HTTP 2协议发布。

和 HTTP 1.1 不同，HTTP 2 则是一个彻底的二进制协议，头信息和数据体都是二进制格式，并且统称为“帧”(frame)：头信息帧和数据帧。HTTP 2 协议额外定义了近十种帧，为高级应用打好了基础。相比使用文本格式，二进制格式解析更加方便快捷。HTTP 2 还允许服务器未经请求，主动向客户端发送资源，称为服务器推送(server push)。

虽然 HTTP 1.1 仍然是使用最广泛的 HTTP 协议，但 HTTP2 也在逐步覆盖市场。

2. HTTPS 协议

在 Web 上使用 HTTP 协议传输数据时没有经过加密，传输过程中面临着信息被监听、篡改的安全威胁。在这种情况下，HTTPS 协议被提出以解决数据传输过程中的安全问题。

HTTPS 协议(hyper text transfer protocol over secure socket layer,基于安全套接字层的 HTTP 协议)在 HTTP 协议的基础上通过传输加密和身份认证保证传输过程的安全性。HTTPS在 HTTP 的基础上加入 SSL(secure socket layer,安全套接字层)/TLS(transfer layer security,传输层安全)协议,提供了身份验证与加密通信方法,被广泛用于安全敏感信息的通信,例如账号校验、交易支付等场景。

HTTPS 协议比 HTTP 协议更安全。一是 HTTPS 协议采取了混合加密技术,让传输过程变得更加安全,传输过程中用户无法查看通信内容;二是 HTTPS 协议添加了身份验证功能,通过身份验证机制,保证客户端访问的是自己的服务器;三是 HTTPS 协议能够保护数据的完整性,能够防止在通信途中,数据被篡改。

关于 HTTP/HTTPS 的详细内容,限于篇幅不在此处展开,对这些内容感兴趣的读者请参考计算机网络方面的书籍。

3.2.2　信息交换标准协议

不同类型的请求通过 HTTP 协议由 Web 浏览器传输到服务端后,由服务端经过计算处理产生响应结果,该结果会返回到 Web 浏览器并展示出来。在请求/响应过程中信息的交换主要通过以下的标准协议完成。

3.2.2.1　URL

在 Web 上,每个信息资源都有一个唯一的地址,该地址就叫 URL(uniform resource locator,统一资源定位符),它是万维网上信息资源的定位标识,俗称“网址”。

URL 由协议、主机、端口、文件路径四部分组成。表达 URL 的语法格式(带方括号[]的为可选项)如下:

protocol://hostname[:port]/path/[;parameters]

在 URL 的表达式中,各参数的含义如下:

(1)protocol(协议):指定使用的传输协议,常见的协议有 HTTP、HTTPS、FTP 等,用途各异。

(2)hostname(主机名):指存放资源的服务器,可以用服务器的域名或服务器的 IP 地址来表达。如 sohu.com 或者 112.150.24.68。

(3)port(端口):服务器提供服务使用的端口号,省略时使用传输协议的默认端口,如 HTTP 协议的默认端口为 80,HTTPS 协议的默认端口为 443,FTP 协议的默认端口号为 21 等。有时候出于安全或其他考虑,可以在服务器上对端口进行重定义,即采用非标准端口号,这种情况下 URL 中就必须注明端口号。

(4)path(路径):是由若干个“/”符号隔开的字符串,一般用来表示主机上的一个目录或文件地址。

(5)parameters(参数):可选,用于给信息资源传递参数。传递参数时,以“?”开头,每个参数的名称和所对应的值用“=”符号隔开,有多个参数时用“&”符号隔开。

下面举例说明 URL 的解读方式:

http://www.xxx.com:8080/abc/index.html? boardID=5&ID=24618&page=1

协议部分:http://,代表该 URL 使用的是 http 协议;

域名部分:www.xxx.com,也可以使用 ip 作为主机使用;

端口部分:跟在域名后的 8080 是端口号;

路径部分:/abc/index.html 从主机部分的第一个"/"开始为该资源的路径,资源路径可以是文件,也可以是文件夹;

参数部分:?boardID=5&ID=24618&page=1。

3.2.2.2 XML 和 JSON

1. XML

XML 指可扩展标记语言(extensible markup language),类似于 HTML,它是一种标记语言,其设计宗旨是存储与交换数据,而非显示数据。XML 具有自我描述的能力,是万维网联盟组织的推荐标准。

标记是指计算机所能理解的信息符号,计算机可以处理包含各种标记的信息。XML 可以用来标记数据、定义数据类型,是一种允许用户对自己的标记语言进行自定义的元语言。XML 提供了一种统一的方法来描述和交换结构化数据,让这些数据独立于应用程序或供应商存在,非常适合在 Web 上传输和交换。XML 是互联网环境中完成跨平台信息交换和处理分布式结构化信息的有效工具。

以下代码是一个用 XML 文件制作的便签条,它描述了便签所需要的标题及留言,同时包含了发送者和接收者的信息。对于 XML 标签,我们可以理解为对信息类型的描述,而包装在 XML 标签中的纯粹的信息,需要通过程序才能传送、接收和显示出这些信息。XML 是纯文本格式的,任何应用程序都可以对 XML 进行读写操作,以达到跨平台、跨编程语言的数据交换的目的。

[XML 示例代码]

```
<node>
    <to>George</to>
    <from>John</from>
    <heading>Reminder</heading>
    <body>Don't forget the meeting! </body>
</node>
```

总体来讲,XML 具有以下特点:

(1)数据存储与显示分离:通过 XML,数据能够存储在独立的 XML 文件中。而数据的显示可以使用 HTML、CSS、JavaScript 等技术完成,数据内容与数据显示之间进行了解耦。

(2)简化数据共享交换:XML 对数据以纯文本格式进行编码,是一种独立于软件和硬件的数据表示方法。任何编程语言都可以对 XML 进行操作,这让创建在不同应用程序中共享的数据变得更加容易。通过 XML 进行数据共享交换,可以显著降低程序的复杂性。

(3)强大的可扩展性:XML 支持用户自定义标签和自定义数据结构文档,还可以扩展出不同专业领域的 XML。通过 XML 自定义扩展创建的新语言包括 WSDL(Web serveice description language,Web 服务描述语言)、RDF(resource description framework,资源描述框架)、GML(geographic markup language,地理标记语言)、CML(chemistry markup language,化学标记语言)等,可以表达不同专业领域的专业知识和数据。

2. JSON

JSON(JavaScript object notation, JavaScript 对象表示法)是一种轻量级的数据交换格式。JSON 采用完全独立于编程语言的文本格式来存储和表示数据,同时拥有简洁和清晰的层次结构。这使得 JSON 成为理想的数据交换语言,在易于用户阅读和编写的同时,也易于计算机解析和生成,还可以有效地提升网络传输效率。

与 XML 类似,JSON 同样使用纯文本编码,并具有“自我描述性”,同时具备层级结构特性。但因为 JSON 没有结束标签的概念,所以它比 XML 更短,传输、读写的速度更快。JSON 更大的优势在于,其数据格式本身就是 JavaScript 的对象表示形式,可以和 JavaScript 语言无缝对接,直接被 JavaScript 解析和操作,在 Web 应用领域使用非常方便。如下代码就是 XML 示例的 JSON 表现形式。

[JSON 示例代码]

```
{
    "note":
    {
        "to":"George",
        "from":"Jhon",
        "heading":"Reminder",
        "body":"Don't forget the meeting!"
    }
}
```

JSON 格式最常见的用法是从 Web 服务器上读取 JSON 数据(作为文件或作为 HttpRequest 请求)后,将 JSON 数据转换为 JavaScript 对象,再由 JavaScript 对该对象进行读取和可视化操作。

3.3　客户端技术基础

Web 应用的客户端的主要表现为 Web 浏览器,它的主要功能是向服务端发送请求,接收来自服务器的响应数据,再将这些数据进行排版和渲染后展现给用户,通过图形界面完成用户的交互。客户端开发涉及的技术包括 Web 浏览器、HTML、CSS、JavaScript 以及前端开发框架等。

3.3.1　Web 浏览器

Web 浏览器是所有 Web 应用在客户端上运行的平台,浏览器的主要功能就是向服务器发出请求，在浏览器窗口中展示服务器反回的网络资源。网络资源一般是指 HTML 文档，也可以是 PDF、图片或其他任何可以在网络上传输的数据。资源的位置由用户使用 URI（uniform resource identifier，统一资源标识符）指定。浏览器根据 HTML 和 CSS 规范中指定的内容和样式来解释并显示 HTML 文件，这些规范由网络标准化组织 W3C（万维网联盟）发布并维护。常见的浏览器有 Chrome、Safari、Firefox、Edge、Opera 等，如图 3－3 所示。

图 3－3　常见的浏览器

一个完整的浏览器包含浏览器外壳和浏览器的内核。浏览器的外壳为用户提供界面操作，如菜单或工具栏等。浏览器内核又可以分为两部分：渲染引擎（layout engine 或 rendering engine）和 JavaScript 引擎。由于 JavaScript 引擎越来越独立，内核就倾向于只指渲染引擎。以下是几种常见的浏览器内核，其主要作用是根据 HTML 文件完成网页的排版、着色等操作。

（1）Trident。使用 Trident 内核的 Web 浏览器有 Internet Explorer，又称其为 IE 内核。Trident 是微软开发的一种浏览器渲染引擎，国内常见的双核浏览器的其中一核就是 Trident。

（2）Gecko。使用 Gecko 内核的 Web 浏览器有 Mozilla Firefox。Gecko 是一套开放源代码的、以 C＋＋编写的网页排版引擎，是最流行的排版引擎之一，仅次于 Trident。

（3）Webkit。使用 Webkit 内核的 Web 浏览器有苹果公司的 Safari 浏览器等。该浏览器主要用于 MacOS 系统，其优点在于源码结构清晰、渲染速度极快；缺点是对网页代码的兼容性不高，导致一些编写不标准的网页无法正常显示。

（4）Blink。使用 Blink 内核的浏览器主要有 Chrome 和 Opera 浏览器，它是由 Google 和 Opera Software 合作开发的浏览器渲染内核。大部分国产浏览器的最新版本都采用了 Blink 内核。

3.3.2　Web 页面的表达：HTML/CSS

3.3.2.1　HTML——构建 Web 页面

HTML（hypertext markup language，超文本标记语言）。HTML 是由 Web 的发明者蒂姆·伯纳斯·李和同事丹尼尔·康诺利于 1990 年创立的一种标记语言，它是 SGML（standard general markup language，标准通用标记语言）的一个子集。用 HTML 语言将所需要表达的信息按排版规则编写成 HTML 文件，Web 浏览器可以将这些 HTML 文件“翻译”成人类方便识别的排版样式展现给用户。HTML 文档独立于各种操作系统平台（如 UNIX，Windows 等），在不同的 Web 浏览器中有基本一致的显示效果。

HTML 可以通过标签式的指令（tag），将影像、声音、图片、文字、动画等内容在浏览器上显示出来，易学、易懂。HTML 中最重要的功能是超链接——通过点击鼠标从一个网页跳转到另一个网页，这使得遍布世界各地的服务器中的 HTML 文件能够互相连接起来。

HTML 从发明到现在，一共经历了以下几个阶段的发展：

(1)HTML1.0：在 1993 年 6 月作为 IETF(Internet engineering task force，互联网工程任务组)的工作草案发布。

(2)HTML2.0：1995 年 11 月作为 IETF 的征求意见稿 RFC1866 发布，于 2000 年 6 月发布之后被宣布已经过时。

(3)HTML3.2：1997 年 1 月 14 日，作为 W3C 推荐标准发布。

(4)HTML4.0：1997 年 12 月 18 日，作为 W3C 推荐标准发布。

(5)HTML4.01(微小改进)：1999 年 12 月 24 日，作为 W3C 推荐标准发布。

(6)HTML5：2012 年中期发布。

HTML5 是公认的新一代 Web 语言，也是我们现在普遍使用的 Web 应用语言，它极大地提升了 Web 在富媒体、富内容和富应用等方面的能力，同时也是移动互联网普及的重要推手。

HTML5 为 Web 应用提供了一个成熟的平台，这个平台对视频、音频、图像、动画以及与设备的交互都进行了规范，产生了很多新的特性。与 HTML4.0 相比，HTML5 的新特性包含以下内容：

(1)智能表单。表单是实现用户与页面后台交互的主要组成部分，HTML5 在表单上设计的功能更加强大。HTML5 定义了更多<input>元素的类型和属性，增强了 HTML 可表达的表单形式，并新增了一些特殊的表单标签，使得原本需要 JavaScript 来实现的控件(如数字、日期、时间、日历、滑块等)，可以直接使用 HTML5 的<input>元素来实现。

(2)绘图画布。HTML5 的<canvas>标签可以实现画布功能，该标签通过自带的 API 结合 JavaScript 脚本语言在网页上绘制和处理图形，其自带的 API 可以实现绘制线条，区域填充样式和颜色，书写样式化文本和显示图像文件。<canvas>标签画布上的每一个像素都可以通过 JavaScript 控制。HTML5 的<canvas>标签使得浏览器无需 Flash 或 Silverlight 这样的第三方插件就能直接显示图形或动画图像。

(3)多媒体。HTML5 最大特色之一就是支持音频、视频，它通过增加<audio>和<video>两个标签来实现对网页中多媒体的音频、视频使用的支持。只要在 Web 页面中嵌入这两个标签，无需第三方插件(如 Flash)就可以实现音频视频的播放。HTML5 对音频、视频的支持使得浏览器摆脱了对插件的依赖，加快了音视频内容的加载速度，扩展了互联网多媒体技术的发展空间。

(4)地理定位。随着移动网络的普及，拥有实时定位功能的应用越来越多，对实时定位的需求也越来越大。HTML5 定义的 Geolocation API，可以通智能手机的定位模块或网络接入的信息来获得用户所在的位置。通过 HTML5 的 Geolocation API，除了可以定位自己所在的位置，也可以在开放信息授权的情况下获得他人的定位信息。

(5)数据存储。HTML5 允许在客户端实现较大规模的数据存储。为了满足不同类型的本地存储需求，HTML5 支持 DOM Storage 和 Web SQL Database 两种存储机制。DOM Storage 适用于具有键值对特征数据的本地存储；而 Web SQL Database 是适用于关系型数据库的存储方式，开发者可以使用 SQL 语法对这些数据进行查询、插入等操作。

(6)多线程。JavaScript 创建的 Web 应用程序处理事务都是在单线程中执行的，响应时间较长。当 JavaScript 过于复杂时，还有可能出现死锁。通过 HTML5 新增的 Web Worker API，用户可以创建多个在后台运行的线程，将耗费较长时间的任务交给后台处理，而不影响用户界面和响应速度。后台线程不能访问页面和窗口对象，但可以和页面之间进行数据交互，使用后台线程处理的任务不会因为用户交互而运行中断。后台线程赋予了网页更多的能力，能够写出更复杂的 Web 应用程序。

一个简单的 HTML5 文档示例如图 3-4 所示，该文档由 HTML5 声明部分和 HTML5 页面部分构成。HTML5 的页面部分又由头部元素和可见页面内容构成。在 HTML5 文档中，标签里面的内容是不显示的，显示的只是在标签之间的内容，标签主要起到描述文档结构和指明渲染和排版方式的作用。该文档运行结果如图 3-5 所示。

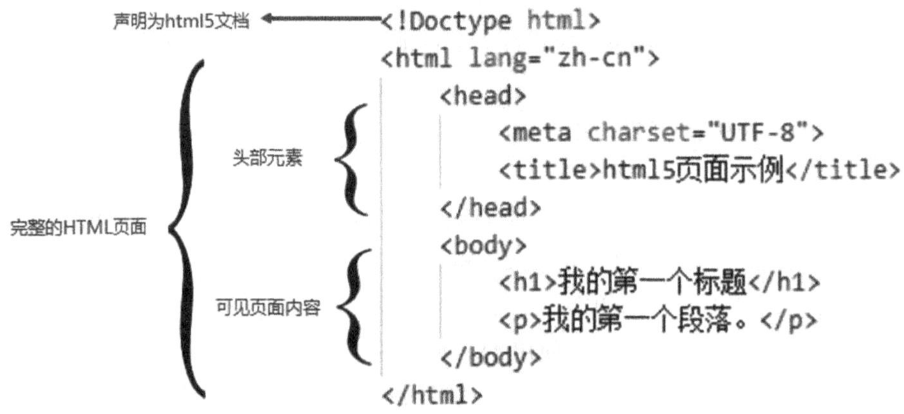

图 3-4　一个简单的 HTML5 文档示例

我的第一个标题

我的第一个段落。

图 3-5　HTML5 文档运行结果

HTML5 是最新的 Web 内容标准，也是当前 Web GIS 应用在 Web 浏览器上运行的基础支撑技术。限于篇幅，在此无法对 HTML5 技术做全面的介绍，需要深入学习 HTML5 内容的读者可以通过 https://html.spec.whatwg.org/ 网页查阅详细信息。

3.3.2.2　CSS——渲染 Web 页面

CSS(cascading style sheets，级联样式表)是一种用来表现 HTML 文件的排版和渲染样式的计算机语言。CSS 不仅可以静态地修饰网页，还可以配合脚本语言动态地对网页中的元素进行格式化，其本质上是一种对 HTML 内容进行排版和渲染的设计语言。CSS 的作用在于将 HTML 网页的样式和内容进行分离，方便对 HTML 内容的排版和渲染方式进行维护。

CSS 从发明到现在，一共经历了以下几个阶段的发展：

1994 年，哈肯・维姆・莱最初提出了 CSS 的想法，他和伯特・波斯一起合作，创造了

CSS 的最初版本。

1996 年 12 月，W3C 推出了 CSS 规范的第一个版本，CSS0.9。

1997 年，W3C 颁布了 CSS1.0 版本，CSS1.0 较全面地规定了 HTML 文档的显示样式，分为选择器、样式属性、伪类/对象几个部分。

1998 年，W3C 发布了 CSS2 版本，CSS2 规范是基于 CSS1 设计的，包含了 CSS1 所有的功能，并对相关功能做了扩充和改进，包括选择器、位置模型、布局、表格样式、媒体类型、伪类、光标样式等。

2005 年 12 月，W3C 开始 CSS3 标准的制定。从 2011 年开始，CSS 被分为多个模块单独升级，统称为 CSS3。虽然到目前为止该标准还没有最终定稿，但新的浏览器已经都支持 CSS3 属性了。CSS3 中重要的模块包括选择器、盒模型、背景和边框、文字特效、2D/3D 转换、动画、多列布局、用户界面等。下面举例说明 CSS 的基本原理。

CSS 的基本原理如图 3-6 所示。在<style>标签中的内容就是 CSS 片段，每个 CSS 片段由两部分构成，一部分是选择器，用于指定该 CSS 作用于 HTML 文档中的哪些元素；另一部分为 CSS 样式内容，即选择器选择的元素的布局和渲染方案。图 3-6 中，“#p1”为 CSS 选择器，表明该段 CSS 选择的是 HTML 文档中 id 为 p1 的元素；“background-color: #ff0000”表示该元素的背景色是红色。下面着重介绍 CSS 选择器与 CSS 盒模型。

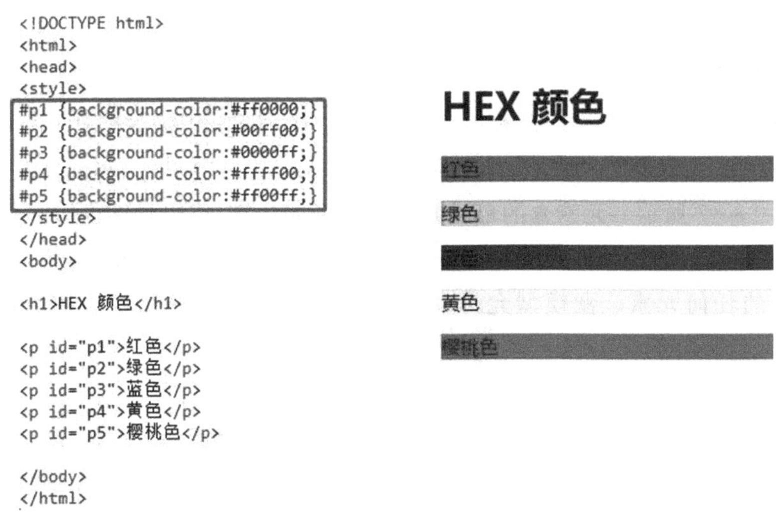

图 3-6 CSS 基本原理

1. CSS 选择器

CSS 选择器是一种语法，用于“查找”(或选取)要设置样式的 HTML 元素。HTML 可以通过类属性名称或属性值、id 名称、元素名称或通配符，以及以上各种选择器的组合来实现。CSS 还能够通过伪类(pseudo-class)、伪元素(pseudo-element)等选择器，对选中 HTML 元素的某个状态或者某个部分进行样式定义。部分 CSS 选择器示例见表 3-2。

表 3-2　部分 CSS 选择器示例

选择器	例子	例子描述
.class	.intro	选择 class="intro" 的所有元素
.class1.class2	.name1.name2	选择 class 属性中同时有 name1 和 name2 的所有元素
.class1 .class2	.name1 .name2	选择作为类名 name1 元素后代的所有类名 name2 元素
#id	#firstname	选择 id="firstname" 的元素
*	*	选择所有元素
element	p	选择所有 <p> 元素
element.class	p.intro	选择 class="intro" 的所有 <p> 元素
element,element	div, p	选择所有 <div> 元素和所有 <p> 元素
element element	div p	选择 <div> 元素内的所有 <p> 元素
element>element	div > p	选择父元素是 <div> 的所有 <p> 元素
element+element	div + p	选择紧跟 <div> 元素的首个 <p> 元素
element1~element2	p ~ ul	选择前面有 <p> 元素的每个 <ul> 元素

2. CSS 盒模型

CSS 标准认为，所有 HTML 元素都可以看作盒子。CSS 盒模型实质上是一个包围每个 HTML 元素的框。它包括外边距(margin)、边框(border)、内边距(padding)以及实际的内容(content)，如图 3-7 所示。元素盒的最内部分是实际的内容，直接包围内容的是内边距，内边距呈现了元素的背景，内边距的边缘是边框。边框以外是外边距，外边距默认是透明的，因此不会遮挡其后的任何元素。盒模型允许我们在其他元素和周围元素边框之间的空间放置元素。

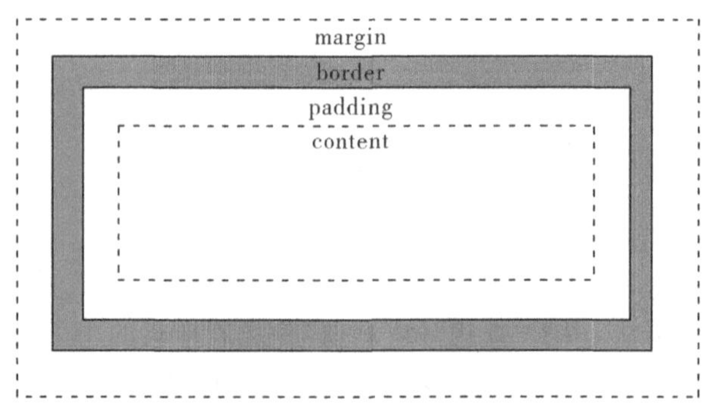

图 3-7　CSS 盒模型

由于篇幅所限，想要了解更多 CSS 内容的读者请访问 https://www.w3.org/Style/CSS/Overview.en.html。

3.3.3　Web页面元素的操作——JavaScript

3.3.3.1　JavaScript简介

JavaScript是一种直译式脚本语言，内置支持类型，它的解释器被称为JavaScript引擎，是Web浏览器的一部分。JavaScript最早在Web浏览器中使用，用来给HTML网页增加动态功能。JavaScript简洁、灵活，应用场景众多，从简单的幻灯片、照片库、浮动布局和响应按钮点击，到复杂的游戏、动画、大型数据库驱动程序等，都可以使用JavaScript实现。现代JavaScript还可以用于服务器端的程序设计。

JavaScript最初由Netscape公司的布兰登·艾奇设计。Ecma国际以JavaScript为基础制定了ECMAScript标准，JavaScript可以看成是对ECMAScript标准的实现和扩展。

1999年12月，ECMAScript 3.0发布，成为JavaScript的通行标准，得到了广泛支持。

2007年10月，ECMAScript 4.0草案发布，其对ECMAScript 3.0做了大幅升级，预计2008年8月发布正式版本。草案发布后，由于ECMAScript 4.0的目标过于激进，2008年7月，Ecma国际决定，中止ECMAScript 4.0的开发，将其中涉及现有功能改善的一小部分，发布为ECMAScript 3.1，又将ECMAScript 3.1改名为ECMAScript 5。2009年12月，ECMAScript 5.0正式发布。

2011年6月，ECMAScript 5.1发布，并且成为ISO国际标准（ISO/IEC 16262:2011）。2015年6月17日，ECMAScript 6发布正式版本，即ECMAScript 2015。

近几年ECMAScript的版本更新非常频繁，ECMAScript 2016（ES7）、ECMAScript 2017（ES8）……ECMAScript 2022（ES13）都已经面世了。作为初学者，接触ES6以后的JavaScript语法及规则即可逐渐掌握JavaScript编程方法。

作为一门诞生于Web应用背景的编程语言，JavaScript能够控制网页的任何内容和行为。JavaScript主要包含三个方面的内容：一是JavaScript内置对象，这些内置对象包含的是作为编程语言所需要的对象，如数组（array）对象、布尔（boolean）对象、日期（date）对象、数学（math）对象、数字（number）对象、字符串（string）对象、正则表达式（RegExp）对象和一些全局函数对象等。二是DOM（document object model，文档对象模型），它是W3C组织推荐处理可扩展标记语言（HTML和XML）的标准编程接口。DOM包括文档（document）对象、元素（element）对象、属性（attribute）对象、事件（event）对象等。通过DOM，JavaScript可以操作HTML文档的任何一个元素。三是BOM（browser object model，浏览器对象模型），通过BOM，JavaScript可以对浏览器进行操作，这些操作对象包括窗口（window）对象、浏览器（navigator）对象、屏幕（screen）对象、历史（history）对象、网址（location）对象和存储（storage）对象等。

JavaScript是一种应用领域广泛的Web编程语言。由于篇幅所限，在此不做更深讲解，如果有读者想加强对JavaScript语言的学习，请访问https://zh.javascript.info/以获得更多的信息。

3.3.3.2　常用的JavaScript库和框架

随着JavaScript在Web开发活动中的广泛使用，越来越多的工具库、UI组件库以及一些成熟易用的框架被发明出来，帮助我们进行高效开发Web应用程序，使我们的Web客户端程序的稳定性越来越强。

1. 常用的 JavaScript 工具库

(1)Prototype。Prototype 是一个 JavaScript 框架,旨在简化动态 Web 应用程序的开发。它提供了一个类风格的面向对象的框架、支持 Ajax 请求、高级编程结构和简单的 DOM 操作。

(2)jQuery。jQuery 是一个小巧且功能丰富的 JavaScript 库。它提供了跨多种浏览器的、易于使用的 API,使对 HTML 文档遍历和访问操作、事件处理、动画和 Ajax 等工作变得更加简单。jQuery 改变了数百万人编写 JavaScript 的方式。

(3)Dojo。Dojo 是一个 JavaScript 工具包,它提供构建 Web 应用程序所需的一切,包括语言工具程序、UI 组件等。

2. 常见的 UI 组件库

(1)Bootstra。Bootstrap 是一个用于快速开发 Web 应用程序和网站的组件库。Bootstrap 是基于 HTML、CSS、JavaScript 的。Bootstrap 包含全局的 CSS 设置、可扩展的 class 类属性,以及一个先进的网格布局系统,还包含十几个可重用的组件,用于创建图像、下拉菜单、导航、警告框、弹出框等。

(2)EasyUI。EasyUI 是基于 jQuery、Angular、Vue 和 React 的用户界面组件的集合。EasyUI 提供了构建现代、交互式 JavaScript 应用程序的基本功能,可以通过编写一些 HTML 标记来定义用户界面。

(3)Lay UI。LayUI 是一套开源的 Web UI 解决方案,采用模块化规范,几乎兼容正在使用的大部分浏览器(除 IE6/7 外),可作为 Web 界面的速成开发方案。

3. 常用的 Web 前端框架

(1)React。React 是一个用于构建用户界面的 JavaScript 库。React 起源于 Facebook 的内部项目,并于 2013 年 5 月开源。它具备声明式设计、组件式复用、单项响应数据流等特点,是比较流行的 Web 前端框架之一。

(2)Angular。Angular 是一个开发平台,它包括一个基于组件的框架,用于构建可伸缩的 Web 应用;一组集成库,涵盖各种功能,包括路由、表单管理、客户端－服务器通信等;一套开发工具,用于开发、构建、测试和更新代码。

(3)Vue。Vue 是一套用于构建用户界面的渐进式框架,它被设计为可以自底向上逐层增量开发用。Vue 的核心库只关注视图层,便于与第三方库或既有项目整合。

在 Web GIS 的开发中,会根据不同的场景需求,使用到 JavaScript 中常见的方法库、Web 前端框架乃至 UI 组件库来完成相关的任务。

3.4 服务端技术基础

3.4.1 数据库管理技术

在 Web 编程活动中,Web 服务器和应用服务器主要功能是根据请求向浏览器提供响应数据，而要快速准确地向浏览器提供响应数据，则需要数据库管理技术来提供支撑。

随着应用种类、应用需求的变化，数据特征也在不断变化。不同特征的数据，需要不同的数据库管理系统进行管理。数据库管理系统存储着应用所需要的所有数据，是整个应用系统中价值最大的部分。数据库管理系统根据不同类型的数据提供统一的数据管理和检索查询功能，通过各种标准的 Java、C、GO、Python 等应用程序接口，供应用程序调用，并将结果发送给 Web 浏览器。

3.4.1.1 SQL 数据库

1970 年，IBM 的研究员，有"关系数据库之父"之称的埃德加·弗兰克·科德博士在 *Communication of the ACM* 上发表了题为"A Relational Model of Data for Large Shared Data banks"(大型共享数据库的关系模型)的论文，文中首次提出了数据库的关系模型的概念。

关系数据库是建立在关系模型基础上的数据库，它借助集合代数等数学概念和方法来处理数据库中的数据，将现实世界中的各种实体以及实体之间的各种联系均用关系模型来表示。因其使用 SQL(structure query language，结构化查询语言)来对数据库中存储的数据进行操作，因此关系数据库又称为 SQL 数据库。

关系数据库具备严谨的结构和一致性、完整性的设计。关系表之间能够通过设置主、外键和用户自行定义约束的方式，维护关系数据库的完整性。关系数据库还具备完备的锁机制，可以保证多人访问时，数据库的事务得到良好的隔离，使数据库中数据有良好的事务一致性。关系数据库中对数据定义和数据操作的完整性、一致性的考虑，使得关系型数据库在对数据完整性和一致性有严格要求的领域(如银行、电子商务、电子政务系统等)得到了广泛的应用。

关系数据库使用的 SQL 语言非常灵活，涵盖了对于关系数据库的结构定义、数据更新、数据查询、数据控制和数据事务等全方位的操作，能够满足人们对于关系数据库绝大多数的查询与统计分析的需求。几乎所有的关系数据库软件(如 MS Access、DB2、Informix、MS SQL Server、Oracle、MySQL、Sybase、PostgreSql 等)都支持 SQL 语言，方便用户对各种关系数据库软件进行操作。

近年来，我国软件厂商也逐步开发出具备自主知识产权的国产数据库软件系统，包括阿里巴巴的 OceanBase 和 PolarDB、腾讯的 TDSQL、华为的 GuassDB、武汉达梦数据库、南大通用 GBase、人大金仓数据库等。

3.4.1.2 NoSQL 数据库

SQL 数据库在数据的完整性和一致性上具备良好的设计，在银行、政务等对数据的完整性和一致性要求较强的领域得到了广泛应用。但关系型数据库为了维持数据的完整性和一致性，需要付出额外的代价，这会为 SQL 数据库带来性能上的损失。

随着互联网 Web 2.0 网站的兴起，传统的关系数据库在处理新的业务场景，如超高开发数据读写请求时，出现了很多困难：一是在运行性能上难以满足超高开发数据读写的要求；二是 SQL 类型的数据库对数据结构的要求较为严谨，无法在运行时改变数据的存储结构，无法适应互联网应用在内容和业务上的快速变化需求。非关系型的数据库(也就是 NoSQL 数据库)也因此应运而生。

NoSQL 数据库指的是"not only SQL"数据库，是一系列用于解决对数据的完整性、一致性没有强需求的应用场景的数据库解决方案。这些数据库包括键值数据库、文档数据库、时序数据库、列数据库、图数据库等。

1. 键值(key - value)数据库

键值数据库是一种非关系数据库，使用最简单的键值对集合的方式来存储数据。其中键作为唯一标识符，键和值都可以是从简单对象到复杂复合对象的任何内容。键值数据库可以根据键查询值、更新键所对应的值或从数据库中删除键值对。需要注意的是，键值数据库不能对值进行索引和查询，也不支持任何形式的过滤操作，要查找键所对应的值，一定要先知道键。

由于键值数据库通过键访问值，不需要遍历记录查询，能有效减少读写磁盘的次数，比 SQL 数据库存储拥有更好的读写性能，可以实现很高的读写速度、并发度和较低的一致性延迟，并支持数据库事务。键值数据库的读写方式可以分为面向磁盘和面向内存两种。采用哪一种读写方式，通常由数据量的大小和对访问速度的要求决定，面向内存的方式就适合于不要求存储海量数据但需要对特定的数据进行高速并发访问的场景。

键值数据库非常适合存储不涉及过多数据关联的数据，适用于保存会话、购物车数据、用户配置数据等场景。典型的键值数据库有面向内存存储的 Redis 和 Memcached，面向磁盘存储的 LevelDB 和 RocksDB。

2. 文档数据库

键值数据库查询快，但只能通过键对值进行查找，无法对值进行过滤查询。文档数据库可以解决这一问题，其最主要的特征是可以存放并获取文档，文档的格式可以是 JSON、XML、BSON 等。这些文档呈现为分层的树状结构，可以包含映射表、集合和纯量值。数据库中的文档彼此相似，但不必完全相同。文档数据库存放的文档相当于键值数据库存放的值。文档数据库可以看成是值可以过滤查询的键值数据库。表 3 - 3 是文档数据库和关系数据库的术语对应关系(以 Oracle 和 MongoDB 为例)。

表 3 - 3　文档数据库与关系数据库的对应关系

Oracle 实例(database instance)	MongoDB 实例(MongoDB instance)
模式(schema)	数据库(database)
表(table)	集合(collection)
行(row)	文档(document)
主键(id)	_id

文档数据库中的各个文档的结构可以不同，但是仍然能放在同一"集合"内，而不是像关系型数据库那样，表格中每行数据的结构都要相同。文档数据库向文档中新增属性时，既无需预先定义，也不用修改已有文档内容。在 SQL 数据库中，需要尽可能地标准化数据，而在文档数据库中，则可以对数据去标准化。

文档数据库具有以下优点：

(1)文档数据库可以轻松地通过普通机器、虚拟机或者云实例来实现近乎无上限的水平扩展。

(2)添加数据不需要严格的数据库操作模式,在修改数据类型时也不需要修改数据库模式。

(3)多样化的数据模型能更好地支持复杂数据的建模、存储和查询。

典型的文档数据库产品有 MongoDB、CouchDB。

3. 时序数据库

时序数据库全称为时间序列数据库,主要用于处理带时间标签(按照时间的顺序变化,即时间序列化)的数据(也称为时间序列数据)。

时间序列数据的典型特点是:产生频率快(每一个监测点一定时间内可产生多条数据)、严重依赖于采集时间(每一条数据均要求对应唯一的时间)、测点多且信息量大(常规的实时监测系统均有成千上万的监测点,监测点每秒都在产生数据,每天产生几十 GB 的数据)。例如电力行业、化工行业等各类型实时监测、检查与分析设备所采集、产生的数据都有这些特点。

面对时序数据,传统关系数据库存在如下问题:一是存储成本大,关系数据库对于时序数据的压缩性能不佳,需占用大量存储资源;二是维护成本高,需要人工分库分表,维护成本高;三是写入吞吐低,很难满足时序数据千万级的写入压力;四是查询性能差,传统关系数据库适用于交易处理,但面对海量数据的聚合分析时,性能较差。

综上所述,传统关系数据库无法满足时间序列数据的高效存储与查询处理,需要针对时间序列数据特点进行优化的时间序列数据库来处理大规模的时序数据。相比传统数据库仅仅记录了数据的当前值,时序数据库记录了所有的历史数据,其查询也总是会带上时间作为过滤条件。时序数据的写入,需要支持每秒上千万甚至上亿数据点的快速写入。时序数据的多维度聚合查询,需要支持在秒级对上亿数据的分组聚合运算。

目前行业内比较流行的开源时序数据库产品有 InfluxDB、OpenTSDB、Prometheus 等。

4. 列数据库

数据库将表中的数据放入存储系统中有两种方法,即列式存储(column-based storage)法和行式存储(row-based storage)法。传统的关系数据库都采用行式存储法,将各行放入连续的物理位置,这很像传统的记录文件的系统。列式存储法是将数据按照列存储到数据库中,与行式存储法类似,但一列中的相同类型的数据会被存储到一起,这样做的好处是在访问相同列数据时寻址更快,能够大幅度降低系统的 I/O 资源,打破在面对海量数据的聚合查询时的系统的主要瓶颈。如图 3 - 8 所示是两种存储方法的示意图。

传统的关系型数据库如 Oracle、DB2、MySQL、SQL Server 等采用行式存储法,新兴的 Hbase、HP Vertica、EMC Greenplum 等分布式数据库都采用列式存储法。传统的采用行式存储法的数据库主要满足在线事务处理的应用需求,采用列式存储法的数据库主要满足以统计查询为主的在线分析处理的应用需求。

随着传统关系型数据库与新兴的分布式数据库不断地发展,列式存储与行式存储会不断融合,数据库系统会呈现双模式数据存放方式,这也是商业竞争的需要。

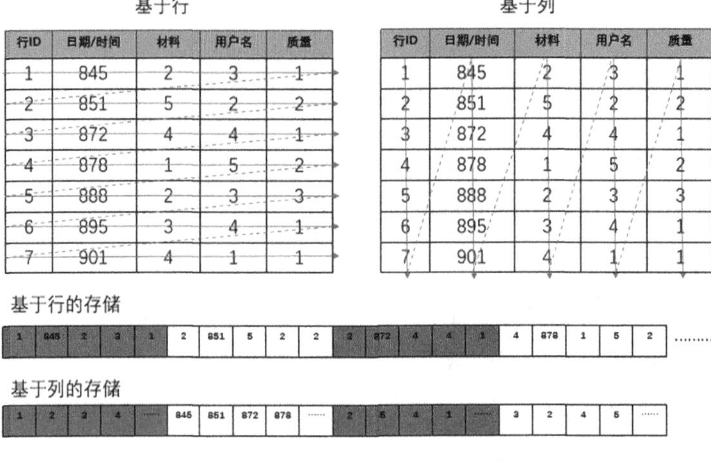

图 3-8 行数据库与列数据库存储

5. 图数据库

图数据库(graph database)也可称为面向/基于图的数据库。图数据库是以“图”这种数据结构存储和查询数据,而不是存储图形图像的数据库。图数据库的数据模型主要是通过节点和关系(边)来存储数据,节点和边都可以是一些键值对。图数据库的特点如下:

(1)使用图(或者网)的方式来表达现实世界的多对多关系很直接、自然,易于快速建立模型。

(2)图数据库可以高效地插入大量数据。图数据库面向的应用领域数据量都比较大,比如知识图谱、社交关系、金融风控关系等,总数据量级别(以边计算)一般在亿或十亿以上,有的甚至达到百亿。

(3)图数据库可以高效地查询关联数据。传统的关系型数据库不擅长做关联查询,特别是多层关联查询。因为关联查询都需要做表连接,涉及大量的 I/O 操作及内存消耗。图数据库在存储模型、数据结构和查询算法等领域都对关联查询进行了针对性优化,防止局部数据的查询引发全部数据的读取。

(4)图数据库提供了针对图检索的查询语言,比如 Gremlin、Cypher 等图数据库查询语言。图查询语言有利于关联分析业务的持续开发,传统方案在需求变更时往往要修改数据存储模型、修改复杂的查询脚本,而图数据库这样做的概率相对较小。

目前市面上主要的图数据库有 Neo4J、AllegroGraph、InfiniteGraph 等。有兴趣的读者可进一步学习图数据库相关知识。

3.4.2 服务器端编程开发技术

在 Web 编程领域,服务器端是用来响应来自客户端的请求,生成标准的能够被客户端解析的响应结果,如 XML/JSON/HTML 等格式的数据。传输到客户端后通过将结果进行可视化处理,展现为人人都能看得懂的结果。

在服务器端进行编程开发时,需要掌握以下知识。

3.4.2.1　Web 服务器

Web 服务器是一种运行在计算机上的软件程序，其主要功能是提供网上信息浏览服务，向发出请求的浏览器提供文档响应。Web 服务器也可以指服务器硬件，任何连接在网络中的计算机安装了这种软件程序后，就是一台 Web 服务器。Web 服务器程序是一种被动程序，只有当网络上计算机中的浏览器向该程序发出请求时，才会产生响应。

当 Web 浏览器连接到 Web 服务器上并发出请求时，服务器将处理该请求然后将结果返回到该浏览器上，并告诉浏览器如何处理这个处理结果。Web 服务器使用 HTTP 协议与客户的浏览器进行信息交流，这也是人们常把它们称为 HTTP 服务器的原因。

最常用的 Web 服务器软件有 Microsoft 的互联网信息（Internet information services，IIS）服务器，开源的 Apache、Nginx 服务器等。

3.4.2.2　应用服务器

与 Web 服务器不同，应用服务器（application server）虽然也是运行在网络上的一种程序，但它的重点是为用户提供各类业务逻辑的实现。换句话说，Web 服务器专门处理 HTTP 请求，而应用服务器是通过扩展开发为 Web 应用提供业务逻辑（business logic）的实现。

应用服务器是通过各种协议把业务逻辑曝露给客户端的程序，它提供了访问业务逻辑的接口供客户端调用，客户端调用该业务逻辑就像调用对象的一个方法一样方便。

应用服务器为 Web 应用程序提供了一种简单的和可管理的对系统资源的访问机制。在大多数情形下，应用程序服务器是通过组件（component）的应用程序接口把业务逻辑暴露给客户端应用程序调用的，如基于 JavaEE（Java platform enterprise edition）应用程序服务器的 EJB（enterprise Javabean）组件模型等。应用服务器还可以管理自己的资源，例如安全、事务处理、资源池、消息等，同时也提供更底层的服务，如 HTTP 协议的实现和数据库连接管理等。

比较流行的应用服务器软件产品包括 JavaEE 系列的 WebLogic、Glassfish、JBoss、Apache Tomcat 等，MicroSoft 系列的 IIS for ASP. net 等。在 Web GIS 的应用领域，也有专业的 GIS 应用服务器软件，专门用于处理 GIS 相关的复杂业务逻辑。

3.4.2.3　服务器端编程语言

服务器端编程语言是可以运行在服务器上，用于构建各类 Web 服务的编程语言，这些 Web 服务根据浏览器客户端的请求，产生相关的响应结果，并将结果返回到客户端进行展示。

在对 HTTP 协议提供支持的前提下，各类不同的编程语言都能进行服务器端编程，并将不同的服务器端的能力封装成 Web 服务，提供给客户端程序进行调用。根据 W3Techs 的调查结果，截止 2023 年 4 月 1 日，最流行的服务器端编程语言的前五位分别是 PHP、Asp. net、Ruby、Java、Scala。但在 Web GIS 的服务端编程应用领域，Java、C/C＋＋和. Net 语言占据了更大的份额。

第 4 章　GIS 技术基础

要学习 Web GIS 技术必须掌握 GIS 技术中的相关概念、数据结构、运算方法与可视化方法等。还要理解并掌握地理空间数据如何在统一的空间参考系下进行数据组织、交换、存储和查询及可视化表达的方法，做好 Web GIS 应用构建所需要的 GIS 技术方面的准备工作。

随着 GIS 的发展，地理空间数据的相关技术逐步成熟，并由 OGC(open geospatial consortium，开放地理空间联盟)等组织进行了标准化，形成了通用的技术标准。各 Web GIS 应用软件的开发也是基于这些技术标准完成的。对 GIS 相关标准的解读有利于对 GIS 技术更深入地理解，读者应该对 GIS 技术的相关标准有所关注。

只有掌握 GIS 技术基础，才能够熟练地将 Web 技术与 GIS 技术进行融合，最终完成 Web GIS 应用的构建工作。

4.1　GIS 的数学基础

4.1.1　GIS 的空间参考

从地图学的原理来看，地理空间数据的空间参考体系是对地球表面的模拟。地球的自然表面是一个近似球面，极其复杂而又不规则的曲面。对自然表面的第一次近似，是假定海水处于完全静止的状态，把海水面延伸到大陆之下形成包围整个地球的连续表面，这个表面既被认为是地球的物理表面，又称为“大地水准面”。再假想一个大小和形状与地球的大地水准面极为接近的旋转椭球面，即以椭圆的短轴为轴旋转而成的地球椭球面来逼近大地水准面。这个地球椭球面即为地球的数学表面，是对地球表面的第二次近似，又称为参考椭球面。

关于地球椭球体(参考椭球体)，主要由以下参数对其进行描述：

(1)长半轴(赤道半径)：a；

(2)短半轴(极半径)：b；

(3)扁率：$\grave{a}=(a-b)/a$；

(4)第一偏心率：$\grave{e}=(a^2-b^2)^{1/2}/a$；

(5)第二偏心率：$\acute{e}=(a^2-b^2)^{1/2}/b$。

在不同的场景中(如研究区域不同、对精度的要求不同等)会使用不同的椭球体对大地水准面进行拟合。常见的地球椭球体见表 4-1。

表 4-1　常见地球椭球体参数

参数	克拉索夫斯基椭球	1975 年国际椭球	WGS84 椭球体	2000 国家大地坐标系
长半轴/m	6378245	6378140	6378137	6378137
短半轴/m	6354863.0187730473	6356755.288157287	6356752.3142	6356752.3141
扁率	1/298.3	1/298.257	1/298.257223563	1/298.257222101
第一偏心率平方	0.006693421622966	0.006694384999588	0.0066943799013	0.00669438002290
第二偏心率平方	0.006738525414693	0.006739501819473	0.00673949677548	0.00673949677548

克拉索夫斯基椭球是苏联大地测量学家克拉索夫斯基提出的参考椭球参数，中国于 20 世纪 50 年代建立的北京 54 坐标系即采用该参考椭球体建立的。因为该椭球体在计算和定位的过程中没有采用中国的数据，所以该系统在中国范围内的精度并不高，不能满足高精度定位以及地球科学、空间科学和战略武器发展的需要，目前国内还存在着大量采用克拉索夫斯基椭球体参数构建的北京 54 坐标系的地理空间数据。

GRS75 椭球体：20 世纪 70 年代，我国完成了全国一、二等天文大地网的布测，为了进行全国天文大地网的整体平差，采用了 1975 年 IUGG 第十六届大会推荐的参考椭球体参数进行了重新定向，建立了 1980 西安坐标系，该大地坐标系在我国的经济建设、国防建设及科学研究中都发挥了巨大作用。

WGS84 椭球体：20 世纪 80 年代以来，以全球卫星导航定位系统为主的空间定位技术的快速发展，致使国际上获取位置的测量技术方法发生了迅速变革。使用以地球质心为原点的大地坐标系，有利于采用现代空间定位技术对坐标系进行维护和快速更新，测定高精度大地控制点三维坐标，提高测图工作效率。WGS84 采用的椭球体参数是国际大地测量与地球物理联合会第 17 届大会大地测量常数的推荐值。

CGCS2000 椭球体：认识到地心坐标系的优势，采用地心坐标系作为国家大地坐标系势在必行，在此背景下，国务院批准了自 2008 年 7 月 1 日起，启用我国新一代地心坐标系——2000 国家大地坐标系。2000 坐标系采用了 CGCS2000 椭球体。

椭球体是对地球的抽象，不能与地球表面完全重合，在设置参考椭球体的时候必然会出现有的地方贴近得好（参考椭球体与地球表面位置接近），有的地方贴近得不好的问题，因此这里还需要一个大地基准面来控制参考椭球和地球的相对位置，这是对地球表面的第三次近似。有以下两类基准面：

(1)地心基准面：由卫星数据得到，使用地球的质心作为原点，使用最广泛的是 WGS84。

(2)区域基准面：特定区域内与地球表面吻合，大地原点是参考椭球与大地水准面相切的点，例如 Beijing-54、Xian-80。称谓的 Beijing-54、Xian-80 坐标系实际上指的是我国的两个大地基准面。

由这两类基准面，构成了以下两类坐标系：

(1)地心大地坐标系：指经过定位与定向后，地球椭球的中心与地球质心重合，如

CGCS2000、WGS84。

(2)参心大地坐标系:指经过定位与定向后,地球椭球的中心不与地球质心重合而是接近地球质心。如 Beijing－54、Xian－80 都是参心大地坐标系。

4.1.2 地理坐标系

地理坐标,就是用经线(子午线)、纬线、经度、纬度表示地面点位的球面坐标。一般地理坐标可分为天文经纬度,大地经纬度,地心经纬度三种。通常地图上使用的经纬度都是大地经纬度。

大地经度:参考椭球面上某点的大地子午面与本初子午面间的两面角。向东为正,向西为负。

大地纬度 :参考椭球面上某点的法线与赤道平面的夹角。向北为正,向南为负。

大地高: 指某点沿法线方向到参考椭球面的距离。

对于地理坐标系来讲,需要参考地球椭球体参数以及大地基准面参数以确定地理坐标系。

以下是几个典型的地理坐标系的地球椭球体和大地基准面参数:

(1)Beijing－54 坐标系,WKID:4214。

①Prime Meridian(起始经度):Greenwich;

②Datum(大地基准面): D_Beijing_1954;

③Spheroid(参考椭球体): Krasovsky_1940 (克拉索夫斯基椭球体)。

(2)Xian－80 坐标系,WKID:4610。

①Prime Meridian(起始经度):Greenwich;

②Datum(大地基准面): Xian_1980;

③Spheroid(参考椭球体): Xian_1980。

(3)WGS84 坐标系,WKID:4326。

①Prime Meridian(起始经度): Greenwich;

②Datum(大地基准面): D_WGS_1984;

③Spheroid(参考椭球体): WGS_1984。

(4)CGCS2000 坐标系,WKID:4490。

①Prime Meridian(起始经度):Greenwich;

②Datum(大地基准面):China2000;

③Spheroid(参考椭球体):CGCS2000。

注意,WKID(well know ID)是指各类坐标系,包括投影坐标系、非投影坐标系及所有坐标系的编码,这些编码在 GIS 的程序设计中被广泛使用。

4.1.3 投影坐标系

在地球椭球面和平面之间建立点与点之间函数关系的数学方法称为地图投影。地球椭球表面是一种不能展开为平面的曲面,要把这样一个曲面表现到平面上,会发生裂隙或褶皱。在投影面上,可运用经纬线的"拉伸"或"压缩"(通过数学手段)来避免裂隙或褶皱,以形成一幅完整的地图。地图投影的变形通常有长度变形、面积变形和角度变形。在实际应用中，会根据使用地图的目的，采用不同的投影方法来限定某种变形。地图投影有等角投影、等面积投影和任意投影等。等角投影又称正形投影，经过投影后，原椭球面上的微分图形与平面上的图形保持相似。

投影坐标系的测量单位通常为米，也称非地球投影坐标系统，或者是平面坐标。它使用基于 X(向北)，Y(向东)值的坐标系统来描述地球上某个点所处的位置。这个坐标系是从地球的近似椭球体投影得到的，它对应于某个地理坐标系。

投影坐标系由地理坐标系参数和投影方法参数决定，下面以 CGCS2000 的高斯克吕格投影 20 区坐标系的 WKT 编码为例，说明投影坐标系的构成，代码如下。GEOGCS 段的代码说明了该投影对应的地理坐标系，PROJECTION 部分说明了投影方法、经度起点，中央经线、伪距、单位等参数。投影坐标系的 X、Y 分别代表投影坐标系坐标原点向北和向东的距离，这点和经纬度的对应关系不一样。

[投影坐标系描述示例代码]

```
PROJCS["CGCS2000 / Gauss - Kruger zone 20",
   GEOGCS["China Geodetic Coordinate System 2000",
      DATUM["China_2000",
         SPHEROID["CGCS2000",6378137,298.257222101,
            AUTHORITY["EPSG","1024"]],
         AUTHORITY["EPSG","1043"]],
      PRIMEM["Greenwich",0,
         AUTHORITY["EPSG","8901"]],
      UNIT["degree",0.0174532925199433,
         AUTHORITY["EPSG","9122"]],
      AUTHORITY["EPSG","4490"]],
   PROJECTION["Transverse_Mercator"],
   PARAMETER["latitude_of_origin",0],
   PARAMETER["central_meridian",117],
   PARAMETER["scale_factor",1],
   PARAMETER["false_easting",20500000],
   PARAMETER["false_northing",0],
   UNIT["metre",1,
      AUTHORITY["EPSG","9001"]],
   AUTHORITY["EPSG","4498"]]
```

4.2　GIS 的数据结构

在统一的空间参考系下，各类地理空间数据需要按照统一的数据结构进行组织。关于

GIS 的数据结构，在各种 GIS 教材中均有详细论述，在此不展开介绍，这里只对 GIS 中最常见，最常用的矢量和栅格数据结构做简要介绍。有兴趣的读者可以去查阅相关书籍及文献以获取更详细的信息。

4.2.1 矢量数据结构

矢量数据结构是通过记录空间对象的坐标及其空间关系来表达地理空间实体的一种数据结构。矢量数据能更精确地定义空间对象的位置、长度和大小，其特点在于属性隐含，定位明显。矢量数据按照空间类型可分为点状实体、线状实体和面状实体。通过记录构成点、线、面的空间坐标(串)以及这些地理要素的属性信息，描述空间要素信息。

矢量数据结构包含属性域、几何域(位置)和关系域。属性域主要用于记录空间对象的属性信息，如名称、等级、状态等信息；几何域用于描述对象的空间特征，也称为位置数据、定位数据等；关系域则用于描述空间对象之间的关系，主要是拓扑关系，如空间对象的相邻、包含、联通等拓扑关系。矢量数据结构示意图如图 4-1 所示。

属性域	几何域	关系域
V1 ID:100021 ZL:理工路600号 YZ:厦门理工学院	Coordinates:x1, y1 x2,y2 x3y3	Near:V2 Contain:V3

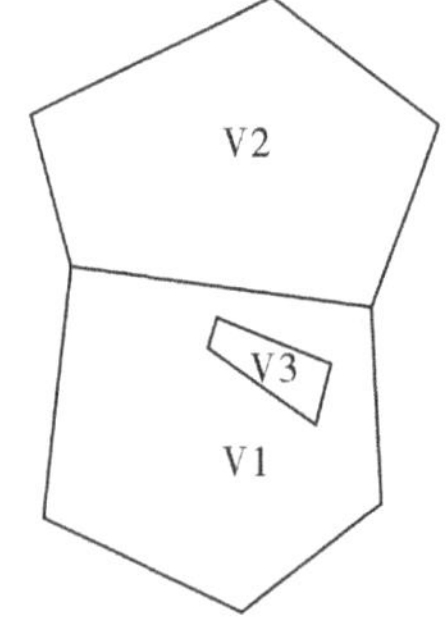

图 4-1 矢量数据结构示意图

拓扑关系是指图形保持连续状态下变形，但图形关系不变的性质，包含拓扑关系的数据结构称为拓扑数据结构，不包含拓扑关系的数据结构称为非拓扑数据结构。

4.2.1.1 拓扑数据结构

拓扑数据结构相对复杂，它需要记录空间数据中的线段、结点及多边形这些元素之间的拓扑关系。空间数据的拓扑关系对 GIS 的数据处理与空间分析具有重要意义，它能清楚地反映空间要素之间的逻辑结构关系，这种逻辑结构关系不随地图投影的变化而变化，且不需要通过坐标和距离计算就能确定两个地理空间实体之间的空间位置关系。

拓扑关系包括以下几种类型：

(1)拓扑关联：存在于空间图形中的不同类型拓扑元素之间的关系，如结点和线段(弧段)、线段和面、结点和面之间的关系。

(2)拓扑邻接：存在于空间图形中的相同类型拓扑元素之间的关系，如多边形之间的邻接关系、结点之间的邻接关系等。

(3)拓扑包含：存在于空间图形中的面与其他元素之间的关系，如面状实体包含哪些点、线、面状实体。

(4)层次关系：存在于空间图形中的相同拓扑元素之间的等级关系，如不同级别的行政区划之间的关系，地市元素由区县元素构成，区县元素又由街镇元素构成。

(5)拓扑连通：拓扑元素之间的通达关系，如点连通度，面连通度等。

如图 4－2 所示，我们可以通过四个关系表对矢量数据的拓扑关系进行记录和表达。虽然维护这些关系会造成一定的性能损失，但它有助于空间要素的查询，且能够解决很多实际问题，如根据拓扑关系进行空间数据完整性检查，根据拓扑关系也可重建地理空间实体。

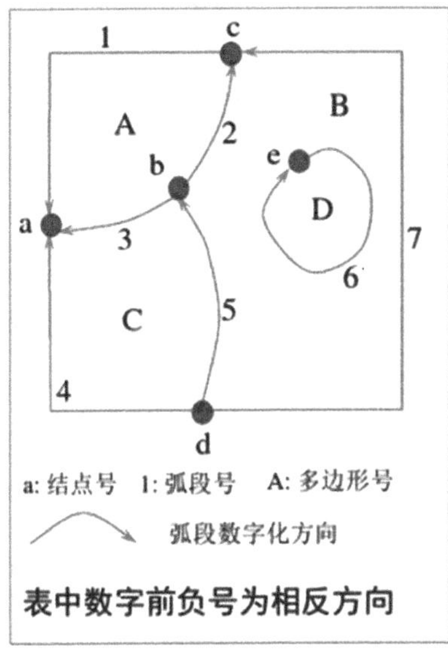

❶结点-弧拓扑

结点	弧
a	1,3,4
b	2,3,5
c	1,2,7
d	4,5,7
e	6

❷弧-结点拓扑

弧段	起点	终点
1	c	a
2	b	c
3	b	a
4	d	a
5	d	B
6	e	e
7	d	c

❸弧-面拓扑

弧段	左面	右面
1	A	O
2	A	B
3	C	A
4	O	C
5	C	D
6	B	D
7	B	O

❹面-弧拓扑

面号	弧数	弧号
A	3	-1 -2,3
B	4	2,-7,5,-6
C	3	-3,-5,4
D	1	6.22

图 4－2　拓扑数据结构示意图

拓扑数据结构在 ArcGIS、QGIS 等软件中均有实现，其具体的编码方法包括索引编码法、双重独立编码法、链状双重独立式编码等。

4.2.1.2　非拓扑数据结构

非拓扑数据结构又称为面条数据结构，是一种比较简单的数据结构，只记录空间对象的位置坐标和属性信息，不记录空间对象之间的拓扑关系。在面条数据结构中，空间对象的位置直接跟随空间对象，其点坐标独立存储，线、面由其构成的点坐标串组成。

面条数据结构是最容易理解也是使用最广泛的一种数据结构，它不存储空间实体之间的拓扑关系，主要用于显示、输出和一般查询，不适合进行复杂的空间分析。在这种数据结构中，公共边会重复存储，存在一定的数据冗余，保持数据的一致性比较困难；相邻地区的数据处理起来会比较复杂；在处理嵌套多边形时会更复杂。

4.2.2　栅格数据结构

栅格数据结构是指将地球表面划分为大小均匀紧密相邻的网格阵列，每个网格作为一个像元或像素，像素由行、列定义，并包含一个代码表示该像素的属性类型或量值。其特点与矢量数据结构相反，位置隐含、属性明显。

栅格数据也能表达点、线、面地理空间实体。点实体由单个像元来表达;线实体由在一定方向上的成串的相邻像元来表达;面实体由聚集在一起的相邻像元的集合来表达。

为了方便栅格数据的拼接,栅格数据的起始坐标应该与国家基本比例尺、地形图公里网的相交点一致,并分别采用公里网的纵横坐标作为栅格系统的坐标轴。栅格的代码(属性值)可以由以下几种方法来确定:

(1)中心点法:取位于栅格中心的属性值作为该栅格的属性值(见图 4-3(a));

(2)长度占优法:每个栅格单元的值由该单元格上的线段最长的实体的属性来确定(见图 4-3(b));

(3)面积占优法:栅格单元属性值为面积最大者(见图 4-3(c));

(4)重要性法:取重要的属性值为栅格属性值(见图 4-3(d))。

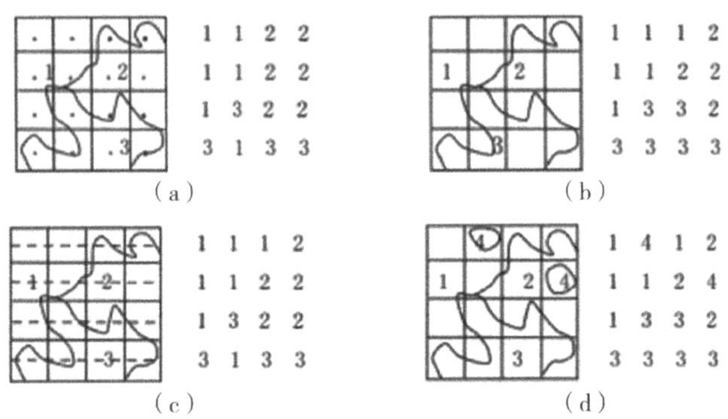

图 4-3 栅格数据取值办法

栅格数据结构简单,容易与遥感数据结合,但存储需要的空间较大。栅格数据存在着属性和几何偏差:栅格数据是一种面向位置的的数据结构,没有点、线之间的关系存在,难以建立空间对象之间的关系,属性可能存在偏差;计算栅格数据中地物的长度和面积时,本质上是通过计算像元的个数和边数来完成的,不可避免地存在着较大误差。

4.3 矢量数据交换格式

不同的 GIS 软件支持的矢量数据的编码方法和数据格式并不一致。在 Web GIS 中,需要将这些不同格式和编码方式的 GIS 矢量数据进行转换后传递到 Web 浏览器端进行解析和展示。这个转换后的交换格式,应该相对简单,能够轻松地被 Web 浏览器所解析和操作。在 Web GIS 中,经常使用纯文本的数据格式作为 GIS 矢量数据转换和传输的目标格式,常用的 GIS 数据转换的目标格式包括 GML、KML、WKT、GeoJSON、TopoJSON 等,下面分别讨论。

4.3.1 GML

GML(geographic markup language,地理标记语言)是由 OGC 定义的一种领域 XML 文

件格式，是基于 XML 的地理信息的传输、存储编码标记语言，是地理空间数据编码、存储与发布的国际标准之一。

GML 发展至今一共有 3 个大版本：2000 年 5 月发布的 GML1.0；2001 年 2 月发布的完全基于 XML Schema 的 GML 2.0；2002 年 12 月正式发布的 GML3.0。2004 年 2 月正式发布了 GML3.1.1；2007 年 8 月正式发布了 GML3.2.1；2016 年 12 月正式发布了 GML3.2.2。其中，GML1.0 和 GML2.0 的组成和实现方式存在较大差异，而 GML3.0 之后的版本几乎完全和 GML2.0 兼容。

GML 数据格式是严格按照被广泛采用的 XML 标准制定的，这就确保了 GML 数据可以被支持 XML 标准的大量商业或者开源工具所浏览、编辑和转换，并通过 DTD、XML Schema 对 GML 文件进行格式检查。

GML2.0 使用 Open GIS 简单要素模型对矢量数据进行描述、存储和发布，图 4-4 是 Open GIS 简单要素模型的 UML(unifed modeling language，统一建模语言)表达。在 GML2.0 中，只有三个核心模式：feature.xsd、geometry.xsd 和 xlinks.xsd。GML3.0 之后的版本则提供了多达 28 个的核心模式，除了支持 GML2.0 规定的简单要素之外，还具备了描述与存储拓扑关系、几何曲线、时间信息、动态数据的能力，并能够处理复杂几何实体、元数据、栅格数据等复杂的地理空间数据类型。GML3.0 之后的版本，还支持模式的扩充和共享，能够根据需求建立更贴近实际问题的数据模型。如图 4-5 为 GML3.0 的对象层次模型，GML3.0 就是围绕该层次模型进行构建的。

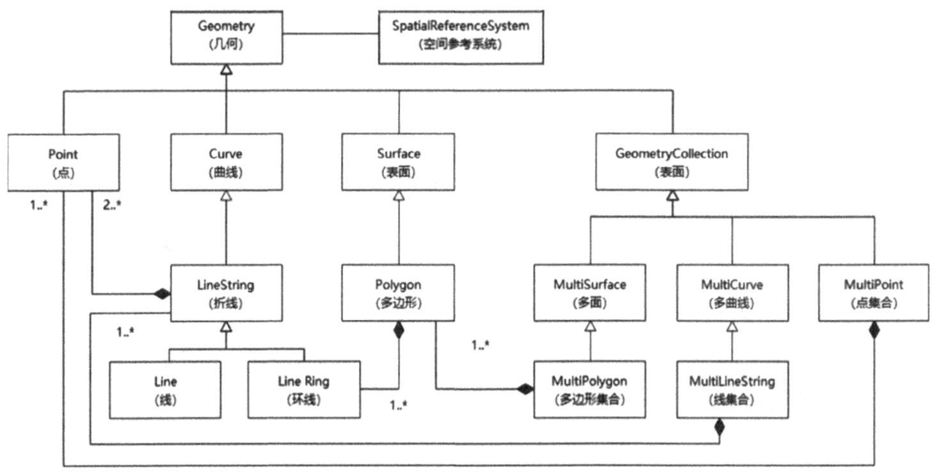

图 4-4　Open GIS 简单要素模型的 UML 图

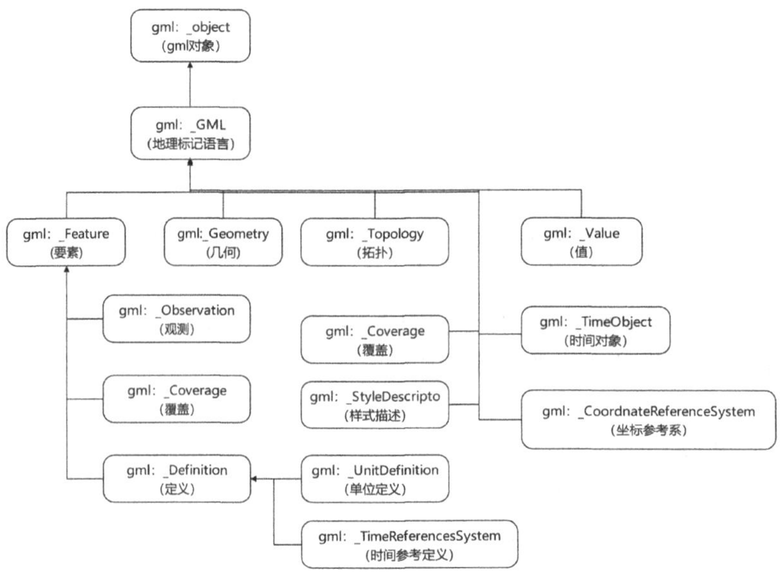

图 4-5　GML 3.0 的对象层次模型

在当前的软件实现层面，由于 GML3.0 的体系较为庞大，除非显式地指定，大部分软件默认提供的是 GML2.0 版本格式的输出和交换。下面以点要素为例，说明 GML 如何输出空间要素。

下段代码的元素使用了两个 XML 模式表达，一个是 http://www.opengis.net/gml，另一个是 http://www.census.gov。这两个模式规定的 XML 元素的名称空间分别使用 gml 和 tiger 前缀，分别表示 gml 模式和 tiger 模式，tiger 模式专门用于人口普查领域。将对象放置在其他对象中的做法称为嵌套，GML 允许元素嵌套在其他元素中。在这个示例中，gml:featureMember 元素嵌套了 tiger:poi 元素，而 tiger:poi 元素又嵌套了 tiger:the_geom 元素。而 tiger:the_geom 元素中嵌套的 gml:Point 和 gml:pos 则是 gml2.0 规范中的元素。名称空间的使用，使应用程序能够区分具有相同名称但具有不同类型的元素。例如两个名为“poi”的元素，一个表示感兴趣的人，另一个表示兴趣点。读取上面 GML 片段的应用程序将确定上面显示的“poi”元素来自名称空间“http://www.census.gov”，因此它描述的是兴趣点。

[GML 点要素示例代码]

```
<gml:featureMember  xmlns:gml="http://www.opengis.net/gml" xmlns:tiger="
http://www.cemsus.gov">
        <tiger:poi gml:id="poi.1">
              <tiger:the_geom>
                  <gml:Point srsName="urn:ogc:def:crs:EPSG:4326" srsDimension="2">
                     <gml:pos>40.689167 -74.044444</gml:pos>
                  </gml:Point>
              </tiger:the_geom>
              <tiger:Name>Statue of Liberty</tiger:Name>
```

```
    </tiger:poi>
</gml:featureMember>
```

tiger:the_geom 元素表示要素的几何属性，此属性由 GML 点要素构成，该几何体由 gml:Point 类型元素表示，gml:Point 元素的标记包含一个 srsName 属性。srsName 属性的值引用适用于 GML 点要素的坐标参考系（CRS），代码"urn:ogc:def:crs:EPSG:4326"引用的是 EPSG 数据库中注册的世界大地测量系统 1984 基准，srsDimension 指定 CRS 表示的维度数量，即该点是一个二维的点坐标。

4.3.2 KML

KML(keyhole markup language，标记语言)最初是由 Google 旗下的 Keyhole 公司开发和维护的一种基于 XML 的标记语言，利用 XML 语法格式描述和存储地理空间数据(如点、线、面、多边形和三维模型等)，适合网络环境下的地理信息协作与共享。最初，KML 主要用于在 Google Earth 或 Google Map 软件中显示地理空间数据。2008 年 4 月，当时 KML 最新的版本 2.2 被 OGC(open geospatial consortium，开放地理空间信息联盟)宣布为开放地理信息编码标准，并改由 OGC 维护和开发。

KML 文件指定了一组要素(位置标记、图像、多边形、三维模型、文本描述等)，这些要素可以显示在实现了 KML 编码的软件中的地图上。每个位置标记都有经度和纬度，而结合其他数据类型如倾角、航向、高度、时间等，可以一起定义"摄影机视图"或"时间跨度视图"。KML 可以与 GML(geographic markup language，地理标记语言)共享一些相同的结构语法。KML 文件可以压缩为后缀名为 KMZ 的文件，方便进一步传输和存储。KML 文件常用的对象标签见表 4-2。

表 4-2　KML 文件常用的对象标签

对象	描述
Point(点)	用经度、纬度和海拔高度(可选)定义的地理位置
LineString(线段)	定义一组连起来的线段
LinearRing(环)	定义一组闭合的线段，通常是多边形的外边界，也可以将 LinearRing 用作多边形的内边界，来在多边形中创建孔
Polygon(多边形)	用 1 个或多个外边界和 0 个或多个内边界定义的多边形，其边界由 LinearRing 定义
MultiGeometry(几何对象集合)	与同一地图关联的 0 个或多个基本几何图形(点、线段、环、多边形)的集合
Model(三维模型)	在 KML 文件中引用的三维对象，.dae 后缀名，模型在其自身的坐标空间内创建，然后在 Google 地球中查找、定位和缩放
Placemark(地标)	具备相关几何图形(点、线段、环、多边形等)的地图项
GroundOverlay(地面叠加层)	用于绘制在地形上叠加或悬浮于特定告诉的图片叠加层

一个 KML 示例文件代码如下，该文件描述了南京和马鞍山两个地级市的名称和地理位置，同时描述了两个隧道的名称、地理位置及可视化样式。

［KML 文件示例代码］

```
<? xml version="1.0" encoding="utf-8"? >
<kml xmlns="http://www.opengis.net/kml/2.2">
    <Document id="root_doc">
        <Folder>
            <name>高速公路</name>
            <Placemark>
                <name>卫岗隧道</name>
<style><LineStyle><color>ffff0000</color></LineStyle><PolyStyle><
fill>0</fill></PolyStyle></style>
                <LineString><coordinates>118.8385657,32.0429378
118.8338431,32.0439411</coordinates></LineString>
            </Placemark>
            <Placemark>
                <name>南京长江隧道</name>
<style><LineStyle><color>ffff0000</color></LineStyle><PolyStyle><
fill>0</fill></PolyStyle></style>
                <LineString><coordinates>118.6705715,32.0543862
118.6921381,32.0428005 118.6931683,32.0420084</coordinates></LineString>
            </Placemark>
        </Folder>
        <Folder>
            <name>市级地名</name>
            <Placemark>
                <name>南京市</name>
                <Point><coordinates>118.79126,32.06042</coordinates>
</Point>
            </Placemark>
            <Placemark>
                <name>马鞍山市</name>
                <Point><coordinates>118.49952,31.69933</coordinates>
</Point>
            </Placemark>
        </Folder>
    </Document>
</kml>
```

4.3.3 WKT

WKT(well-known text)是用于表示矢量几何对象的文本格式，它具有二进制形式 WKB (well-know binary)，可以用更紧凑的形式传输和存储相同的地理空间矢量几何信息，便于计算机处理。这些格式最初由 OGC 定义，并被使用到简单要素访问标准中描述简单几何要素。目前被定义在 ISO/IEC 13249-3:2016 标准中。

WKT 可以用于描述几何对象，也可以用于描述空间参考信息。

1. WKT 与几何对象

WKT 几何对象在 OGC 规范中使用，并应用在实现这些规范的应用程序中。在 WKT 规定中，几何图形的坐标形式可以是 2D(x,y)或者 2D 具有 m 值(x,y,m)，3D(x,y,z)或 4D(x,y,z,m)，m 值是线性参考系的距离值。三维几何图形在几何图形类型后用“Z”表示，具有线性参考系统的几何图形在几何图形类型后用“M”表示。不包含坐标的空几何图形可以通过在类型名称后使用符号 Empty 来指定，如下面的例子所示：

```
POINT ZM(1 1 5 60)              //三维线性坐标
POINT M(1 1 80)                 //二维线性坐标
POINT (1 1)                     //二维坐标
POINT EMPTY                     //不含坐标
POLYHEDRALSURFACE Z( PATCHES
    ((0 0 0, 0 1 0, 1 1 0, 1 0 0, 0 0 0)),
    ((0 0 0, 0 1 0, 0 1 1, 0 0 1, 0 0 0)),
    ((0 0 0, 1 0 0, 1 0 1, 0 0 1, 0 0 0)),
    ((1 1 1, 1 0 1, 0 0 1, 0 1 1, 1 1 1)),
    ((1 1 1, 1 0 1, 1 0 0, 1 1 0, 1 1 1)),
    ((1 1 1, 1 1 0, 0 1 0, 0 1 1, 1 1 1))
)  //多面体，每个点是一个三维坐标
```

以上坐标串的表达法，分别表达了三维线性坐标、二维坐标＋线性坐标、二维坐标和三维坐标。

OGC 标准定义要求多边形在拓扑上闭合。如果多边形的外部线性环以逆时针方向定义，则从“顶部”可以看到，任何内部线性环的定义应与外部环相反，显示为顺时针方向。表 4-3、表 4-4 分别展示了各类几何要素的 WKT 表示方法。

表 4-3　基本几何要素的 WKT 表达示例(来自维基百科)

几何要素类型	示例	
点(Point)		Point(30 10)
线(LineString)		LineString(30 10,10,30,40 40)
多边形(Polygon)		Polygon((30 10,40 40,20 40,10 20, 30 10))
		Polygon((35 10,45 45,15 40,10 20, 35 10),(20 30,35 35, 30 20, 20 30))

表 4-4　多几何要素的 WKT 表达示例(来自维基百科)

几何要素类型	示例	
点集合(MultiPoint)		MultiPoint((10 40),(40 30),(20 20),(30 10))
		MultiPoint(10 40,30 30,40 20,30 10)
线集合(MultiLineString)		MultiLineString((10 10,20 20,10 40),(40 40, 30 30,40 20,30 10))

续表

几何要素类型	示例
多边形集合(MultiPolygon)	MultiPolygon(((30 20, 45 40, 10 40, 30 20)),((15 5,40 10, 10 20, 5 10, 15 5)))
	MultiPolygon(((40 40,20 45,45 30, 40 40)),((20 35, 10 30, 10 10, 30 5,45 20,20 35),(30 20, 20 15,20 25,30 20)))
几何要素集合(GeometryCollection)	GeometryCollection(Point(40 10), Linestring(10 20, 20 20, 10 40),Ploygon((40 40, 20 45, 45 30, 40 40)))

2. WKT与空间参考系

WKT还可以用于表示空间参考系,又被称为WKT-CRS格式,该格式最初由OGC定义。一个表示空间参考系统的WKT字符串描述了空间物体的测地基准、大地水准面、坐标系统及地图投影。WKT在许多GIS程序中被广泛采用。ESRI亦在其shape文件格式(*.prj)中使用WKT。

WKT格式定义在ISO 19125-1:2004中被称为"WKT1"。由于不同软件在实施WKT1格式规范时存在坐标参考系统概念模型模糊、不一致性的情况,开放地理空间联盟于2015年通过了更新后的WKT-CRS标准,被称为称为"WKT2"。该标准由国际标准化组织作为ISO 19162:2015联合发布。

如下WKT代码描述了一个WGS84二维地理坐标参考系统,分别由大地基准面DATUM和参考椭球体CS要素构成。

```
GEIDCRS["WGS_84",
    DATUM["World Geodetic System 1984",
        ELLIPSOID["WGS_84",6378137,298.257223563,LENGTHUNIT["metre",1]]],
        CS[ellipsoidal,2],
        AXIS["Latitude(lat)",north,ORDER[1]],
        AXIS["Longtitude(lon)",east,ORDER[2]],
        ANGLEUNIT["degree",0.0174532925199433]
]
```

在 http://epsg.io/站点中,定义了几乎所有的参考系的 WKT 描述,有需要的读者可以到该站点进行查询。

4.3.4 GeoJSON

由于 JavaScript 的缘故,JSON(JavaScript object notation, JavaScript 对象表示方法)格式被广泛使用,在传输 Web GIS 所需要的地理空间信息坐标时,对 JSON 格式进行扩展,由此产生了 GeoJSON 数据格式。GeoJSON 是一种基于 JSON 的地理空间数据交换格式,它定义了几种类型的 JSON 对象和组合,以表示相关数据的属性及其空间范围的方式。与 WKT 不同,GeoJSON 默认使用 WGS84 大地坐标系作为空间参考,以十进制度数为单位。

GeoJSON 本身并不是新的概念,它只是使用 JSON 格式来表达 Open GIS 简单要素模型(如图 4-4 所示),是 JSON 的一种扩展。GeoJSON 可以让 Web GIS 应用开发中的地理空间数据交换过程更加方便流畅。很多编程语言都有对应的 JSON 解析库,例如 Python 的 JSON 库,C# 的 Newtonsoft.Json,Java 的 Jackson 等,也能够方便地解析 GeoJSON 格式的地理空间数据。

GeoJSON 格式工作组于 2007 年 3 月开始运作,于 2008 年 6 月定稿了 GeoJSON 1。2015 年 4 月,互联网工程任务组成立了 GeoJSON 工作组,该工作组于 2016 年 8 月以 RFC 7946 的形式发布了 GeoJSON 2。

GeoJSON 表示的要素由两部分构成,一部分为该要素的几何信息,另一部分为该要素的属性信息,示例代码如下,每个 Feature 都有 geometry 和 properties 属性构成。geometry 属性用于存储空间坐标,properties 属性用于存储和空间对象相关的属性信息。

[GeoJSON 示例代码]

```
{
    "features":
    [
        {
            "type":"Feature",
            "geometry":{
                "type":"Point",
                "coordinates":[102.0,0.5]
            },
            "properties":{
                "prop0":"value0"
            }
        },
        {
            "type":"Feature",
            "geometry":{
```

```
                "type":"LineString",
                "coordinates":[
                    [102.0,0.0],[103.0,1.0],[104.0,0.0],[105.0,1.0]
                ]
            },
            "properties":{
                "prop0":"value0",
                "prop1":0.0
            }
        }
    ]
}
```

对每个 GeoJSON 中的 geometry 属性来说，它可以表示一个或一组空间有界的实体。GeoJSON 支持的几何要素类型包括点(Point)、线段(LineString)、多边形(Polygon)、点集合(MultiPoint)、线集合(MultiLineString)、多边形集合(MultiPolygon)和几何体集合(geometry collection)。表 4-5 为几何要素类型的 GeoJSON 表达示例。

GeoJSON 是一种非常容易理解和使用的空间数据交换格式，可以方便地在计算机程序员和 GIS 工程师之间搭建数据交换的桥梁。传统的 GIS 软件如 ArcGIS 很早就提供了将矢量数据转换为 GeoJSON 格式的功能。DATAV. GeoAtlas 提供了一系列行政区边界的 GeoJSON 格式下载，供用户使用。https://geojson.io 网页中提供了一系列 GeoJSON 格式文件的可视化、下载、分享的工具。有兴趣的读者可以自行访问这些站点，获得更详细的信息。

表 4-5　几何要素的 GeoJSON 表达示例(来自维基百科)

几何要素类型	示例	

点(Point)		{
		"type":"Point"
		"coordinates":[30 10]
		}

折线(LineString)		{ "type":"LineString" "coordinates": [[30 10],[10,30],[40,40]]

续表

几何要素类型	示例	

多边形(Polygon)	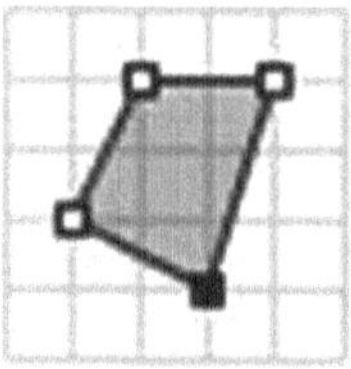	{
		“type”:”Polygon”
		“coordinates”: [
		[30 10],[40,40],[20,40],[10,20],[30 10]
		]
		}

	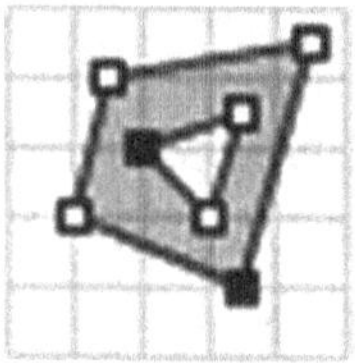	{
		“type”:”Polygon”
		“coordinates”: [
		[[35,10],[45,45],[15,40],[10,20],[35,10]],
		[[20,30],[35,35],[30,20],[20,30]]
		]
		}

点集合(MultiPoint)	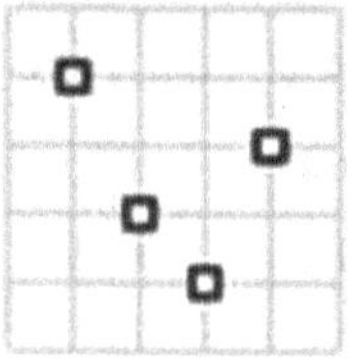	{
		“type”:”MultiPoint”
		“coordinates”: [
		[10,40],[40,30],[20,20],[30,10]
		]
		}

线集合(MultiLineString)	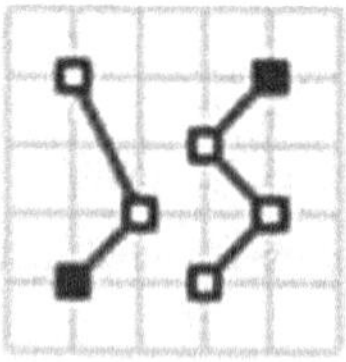	{
		“type”:”MultiLineString”
		“coordinates”: [
		[[10,10],[20,20],[10,40]],
		[[40,40],[30,30],[40,20],[30,10]]
		]
		}

续表

几何要素类型	示例	

多边形集合
(MultiPolygon)
		{
		"type":"MultiPolygon"
		"coordinates": [
		[
		[[30,20],[45,40],[10,40],[30,20]]
		],
		[
		[[15,5],[40,10],[10,20],[5,10],[15,
		5]]
		]
		]
		}

		{
		"type":"MultiPolygon"
		"coordinates": [
		[
		[[40,40], [20,45],[45,30], [40,40]]
		],
		[
		[[20,35],[10,30],[10,10],[30,5],[45,
		20],[20,35]],
		[[30,20],[20,15],[20,25],[30,20]]
		]
		]
		}

4.3.5　TopoJSON

TopoJSON 格式是 GeoJSON 加入了拓扑信息编码的扩展。TopoJSON 文件中的几何图形不是离散孤立地表示几何体,而是将这些几何体用称为弧的共享线段缝合在一起。弧是点序列,而线段和多边形定义为弧序列。每个弧只定义一次,但可以被不同几何体多次引用,从而减少冗余并缩小文件大小。此外,TopoJSON 格式为实现了拓扑的应用程序提供了便利,例如拓扑保持形状简化、自动地图着色等。GeoJOSN 文件和 TopoJSON 文件之间可以使用命令行工具实现互相转化。

如图 4-6 所示,该图由 2 个点、1 条线和 2 个多边形构成,包含 4 个弧,弧的编码在 arcs 数组中。现在要使用 TopoJSON 格式对其编码,结果代码如下。

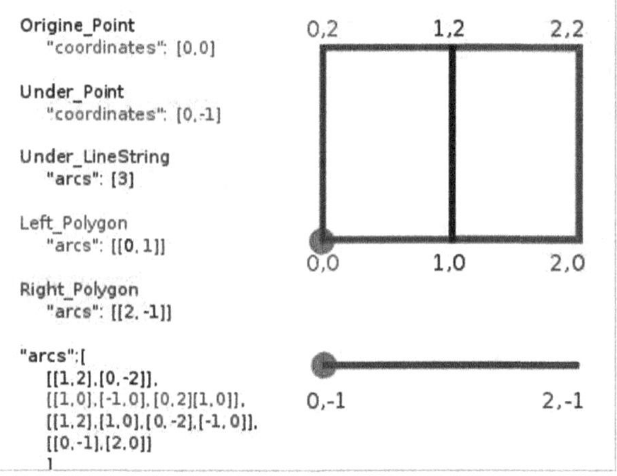

图 4-6　TopoJSON 的形状

[Topo JSON 编码结果代码]

```
{
    "type":"Topology",
    "transform":{
         "scale":[1,1],
         "translate":[0,0]
    },
    "objects":{
         "two-squares":{
             "type":"GeometryCollection",
             "geometries":[
                 {"type":"Polygon","arcs":[[0,1]],"properties":{"name":"Left_Polygon"}},
{"type":"Polygon","arcs":[[2,-1]],"properties":{"name":"Right_Polygon"}}
               ]
           },
           "one-line":{
                "type":"GeometryCollection",
                "geometries":[
{"type":"LineString","arcs":[3],"properties":{"name":"Under_LineString"}}
               ]
           },
           "two-places":{
               "type":"GeometryCollection",
               "geometries":[
```

```
                {"type":"Point","arcs":[0,0],"properties":{"name":"Left_Poly-
gon"}},JP
                 {"type":"Point","arcs":[0,-1],"properties":{"name":"Under_
Point"}}
            ]
        },
    },
    "arcs":[
        [[1,2],[0,-2]],
        [[1.0],[-1,0],[0,2],[1,0]],
        [[1,2],[1,0],[0,-2],[-1,0]],
        [[0,-1],[2,0]]
    ]

}
```

TopoJSON 文件由 transform、objects 和 arcs 三部分组成。transform 描述了变换参数；objects 描述了地理实体包含空间及属性信息；arcs 描述了有向弧的空间关系，弧由一系列起点及相对于起点的有向偏移坐标表示。基于这种弧的存储方式可以表达出拓扑关系。如果对拓扑进行了量化，则必须对经过量化的拓扑中每个弧的位置进行增量编码。弧的第一个位置是正常位置[x1,y1]。第二位置[x2,y2]编码为[Δx2,Δy2]，其中 x2 = x1 +Δx2，y2 = y1 +Δy2。第三位置[x3,y3]编码为[Δx3,Δy3]，其中 x3 = x2 +Δx3 = x1 +Δx2 +Δx3，y3 = y2 +Δy3 = y1 +Δy2 +Δy3 等。

在 TopoJSON 中，由 LineStrings（LineString 或 MultiLineString）或 LinearRings（Polygon 或 MultiPolygon）组成的几何对象必须由弧构造，每个弧都必须由从零开始的数字索引从弧数组中引用。例如，0 表示第一个弧，1 表示第二个弧，依此类推。负弧索引表示逆序：－1 表示反向的第一弧，－2 表示反向的第二弧，依此类推。

由于弧只记录一次且地理坐标使用整数，不使用浮点数，相对于 GeoJSON 格式，TopoJSON 格式可以消除大量冗余，文件大小平均可以缩小约 80%。

4.4 GIS 的数据存储

4.4.1 文件存储方法

地理空间数据的文件存储是将各类地理空间数据以文件的形式进行存储，下面是一些常见的地理空间数据文件格式。

4.4.1.1 文本格式

对于小批量的数据，可以使用纯文本的方式进行数据存储，如 CSV、GeoJSON、txt

(WKT)、GML 格式的数据等都可以用文本文件的方式进行存储、传输、共享。当数据量增加到一定程度的时候，使用纯文本格式进行空间数据存储在显示和渲染时会存在效率不高的问题，这就需要更专业的文件格式来存储数据。

4.4.1.2　ShapeFile

ShapeFile 是美国环境系统研究所研制的 GIS 文件系统格式文件，是事实上的矢量数据文件的标准文件，得到了大多数 GIS 软件的支持。ShapeFile 将空间要素表中的非拓扑几何对象和属性信息存储在数据集文件 *.dbf 中，要素表中的几何对象存为以坐标点集表示的图形文件——*.shp 文件，ShapeFile 文件不支持拓扑数据结构的存储。

如图 4-7 所示，典型的 ShapeFile 数据集包括三个必不可少的文件：一个主文件(*.shp)、一个索引文件(*.shx)、一个 dBASE(*.dbf)表。主文件是一个直接存取且变长度记录的文件，其中每个记录描述构成一个地理要素的所有顶点的坐标值。在索引文件中，每条记录包含对应主文件记录距离主文件头开始的偏移量。dBASE 表包含 ShapeFile 数据集中每一个要素的属性信息，表中几何记录和属性数据之间的一一对应关系是基于记录数目的 ID。在 dBASE 文件中的属性记录必须和主文件中的记录顺序相同。图形数据和属性数据通过索引号建立一一对应的关系。除此之外，ShapeFile 文件还包括一个投影文件（*.prj)、两个空间索引文件(*.sbn，*.sbx)。投影文件记录了该 ShapeFile 数据集所使用的空间参考系，两个空间索引文件是 ShapeFile 数据集所使用的空间索引，空间索引文件可以删除，删除后在打开数据集时可以自动重建。最后，还有一个 xml 文件用于记录该 ShapeFile 数据集的元数据。

名称	修改日期	类型	大小
continent.dbf	2002/5/31 10:05	DBF 文件	1 KB
continent.prj	2002/5/31 10:05	PRJ 文件	1 KB
continent.sbn	2002/5/31 10:05	SBN 文件	1 KB
continent.sbx	2002/5/31 10:05	SBX 文件	1 KB
continent.shp	2002/5/31 10:05	SHP 文件	2,840 KB
continent.shp.xml	2005/8/11 13:41	XML 文档	119 KB
continent.shx	2002/5/31 10:05	SHX 文件	1 KB

图 4-7　典型的 ShapeFile 数据集文件列表

ShapeFile 最早在 ArcGIS 软件中使用，随着 ArcGIS 系列软件的推广，ShapeFile 已经成了事实上的存储和分享空间信息的标准之一，绝大多数 GIS 软件都提供了对 ShapeFile 数据格式的支持。

4.4.1.3　Coverage

Coverage 数据格式是一种包含了拓扑信息的数据格式，也是一种 ArcGIS 专有的数据文件格式，一些 ArcGIS 的操作是专门基于这种数据格式的。

Coverage 格式在 Windows 资源管理器下的空间信息和属性信息分别存放在两个文件夹里。空间信息以二进制文件的形式存储在独立的文件夹中，文件夹名称即为该 Coverage 的名称，属性信息和拓扑数据则以 INFO 文件夹的形式存储。Coverage 将空间信息与属性信息结合起来，并存储要素间的拓扑关系。使用 ArcCatalog 软件对 Coverage 数据要素进行创建、移动、删除或重命名等操作时，ArcCatalog 将自动维护数据要素的完整性和一致性，将 Coverage 和 INFO 文件夹中的内容同步改变。

Coverage 是一个非常成功的地理空间数据模型，二十多年来深受用户欢迎。ESRI(Environmental Systems Research Institute，环境系统研究所)没有公开 Coverage 数据格式，但提供了 Coverage 格式转换的一个交换文件规范 E00，并公开了数据格式，以方便 Coverage 数据与其他格式数据的转换。Coverage 是一个集合，包含一个或多个要素类。Coverage 文件支持的要素类型包括点要素（point、node)，线要素（arc)、面要素（lable、polygon)、复合要素(region、route)等。近年来，ArcGIS 逐步使用 Geodatabase 文件系统代替 Coverage 格式。

与 ShapeFile 不同，Coverage 是可以存储要素类的集合，而一个 ShapeFile 只能存储一个要素类；Coverage 可以存储拓扑要素类，ShapeFile 不可以；Coverage 支持高级要素类对象，比如多点和多线，ShapeFile 不支持。

4.4.1.4　Geodatabase

Geodatabase 也是 ArcGIS 提出的一种数据存储规范。Geodatabase 有多种形式，包括个人式、文件式、关系数据库式等，其中个人地理数据库、文件地理数据库都是以文件的方式进行组织的。

Geodatabase 比 Shapefile 支持的数据类型更多，对象类、要素类、要素数据集、几何网络、地址定位器、镶嵌数据集等都能在 Geodatabase 中存储。相比只能存储点、线、面的 Shapefile 格式，Geodatabase 是更专业、更全面的数据文件组织方式。

Geodatabase 的个人数据库和文件数据库都是以文件的方式进行组织的，个人数据库主要是通过 *. MDB 格式，即微软的 Access 数据库文件的方式进行组织，其存储数据的空间大小受到 Access 的限制，只有 2 GB。文件数据库主要使用了目录结构来进行空间数据存储，其存储空间较大，可以扩展至 1 TB。

关于 Geodatabase 的第三种形式，即基于关系数据库的 Geodatabase，将在后面予以进一步讨论。

4.4.1.5　GeoTIFF

标签图像文件格式(tag image file format，TIFF)最初的设计目的是 20 世纪 50 年代中期桌面扫描仪厂商达成一个公共统一的扫描图像文件格式，而不是每个厂商使用自己专有的格式。刚开始时，TIFF 只是一个二值图像格式，因为当时的桌面扫描仪只能处理这种格式。随着扫描仪的功能越来越强大，并且计算机的储存空间越来越大，TIFF 开始支持灰阶图像和彩色图像。

TIFF 图像文件是图形图像处理中常用的格式之一，其图像格式很复杂，但由于它对图像信息的存放灵活多变，可以支持很多色彩系统，而且独立于操作系统，因此得到了广泛支持。在各种地理信息系统、摄影测量与遥感等软件中，要求图像具有地理编码信息，例如图像所在的坐标系、比例尺、图像上点的坐标、经纬度、长度单位及角度单位等，TIFF 格式都能够存储。TIFF 格式一直是无损且可扩展的，能够满足对遥感影像处理底层格式的要求，在遥感影像存储领域得到了广泛应用。

GeoTIFF 格式是在 20 世纪 90 年代早期由 Ritter 和 Ruth 开发的，目的是利用成熟的与平台无关的 TIFF 格式，通过添加描述和使用地理图像数据所需的元数据来指定地理编码图像的要求及编码规则，定义地理标签图像文件格式。

GeoTIFF 定义了一组 TIFF 标签，用于描述与源自卫星成像系统、扫描航空摄影、扫描地图、数字高程模型或地理分析结果的 TIFF 图像的所有制图信息，其目标是提供一种一致的机制，用于将栅格图像引用到已知的坐标参考系统中。

GeoTIFF 描述地理信息条理清晰、结构严谨，而且容易实现与其他遥感影像格式的转换。绝大多数遥感和 GIS 软件都支持读写 GeoTIFF 格式的图像，如 ArcGIS，ERDAS IMAGINE 和 ENVI 等。在遥感图像处理过程中，将经过几何纠正的遥感图像保存为 GeoTIFF 格式，可以方便地在 GIS 软件中打开，并与已有的矢量图进行叠加显示。

4.4.1.6　IMG(Erdas_IMG)

IMG 文件格式是一种用于多层地理参考栅格图像的存储的专有格式，最初是与 ERDAS IMAGINE 软件一起使用而开发的。这种格式被广泛用于处理遥感数据，因为它提供了一个框架来集成来自多源传感器的数据和图像。

IMG 格式具有很高的压缩效率，它支持任意大小的图像。IMG 图像的数据部分是以类似二维数组格式存放的。如图 4-8 所示，其第一行的头两个位置存放的是图像的宽度，接着后面的两位存放着图像的高度，接着的一个位置里存放着图像的灰度级，而其剩下的所有位置存放的都是图像的灰度。

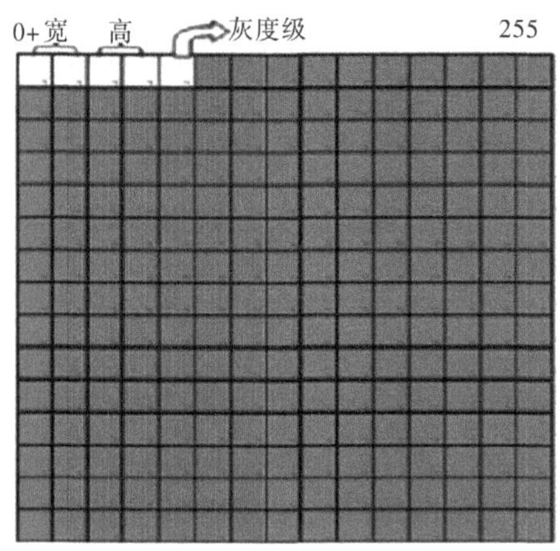

图 4-8　IMG 文件格式示意图

IMG 数据格式有以下几个特点：一是将遥感影像的多种信息一并存储，遥感数据包括影像数据、定位数据、传感器信息等多种信息，一般采用文件头与影像数据分开存储的方式，而 IMG 文件可以将各类数据存放于一个文件中。二是数据分节点存储，各种数据在文件中的位置不固定，可以通过节点的相互关系组织。三是图像数据分块存储，分块存储方式可以降低图像读入内存时资源的消耗，从而加速图像显示的速度，同时减小数据量大对图像处理算法效率的影响。

在实际应用中，当 IMG 文件数据量超过一定限度(2 GB)时，还会自动生成四个文件，分别是 IMG、IGE、RRD 和 AUX。IGE 是数据文件，用来存储实际的栅格数据；IMG 是索引文件；RRD 是金字塔文件，也是快速视图文件，建立了影像金字塔之后，显示速度会快很多；

AUX 是金字塔辅助文件。当 IMG 数据量小于 2 GB 的时候文件有两个，分别是 RRD 金字塔文件和存储栅格数据的 IMG 文件。

4.4.2　数据库存储方法

4.4.2.1　空间数据库

空间数据库为应用程序提供了访问空间数据的统一接口，且能够支持多个应用、多个请求同时对空间数据的访问，是 GIS 中的关键技术之一。

空间数据库大多以两种方式存在：一种方式是利用关系数据库本身类型可扩展的特性，定义面向地理空间数据的抽象数据类型（如 geometry 或 geography 类型），同时对 SQL 语句实现空间运算方面的扩展，使其支持地理空间数据的查询、存储和管理操作。随着地理空间数据逐渐成为一种重要的数据类型，各主流的数据库厂商（如 MS SQLServer、Oracle、MySQL、PostgreSQL 等）都提出了自己的空间数据解决方案。

另一种方式被称为“空间数据引擎”，它们对关系数据库的功能进行扩展，通过建立专门的表、视图、自定义函数和存储过程等方法，开发出一个专用于地理空间数据的扩展模块，以解决在关系数据库中的地理空间数据的查询、存储和管理问题。空间数据引擎大多以数据库插件的方式存在，要依赖于某一个具体的关系数据库。

国外常用的空间数据引擎包括 ArcSDE、PostGIS 等。国内的 GIS 厂商，如超图、中地等，也都提出了自己的空间数据引擎解决方案。超图公司的空间数据引擎 SDX+不但提供了对国外常用数据库的支持，也提供了对具备有自主知识产权的国产数据库（如达梦数据库 DM 和人大金仓数据库 Kingbase）的支持。中地公司开发的空间数据库引擎 MAPGIS - SDE 也能使大型商用数据库（如 Oracle、SQL Server、DB2、Informix、DM4、Sybase）有效地存储管理空间数据。为适配新版本的数据库管理系统，空间数据引擎也在不断升级更新，以适应不断变化的数据库管理系统软件。

与第一种方式的空间数据库方案相比，空间数据引擎在空间数据管理方面表现得更为专业，其主要特征功能如下：

1. 支持的空间数据类型和模型更多

空间数据引擎大多数能做到全面支持各种空间对象类型，除支持点、线、面、多点、多线、多面等简单的空间对象外，还支持对象的拓扑存储，湖中岛、宗地等复合对象，以及网络模型、路由模型、三角格网模型、数字高程模型、格网数据和影像数据等复杂的空间数据模型。而传统数据库厂商实现的空间数据管理功能目前只支持简单要素访问模型，对于复杂的空间数据类型的支持还比较有限。

2. 完善的版本管理功能

空间数据引擎被设计为多用户共同对空间数据进行编辑和应用，从一开始就考虑数据集中管理，异步更新维护的需求。空间数据引擎一般都具备版本管理功能，当地理空间要素类被注册为版本时，该要素类的所有更新和删除操作都会被记录下来，并被保存成不同的版本。各版本之间可以继承、公有化、私有化，还可以实现版本的回退，不同版本之间的融合和冲突解决等。而传统数据库厂商实现的空间数据库目前还没有此方面的设计。

4.4.2.2　关系数据库中的地理空间数据支持

随着地理空间数据的重要性日益凸显，地理空间数据类型在主流的关系数据库软件中都得到了支持。如 MySQL、ORACLE、MSSQL、PostgreSQL 等数据库管理系统软件，都提供了对地理空间数据的支持。与专业的空间数据引擎不同，这些关系数据库管理软件只提供了对 geometry 或 geography 类型的地理空间数据的支持，即矢量数据的支持，这样可以满足大部分业务场景下，对于矢量数据的存储、管理和查询的需求。

下面以 MySQL 5.7 版本为例，说明空间数据在传统关系数据库中的查询、存储和管理方法。

由 OGC 发布的 OpenGIS 关系数据库管系统地理信息实现标准的简单要素访问第 2 部分：SQL 选项中提出了扩展 SQL 以支持空间数据的几种概念性方法。该标准的文本可从 OGC 网站获取。

按照该 OGC 的标准，MySQL 将空间扩展作为具备几何类型(geometry type)的 SQL 环境的一个子集来实现，几何值(geometry value)SQL 列被实现为具有几何类型的列。该实现描述了一组 SQL 几何类型，并实现了这些类型上用于创建和分析几何值的函数。

MySQL 的空间扩展支持地理空间要素的生成、存储和分析，有可以表示为地理空间值的数据类型，有用于操纵地理空间值的扩展函数，并使用空间索引提高对空间列的访问时间效率。

1. 空间数据类型

MySQL 的空间数据类型建立在 OGC 提出的几何模型(geometry model)的基础上。OGC 几何数据模型如图 4－9 所示。MySQL 支持以下几种空间数据类型。

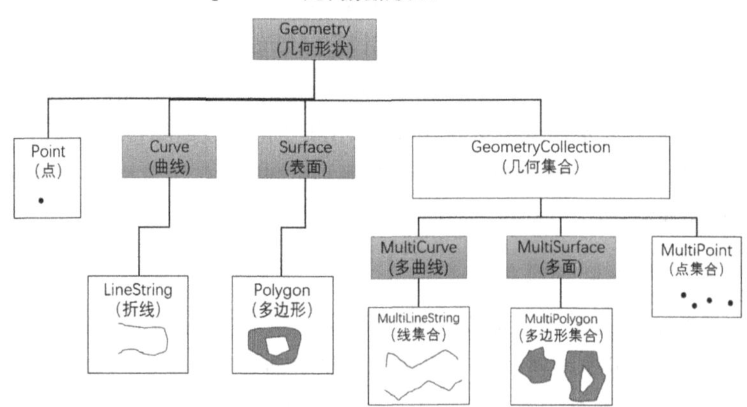

图 4－9　OGC 几何数据模型

(1)拥有单个值的空间数据类型：Geometry、Point、LineString、Polygon。

(2)拥有多个值的空间数据类型：MultPoint、MultiLineString、MultiPolygon、Geometey-Collection。

在 MySQL 中，可以用类似 SQL 语法的 SQL 空间语句扩展创建含有空间字段的表，其代码如下：

```
create table geom (g Geometry);
```

该命令即创建了含有 Geometry 类型的字段 g 的表，表名为 geom。

和 SQL 语句一样，也可以使用 alter table 命令去在已有的表上添加或去掉空间字段，其代码如下：

```
alter table geom add pt Point;
alter table geom drop pt;
```

2. 对空间数据的操作

在操作空间数据时，MySQL 主要使用 WKT、WKB 或内部格式对空间数据库进行操作。关于 WKT，已经在上一节介绍，WKB 是 WKT 的二进制形式。在实际操作中，使用 WKT 的可读性更好。在实际工作中，使用 MySQL 扩展函数，配合 WKT 格式，对数据库的空间数据进行读写操作。

如下面的例子：

```
SET @g =
'GeometryCollection(Point(1 1),LineString(0 0,1 1,2 2,3 3,4 4))';
insert into geom values (ST_GeomFromText(@g));
```

这段代码通过 SQL 语句的扩展命令，向 geom 表中插入了一个点要素和一个线要素的集合，它使用 MySQL 的扩展函数 ST_GeomFromText()，将字符串变量@g 转换为 Geometry 类型。

同样，也可以使用 SQL 语句从数据库中获得空间数据列的值，如：

```
SELECT ST_AsText(g) FROM geom;
```

该语句从 geom 表中获得了以文本 WKT 格式表达的空间对象字段 g 的所有值。

3. 对空间查询的支持

MySQL 根据 Open GIS 几何模型的要求，提供了一系列的空间操作函数，这些函数可用于空间运算，以实现基于 SQL 语句的空间查询。如：

```
select * from test where MBRContains(ST_GeomFromText('Polygon((0 0,0 5,5 5,5 0,0 0))'),point)
```

该语句用于查询 test 表中包含在多边形的最小外接矩形中的点要素的记录。关于空间查询的具体函数操作将在下一节中继续讨论。

4.5 空间数据的运算与查询

4.5.1 空间运算

经过一系列空间几何图形的逻辑比较后，返回空间几何图形或图形之间关系的过程称为空间运算。空间运算的结果可以是从某个空间要素中抽取相关的部分，如从线状要素中抽取某个点、从多边形中抽取某条线、从多边形集合中抽取某个多边形等；也可以是根据已有的几何要素求解新的几何要素，如求某个几何要素的缓冲区、凸多边形、几何集合之间的相交、异或、差、并运算等；还可以是判断两个几何要素之间的关系。

OpenGIS 简单要素访问标准规定了一些常见的空间运算，这些空间运算的名称和作用见

表 4－6。几何要素的空间运算可分为空间属性、空间操作和空间关系三种类型。其中 ST 前缀的含义是时空(spatial and temporal)，MBR 前缀的含义是最小边界区域(minimum bounding region)。在运算函数的参数列表中，g 是指 geometry 类型参数、ls 是指 LineString 类型参数、poly 是指 polygon 类型参数。

表 4－6　几何要素的空间运算(部分)

序号	类型	名称	备注
1	空间属性	ST_Envelope(g)	返回几何要素的外接矩形
2	空间属性	ST_StartPoint(ls)	返回线状要素的第一个结点
3	空间属性	ST_EndPoint(ls)	返回线状要素的最后一个结点
4	空间属性	ST_Point(ls，N)	返回线状要素的第 N 个结点
5	空间属性	ST_ExteriorRing(poly)	返回多边形要素的最外圈的环
6	空间属性	ST_InteriorRingN(poly， N)	返回多边形要素内部的第 N 个环
7	空间属性	ST_GeometryN(gc，N)	返回几何要素集合中的第 N 个几何要素
8	空间操作	ST_Buffer(g，d[，s1，s2，s3])	返回几何要素 g 的缓冲距离为 d，缓冲策略为 s 的缓冲区
9	空间操作	ST_ConvexHull(g)	返回几何要素 g 的凸包
10	空间操作	ST_Difference(g1， g2)	返回表示几何图形值 g1 和 g2 的点集差的几何图形。如果任何参数为 NULL，则返回值为 NULL
11	空间操作	ST_Intersection(g1， g2)	返回表示几何图形值 g1 和 g2 的点集交点的几何图形。如果任何参数为 NULL，则返回值为 NULL
12	空间操作	ST_Union(g1， g2)	返回表示几何图形值 g1 和 g2 的点集并集的几何图形。如果任何参数为 NULL，则返回值为 NULL
13	空间操作	ST_SymDifference(g1， g2)	返回表示几何图形值 g1 和 g2 的点集对称差的几何图形。 g1 symdifference g2：＝ (g1 union g2) difference (g1 intersection g2)
14	空间关系运算	ST_Crosses(g1，g2)	此函数返回 1 或 0 以指示 g1 是否在空间上穿过 g2。如果 g1 是多边形或多边形集合，或者 g2 是点或多点，则返回值为 NULL
15	空间关系运算	ST_Contains(g1，g2)	返回 1 或 0 以指示 g1 是否完全包含 g2
16	空间关系运算	ST_Distance(g1， g2)	返回 g1 和 g2 之间的距离。如果参数为 NULL 或几何体为空，则返回值为 NULL

续表

序号	类型	名称	备注
17	空间关系运算	ST_Disjoint(g1, g2)	返回 1 或 0 以指示 g1 是否与 g2 在空间上不相交(不相交)
18	空间关系运算	ST_Overlaps(g1, g2)	此功能返回 1 或 0 以指示 g1 在空间上是否重叠 g2
19	空间关系运算	ST_Touches(g1, g2)	此功能返回 1 或 0 以指示 g1 是否在空间上相切于 g2
20	空间关系运算	ST_Within(g1, g2)	返回 1 或 0 以指示 g1 是否在 g2 内空间
21	空间关系运算	MBRContains(g1, g2)	返回 1 或 0 以指示 g1 的最小外接矩形是否包含 g2 的最小外接矩形
22	空间关系运算	MBRCoveredBy(g1, g2)	返回 1 或 0 以指示 g1 的最小外接矩形是否由 g2 的最小外接矩形覆盖
23	空间关系运算	MBRCovers(g1, g2)	返回 1 或 0 以指示 g1 的最小外接矩形是否涵盖 g2 的最小外接矩形
24	空间关系运算	MBRDisjoint(g1, g2)	返回 1 或 0 以指示两个几何 g1 和 g2 的最小边界矩形是否脱节(不相交)
25	空间关系运算	MBREquals(g1, g2)	返回 1 或 0 以指示两个几何 g1 和 g2 的最小边界矩形是否相同
26	空间关系运算	MBRIntersects(g1, g2)	返回 1 或 0 以指示两个几何 g1 和 g2 的最小边界矩形是否相交
27	空间关系运算	MBROverlaps(g1, g2)	此函数返回 1 或 0 以指示两个几何 g1 和 g2 的最小边界矩形是否重叠
28	空间关系运算	MBROverlaps(g1, g2)	此函数返回 1 或 0 以指示两个几何 g1 和 g2 触摸的最小边界矩形
29	空间关系运算	MBRWithin(g1, g2)	返回 1 或 0 以指示 g1 的最小边界矩形是否在 g2 的最小边界矩形内

如图 4－10、图 4－11、图 4－12 所示，几何要素的空间运算函数几乎实现了所有的二维的简单要素的空间运算，可以为下一步的空间查询奠定基础。在 MySQL 5.7 中，提供了基于几何要素本身形状的空间关系运算函数和基于最小边界区域(MBR)的空间关系运算函数两种方式进行几何要素空间关系的判断，当空间查询任务对响应时间要求比较高而对准确度不高的时候，可以考虑使用 MBR 进行空间关系运算。

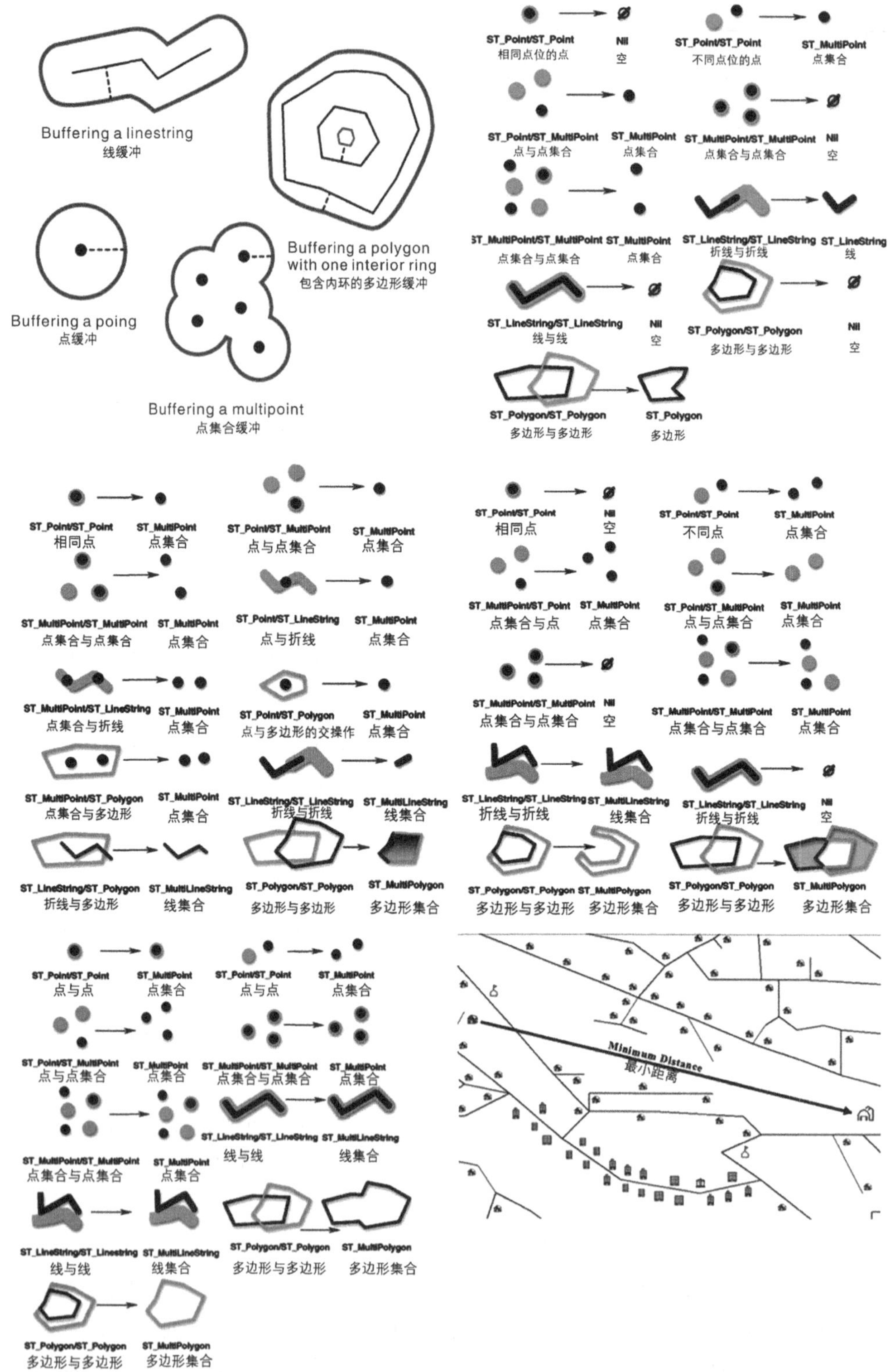

图 4-10　空间操作示意图(来自 ESRI ST_Geometry SQL 函数参考)

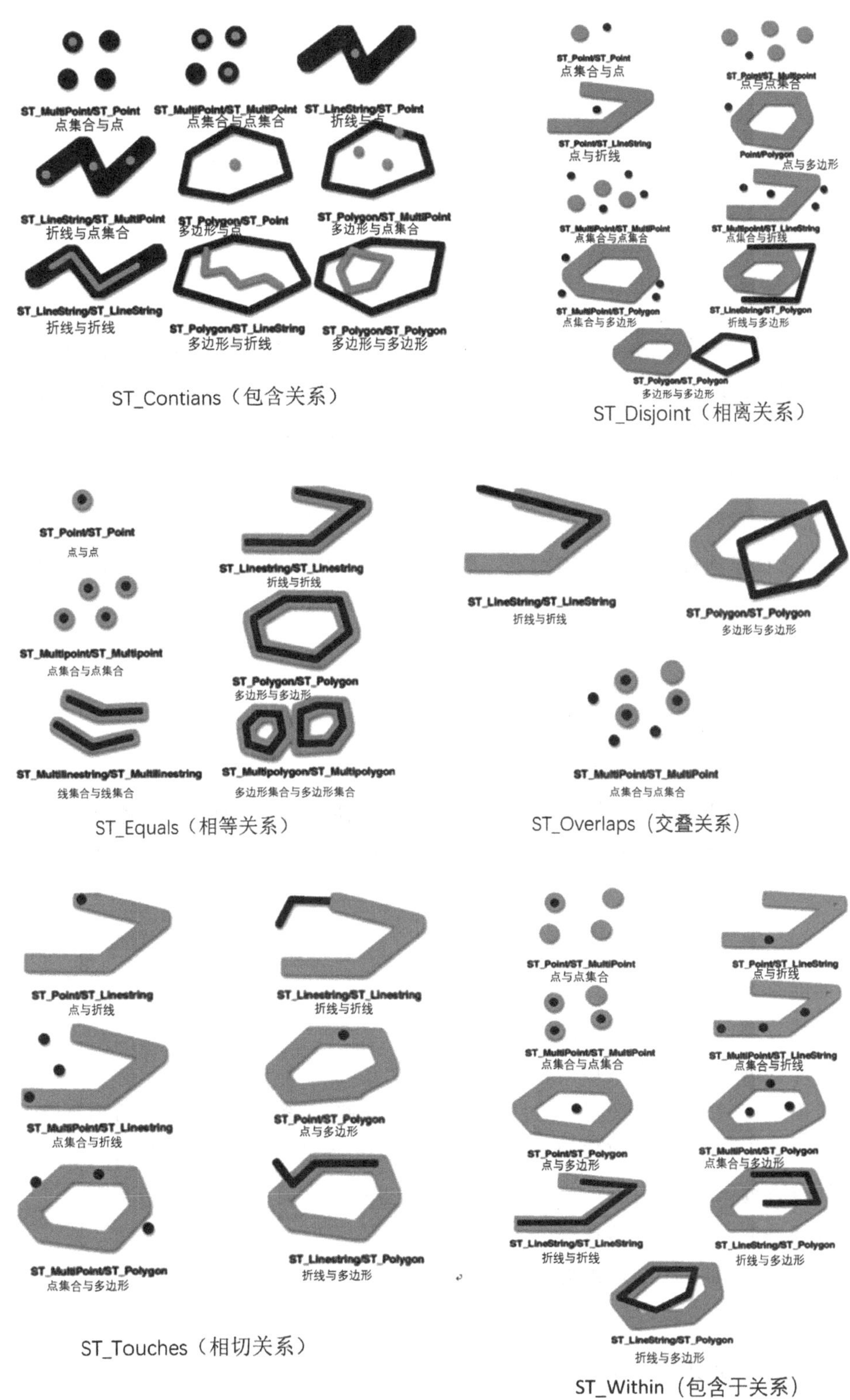

图 4－11　空间关系运算示意图(来自 ESRI ST_Geometry SQL 函数参考)

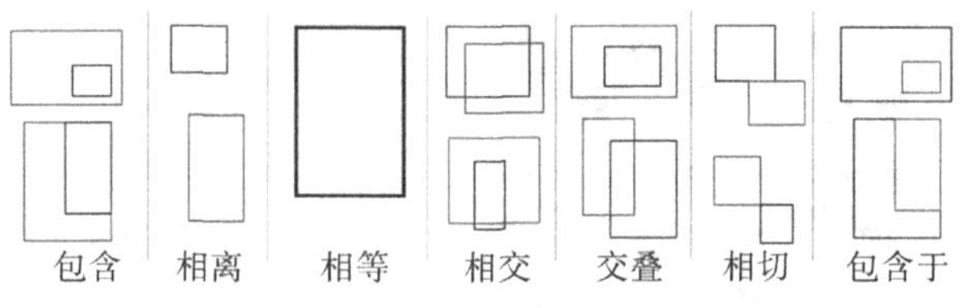

图 4-12　MBR 空间关系运算示意图

4.5.2　空间查询

空间查询是 GIS 最基本、最常用的功能，也是 GIS 软件区别于其他数字制图软件的主要特点。GIS 用户提出的很大一部分问题都可通过空间查询解决，空间查询的方法和技巧在很大程度上决定了 GIS 的应用水平。空间查询包含以下几种方式。

1. 基于空间关系和属性字段的查询

空间实体间存在着多种空间关系，包括拓扑、顺序、距离、方位等关系。通过空间关系查询和定位空间实体是地理信息系统不同于一般数据库系统的功能之一。如查询满足下列条件的城市：

(1)在京沪线的东部；

(2)距离京沪线不超过 50 千米；

(3)城市人口大于 100 万；

(4)城市选择区域是特定的多边形。

整个查询计算涉及了空间顺序方位关系(京沪线东部)，空间距离关系(距离京沪线不超过 50 千米)，空间拓扑关系(使选择区域是特定的多边形)，还包含基于字段属性的信息查询(城市人口大于 100 万)。

2. 简单的面、线、点相互关系的查询

(1)面面查询，如与某个多边形相邻的多边形有哪些；

(2)面线查询，如某个多边形的边界有哪些线；

(3)面点查询，如某个多边形内有哪些点状地物；

(4)线面查询，如某条线经过(穿过)的多边形有哪些，某条线的左、右多边形是哪些；

(5)线线查询，如与某条河流相连的支流有哪些，某条道路跨过哪些河流；

(6)线点查询，如某条道路上有哪些桥梁，某条输电线上有哪些变电站；

(7)点面查询，如某个点落在哪个多边形内；

(8)点线查询，如某个结点由哪些线相交而成。

3. 地址匹配查询

根据街道的地址来查询要素的空间位置和属性信息是 GIS 特有的一种查询功能。这种查询利用地理编码方法，输入街道的门牌号码，得到地址大致的位置和所在的街区。地址匹配查询对社会调查、经济调查的空间分布统计很有帮助，只要在调查表中添加地址信息，GIS 就可以自动从空间位置的角度来统计分析各种调查资料。地址匹配查询也经常用于公用事业管理,事故分析等方面,如邮政、通信、供水、供电、治安、消防、医疗等领域。

地址匹配查询是一种结合了文本分析和空间位置查询的技术,是将文字性的描述地址与其空间的地理位置坐标建立起对应关系的过程。地址匹配算法分为三个步骤:首先要将地址标准化,然后服务器搜索地址匹配参考数据,查找潜在的位置,再根据与地址的接近程度为每个候选位置指定分值,最后用分值最高的位置来匹配这个地址。在这些步骤中,最基础也是最重要的步骤是将地址信息标准化,建立地址编码的数据库,才能够完成地址匹配查询。

4.5.3　空间索引

空间数据库的空间查询过程的本质是将查询条件的空间范围与查询目标表中的空间要素进行空间运算,判断查询范围与空间要素之间的拓扑关系,根据拓扑关系确定该空间要素是否符合查询条件。这个过程意味着数据库软件需要在目标表内对空间要素记录进行遍历,将记录中的每个空间要素与查询范围进行空间拓扑运算,在目标表内的空间要素量过大时,会存在计算效率低,耗时长的问题。针对这一问题,可以使用空间索引技术辅助运算,降低遍历目标表中空间要素的数量,提升空间查询的速度。

空间索引是指在存储地理空间数据时,依据空间对象的位置和形状或空间对象之间的某种空间关系,按一定顺序排列的一种数据结构。空间索引包含空间对象的概要信息(如对象的标识、外接矩形)及指向空间对象实体的指针。作为一种辅助性的空间数据结构,空间索引介于空间操作算法和空间对象之间,通过它的筛选,大量与特定空间操作无关的空间对象被排除,提高了空间查询的效率。

地理空间数据通常基于属性的值和数据对象的空间位置来进行查询和更新。对地理空间数据的查询与更新经常需要执行快速的几何搜索运算,如点查询、线查询、面查询。所有这些运算需要快速存取空间数据对象,排除无关的空间对象,必须引进索引机制。因为不存在从二维或高维空间到一维空间的映射,也就不能保证任何两个在高维空间接近的对象在一维排序序列中也相互接近,这使得设计空间域的高效索引方法比传统的索引要困难。

空间索引是一种针对地理空间数据的位置进行的数据索引,目前使用较多的索引方法有下面几种。

4.5.3.1　格网索引

格网索引将二维表面按照格网分为一系列的连续单元,然后对每个网格分配唯一的标识符,用于建立空间索引。这些网格可以是矩形网格、三角形网格、六边形网格或钻石形网格等不同形状。格网索引示意图如图 4-13 所示。

GIS 中格网索引的原理比较简单,它将目标空间要素集合所在的空间范围划分成一系列大小相同的网格,把空间位置进行网格分化。根据每个要素的空间位置及其所占据的空间范围把要素记录到网格系统中去,每一个网格相当于一个桶,记录着落入该网格内的空间要素的编号。当空间数据库新增空间要素时,每一要素对应的网格分别增加新的记录;当空间数据库中进行要素的更新时,需要同步维护相对应的网格记录。

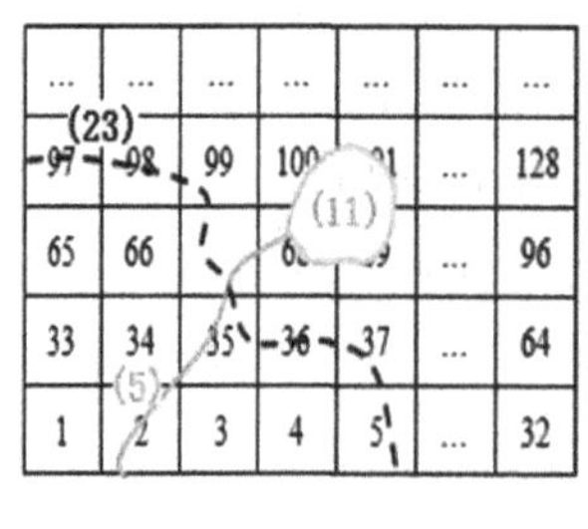
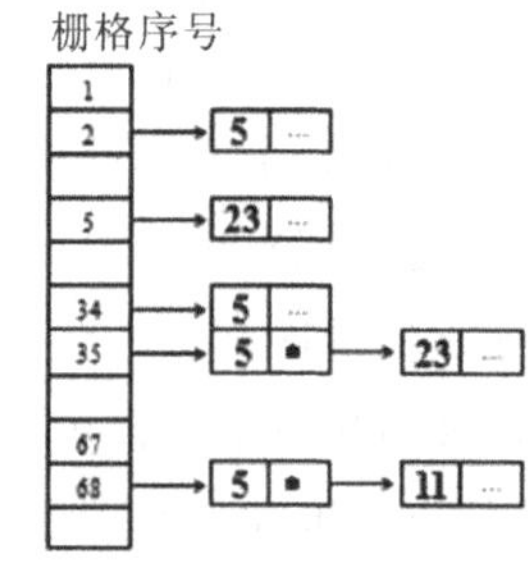

图 4-13　格网索引示意图

格网索引的相关指标包括：

(1)网格大小；

(2)格网索引表记录数；

(3)格网索引表记录数与实体记录数的比率；

(4)平均每网格的实体数、最大的每网格的实体数、完全分布在一个网格中的实体百分比。

这些指标中最关键的是网格大小，它制约和影响着其他指标。网格越大，网格索引表记录数越少，越与实体记录数相接近，进而影响网格索引表记录数与实体记录数的比率，但是平均及最大的每网格的实体数也会越多，完全分布在一个网格中的实体百分比也会越高；反之，网格越小，格网索引表中记录数就越多，但平均及最大的每网格的实体数会相对变少，完全分布在一个网格中的实体百分比也会降低。

格网索引的优点在于：原理和实现都较为简单，针对空间数据量不大时，建立和维护格网索引所需要的资源较少，对空间数据查询效率提升能够起到立竿见影的效果。ArcGIS 软件中就选择了格网索引的方案作为其空间数据索引的实现方法。

其缺点在于：一是网格的划分大小难以确定，网格划分越密，需要的存储空间越多，网格划分越粗，查找效率可能会降低；二是空间数据具有明显的聚集性和异质性，比如 POI 只在几个热点商贸区聚集，在郊区等地方很稀疏，这将导致很多网格内没有任何空间数据，也会浪费存储资源。

4.5.3.2　R 树索引

R 树索引是 Guttman 于 1984 年提出的，后面又有了许多变形，形成了由 R 树、R+树、R＊树、Hilbert R 树、SR 树等组成的 R 树系列空间索引。R 树及其众多变形都是一种平衡树(B 树)结构，也具有类似于平衡树的一些性质。下面以 Guttman 提出的 R 树为例介绍 R 树的结构。

R 树中每个非叶子结点都由若干个 MBR，Pointer - ToChild 单元组成。其中 MBR 是指最小外接区域，是广义上的概念，在二维平面上是矩形，在三维空间上就是长方体，以此类推到高维空间。Pointer - ToChild 是指向其对应孩子结点的指针。叶子结点则是由若干 MBR，GeoObject ID 组成。其中 MBR 为包含对应的空间对象的最小矩形。GeoObjectID 是空间对象的标号，通过该标号可以得到对应空间对象的详细的信息。如图 4－14 所示是一个 R 树在二维空间上的示意图。

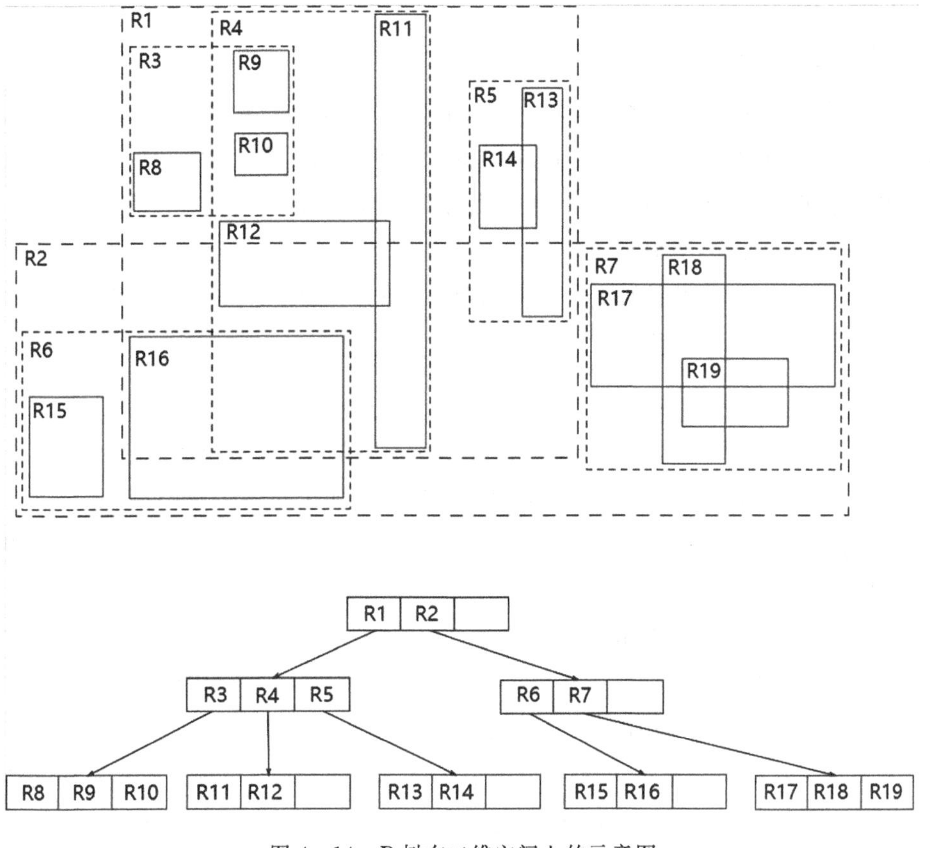

图 4－14　R 树在二维空间上的示意图

1. R 树的操作

R 树的插入与许多有关树的操作一样，是一个递归过程。首先从根结点出发，按照一定的标准，选择其中一个子树插入新的空间对象。然后再从子树的根结点出发重复进行上面操作，直到叶子结点。设 M 和 m 为 R 树节点中单元个数的上限和下限，当新对象的插入使叶子结点中的单元个数超过 M 时，进行节点的分裂操作，分裂操作将溢出的结点按一定的规则分为若干个部分。在其父结点删除原来对应的单元，并加入的由分裂产生的相应的单元。如果这样引起父结点的溢出，则继续对父结点进行分裂操作。分裂操作也是个递归操作，它保证了空间对象插入后 R 树仍能保持平衡。

从 R 树中删除一个空间对象，首先得从 R 树中查找到记录该空间对象所在的叶子结点，这就是 R 树的查找过程。这个过程从根结点开始，依次查找 MBR 包含空间对象的单元所对应孩子结点为根结点的子树。这种查询方式利用树的结构特征，减少了检索的范围，提高了检索的效率。查找到该空间对象所在的叶子结点后，删除其对应的单元。如果删除后该叶子结点的单元个数小于 m，需要进行 R 树的压缩操作，将单元数过少的结点删除。如果父结点因此单元数也少于 m,则继续对父结点重复进行该操作。最后将因进行结点调整而被删除的空间对象重新插入到 R 树中。R 树的压缩操作使得 R 树的每个结点单元数不低于 m 这个下限,从而保证了 R 树结点的利用率。

2. R 树系列空间索引的优势

R 树是按空间数据自身的特征来组织索引结构的,这使其具有很强的灵活性和可调节性,无需预知整个空间对象所在的空间范围,就能建立空间索引。由于 R 树具有与平衡树(B 树)相似的结构和特性,使其能很好地与传统的关系型数据库(关系数据库中普遍使用平衡树(B 树)作为索引方法)相融合,更好地支持数据库的事务、滚回和并发等功能。这是许多国外空间数据库选择 R 树作为空间索引的一个主要的原因,Oracle 、IBM Informix 、PostgreSQL 的空间数据库都采用了 R 树空间索引。

4.5.3.3 四叉树索引

四叉树是另一类常见的空间索引,与 R 树系列不同的是,它是属于基于空间划分组织索引结构的一类索引机制。四叉树将已知范围的空间划成四个相等的子空间,如果需要可以将每个或其中几个子空间继续划分下去,这样就形成了一个基于四叉树的空间划分。四叉树索引分为满四叉树索引和一般四叉树索引。

对于满四叉树空间索引,第 n 层的叶子结点所对应的子空间将形成一个 2n×2n 的网格。空间对象的 ID 记录在所覆盖的每一个叶子结点中。但当同一父亲的四个兄弟结点都要记录该空间对象 ID 时,则将该空间对象 ID 只记录在该父亲结点上,并按这一规则向上层推进。如图 4－15 中 R1 同时经过 5、6、7、8 四个兄弟子空间, 根据上面的规则只需在其父亲结点 1 号结点中记录 R1 的 ID。满四叉树的构成方式与网格索引有些类似,都是多对多的形式。一个网格可以对应多个空间要素,同时每个空间要素也可以对应多个网格。但与网格索引不同的是,它有效地减少了大空间对象在结点中的重复记录。

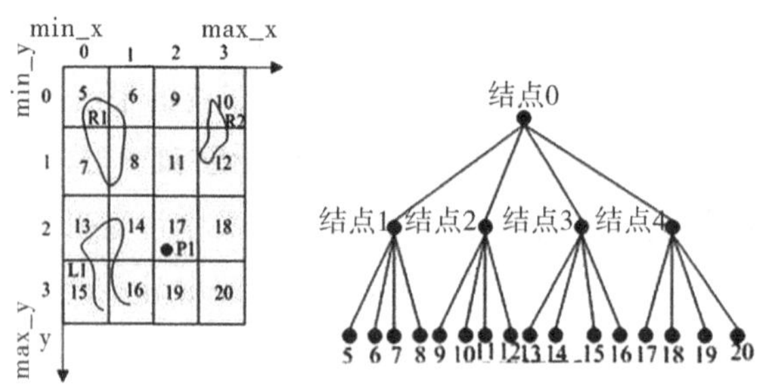

图 4－15　N＝2 时的满四叉树示意图

四叉树的空间要素的插入和删除都较简单。只需在其覆盖的叶子结点和按照上面的规则得到父亲和祖先结点中记录或删除其 ID 即可。四叉树的查询方式也比较简单,例如要检索某一多边形内与其边相交的空间对象,只需先检索出查询多边形所覆盖的叶子结点和其父亲及祖先结点中所有的空间要素,然后再进行必要的空间运算,从中检索出满足要求的空间要素即可。满四叉树可以采用顺序的数组存储方式，其索引结构可以放在内存中，以降低 I/O 方面的耗费。

四叉树空间索引与 R 树相比有如下两个优点：一是可以用顺序存储的线性表来表示索引，内存需求量小，无须 I/O 方面的耗费。二是插入和删除操作简单方便，省略了重新组织索引树的过程，平均耗时远小于 R 树的插入和删除的耗时。但由于四叉树是以空间划分来组织索引结构的索引机制，有着这类索引机制的共同的问题：在建立空间索引之前必须预先知道空间对象的分布范围，可调节性比较差。

4.6　GIS 数据的可视化

GIS 数据并没有内在的视觉成分，要查看数据，必须对数据进行可视化表达，即为这些数据指定位置、颜色、图标和其他可见属性，才能以更加清晰的“图”的方式被人类所理解。GIS 数据可视化是在地理数据库驱动下，以图形图像的方式表达地理信息的过程，GIS 数据经过可视化过程形成图形图像显示给用户，大致通过下列步骤实现：

(1)数据存储：矢量数据由空间数据库进行存储和管理，并提供查询服务；

(2)数据检索：应用程序对用户发出的数据请求命令进行解释，空间数据库根据应用程序提供的数据检索要求查询并提取需要的数据；

(3)图素生成：将检索到的数据转变为几何图形元素序列，即将空间对象的空间坐标转换为屏幕坐标；

(4)渲染过程：将几何图形元素转换为栅格图或系统图形接口的 API 函数；

(5)图像显示：通过合适的设备将经过渲染后的图展现给用户。

由以上步骤可知，GIS 的数据可视化过程涵盖了 GIS 技术中从数学基础到数据结构，再到空间数据的存储、运算、查询、索引，最后到结果呈现等步骤，也是用户对 GIS 数据进行交互和操作的关键技术。

GIS 数据的可规化方法有很多，在此讨论最常见、最通用的基于地图的可视化技术。GIS 数据主要根据基于地图学的理论体系进行可视化展现，主要工作就是为各类枯燥的坐标串的数据赋予符号、颜色、注记等特征，形成能够被人类方便直观理解的色彩样式丰富的地图。

4.6.1　GIS 地图符号与样式

地图符号属于表象性符号，它以视觉形象指代抽象的概念。地图符号明确直观、形象生动，很容易被人们理解。客观世界的事物错综复杂，人们根据需要对地图符号进行归纳(分类、分级)和抽象，用比较简单的符号形象表现它们，不仅解决了描绘真实世界这一难题，而且能反映出事物的本质和规律。地图符号的形成是一种科学抽象的过程，实质上是一种约定过程。在普通地图中，某些地图符号已经成为事实上的标准，如黑色代表居民地、独立地物，蓝色代表水系，棕色代表地貌，绿色代表森林，河流用由细到粗的渐变线表示等。在设计地图符号的时候应该注意。

地图符号是地图的语言，是在地图上表达空间对象的图形记号，它通过尺寸、形状和颜色来表示对事物空间的位置、形状、质量和数量特征，是表达地理现象和发展的基本手段。广义的地图符号是指表示各种事物现象的线划图形、色彩、数学语言和注记的总和。

本书不再重复地图学书中关于地图符号的详细论述，我们仅从 GIS 可视化的角度对 GIS 的符号系统进行讨论。

地图符号以图形方式对地图中的地理要素、标注和注记进行描述、分类或排列，以找出并显示定性关系和定量关系。根据符号绘制的几何类型，可将其分为点、线、面和文本四类。地图符号通常用于图层级别和要素中，但布局中的图形和文本也可使用符号进行绘制。

(1)点状符号:点状符号是位于空间的点，符号的大小与地图比例尺无关，只具备定位特征。如控制点、居民点、矿产地等符号。点状符号的基本形态可以是规则的或不规则的。

(2)线状符号:线状符号是位于空间的线，符号沿着某个方向延伸且长度与地图比例尺发生关系。例如海岸线、河流、渠道、航线、道路等。而有一些等值线符号，如等温线、人口密度线等，尽管几何特征是线状的，但并不是线状符号。线状符号的形态和所代表的实地物体之间的关系有着丰富的内涵。稳定性好的物体用实线表示，稳定性差的用虚线；重要的用实线，次要的用虚线；精确的用实线，不精确的用虚线；地面上的用实线，地面下的用虚线。

(3)面状符号:面状符号是位于空间的面，符号所处的范围同地图比例尺发生关系。用这种地图符号表示的有水部范围、林地范围、土地利用分类范围、各种区划范围、动植物和矿藏资源分布范围等。

(4)文本符号:用于设置标注和注记的字体、字号、颜色及其他文本属性。

除此之外，按照符号和所表示要素的比例关系，符号可以分为依比例符号、半依比例符号和不依比例符号，按照符号表示的地理特征量度可将符号分为定性符号、定量符号和等级符号等，用于在不同的地物表达场景下对地图符号进行定义或对地理要素进行绘制等。

4.6.2 GIS 地图色彩

关于 GIS 地图可视化中的色彩问题，在 GIS 的程序实现中，通常使用 RGB 颜色模型对地图色彩进行描述。RGB 是常用的一种彩色信息表达方式，它使用红(Red)、绿(Green)、蓝(Blue)三原色的亮度来定量表示颜色。该模型也称为加色混色模型，是以 RGB 三色光互相叠加来实现混色的方法，因而适用于显示器等发光体的显示。

在 RGB 颜色空间中，任意色光 F 都可以用 R、G、B 三色不同分量的相加混合而成：$F=r[R]+r[G]+r[B]$。RGB 色彩空间还可以用一个三维的立方体来描述，如图 4-16 所示。当三原色分量都为 0(最弱)时混合为黑色光；当三原基色都为 k(最大，值由存储空间决定)时混合为白色光。

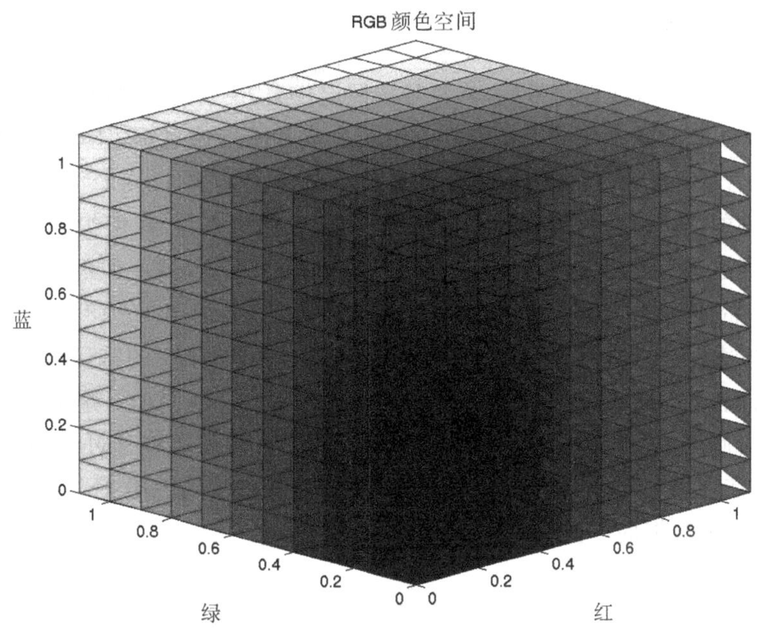

图 4-16　RGB 颜色空间

通常情况下，在 GIS 软件编码中使用 RGB 24 位的格式来描述颜色，每个分量占用 8 位比特位，其取值范围为 0～255，能够表达 256×256×256＝16777216 种不同的颜色。

编制地图时，可以使用 RGB 模型精确设置不同的颜色，如图 4-17 所示，可以通过设置红、绿、蓝色的不同灰度，来调制自定义的颜色。在颜色模型中，除了比较好理解的 RGB 模型外，还有用于打印制图的印刷四色 CMYK(Cyan，青；Magenta，品红；Yellow，黄；blacK，黑)模型，用于人眼可视化调整的 HSL(Hue，色相；Saturation，饱和度；Lightness，亮度)模型等。CMYK 模型、HSL 模型和 RGB 模型之间可以建立一一对应的转换关系，从而完成颜色模型之间的互相转换。

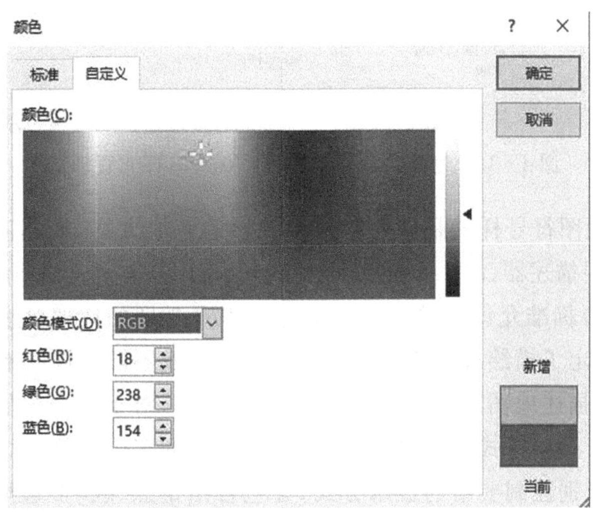

图 4-17　基于 RGB 颜色模型的颜色设置

4.6.3 样式描述

GIS 软件中一般都会建设符号库，将符号按照定位类、说明类符号或者点、线、面状符号进行分类。符号库可以创建符号并直接将其应用于要素和图形的显示，还可将多种符号组合到一起进行存储、管理和共享，这些组合到一起的符号统称为样式(style)。样式是一种容器，用于对地图上出现的可重复使用的事物进行存放；可通过样式来存储、组织、共享符号及其他地图组成部分。通过共享使用样式，符号库可以提高相关地图产品或组织的标准化程度。

在 ArcGIS 的实现中，提供了符号库和样式的管理功能，如图 4 - 18 所示，样式可以认为是一种可视化方案。可以根据不同的行业和应用场景，完成自定义的符号样式，可以根据相关行业规范和设计理念制作自己的符号并存储在符号库(style 文件)中。定义的样式，可以在类似的项目中直接使用，也可以方便地分享给其他人使用(只需要将 style 文件拷贝给他人即可)。使用样式能够显著提升地图的符号化效率，还可以完成 GIS 数据与符号之间的自动关联，快速实现同类型数据的可视化。

图 4 - 18　地图符号样式(来自 ArcGIS 样式管理器)

ArcGIS 指定的地图符号样式是商业软件中提供的解决方案，在非商业化软件中，主要使用 OGC 定义的样式层描述器(styled layer descriptor，SLD)来完成输出地图符号样式的定义。

OGC 定义的 SLD 标准允许将样式属性应用于 Web 地图的地理要素，还允许检索 Web 地图样式图例。SLD 指定了描绘或渲染要素类型和图层以及不同属性的地理空间数据的方法。

SLD 文档可用于描述地图图层(矢量或栅格)的外观。对于单个图层，SLD 文档可为其直接指定样式，每个要素类型样式可以具有 SLD 文档定义的多个规则，这些规则可以充当过滤器，根据属性和缩放级别控制要素的显示方式，并包含指定点、线、多边形、栅格数据和文本标签造型的符号。

如图 4-19 所示给出了 SLD 文档的基本示例，该文档描述了点数据如何被设计为直径为 5 像素的蓝色圆圈。

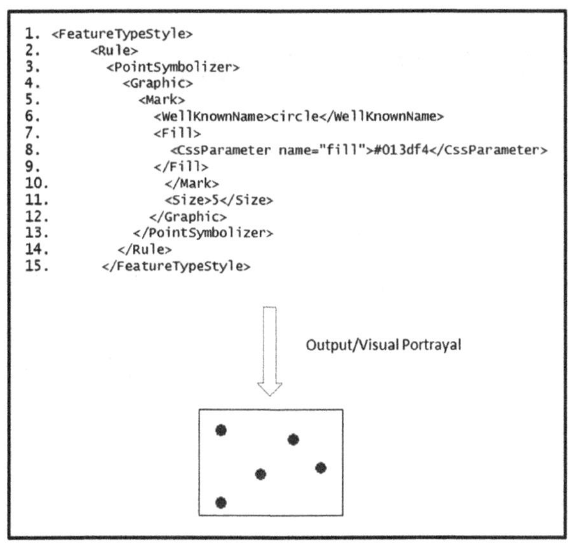

图 4-19　SLD 文档使用示例

SLD 文档是一个 XML 文件，文件的根要素是＜StyledLayerDescriptor＞，用于描述如何组成和设计地图。SLD 文档包含一系列层定义，指示使用样式的图层。每一层定义要么是命名层，要么是用户层。命名层指定要对现有层进行样式化，并指定适用于该层的样式；如果没有指定样式，则使用图层的默认样式。用户层定义了要样式化的新层，以及应用于它的样式。该层的数据直接在使用该元素的层定义中提供。

作为 OGC 标准的 SLD 地图可视化方案得到了很多开源 GIS 软件的支持，其中的桌面版软件有 OpenJUMP、uDig、Gaia、QGIS，服务端的软件有 GeoServer、MapServer 等。ArcGIS 的服务端软件 ArcGIS Server 也提供了对 SLD 方案的支持。如图 4-20 所示，QGIS 可以将 GIS 配图完成的数据的可视化方案 SLD 文件直接导出，并提供给其他人或相关软件使用。

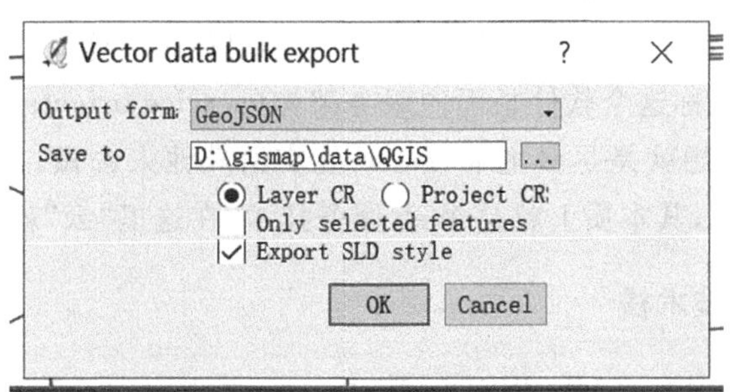

图 4-20　QGIS 输出 SLD 文件

对地图要素指定地图符号，输出地图样式文件或 SLD 文件，即可形成 GIS 的地图可视化方案。同样的 GIS 数据，可以在不同的应用场景下使用不同的可视化方案，产生不同的视觉效果。

第5章　GIS Web服务

现代 Web GIS 是 Web 技术与 GIS 技术结合在一起的产物，而 GIS Web 服务是 Web GIS 的关键技术。

学习 GIS Web 服务，需要在深入理解 Web 服务技术的基础上，理解 GIS Web 服务的原理和调用方法，然后进一步学习常见的 GIS Web 服务的实现标准，如 WMS、WMTS、WFS、WCS、WPS 等，熟悉这些标准对应的实现要求、接口参数、请求调用方法和返回结果等，才能更好地运用 Web GIS。

学习 GIS Web 服务，还需要掌握基于 GIS Web 服务构建 Web GIS 应用的方法和步骤，并理解 GIS Web 服务的提供者和使用者共同构建的 GIS Web 服务生态体系。

5.1　Web服务

要理解 Web 服务(Web service)，首先必须理解服务是什么。在计算机领域，把计算机后台程序所提供的功能称为服务，服务就是计算机后台可以提供的某一种功能。服务按照来源的不同可以分为两种：一种是本地服务，服务来自于计算机自身，不需要网络即可完成服务请求；另一种是网络服务，服务来自于网络上的另一台计算机，必须通过网络才能够完成服务请求。网络服务的本质就是通过网络调用其他计算机上的相关资源。

Web 服务是服务提供者将自己的数据或功能通过基于 Web 的调用接口的方式暴露出来，供服务使用者进行请求调用的一种方法。服务提供者需要在服务端维护自己的数据或功能能够被正常调用，服务使用者通过标准的 Web 协议(通常是 HTTP 协议)向服务端进行请求，调用服务提供者的服务或功能。

如果一个软件的主要部分采用了 Web 服务，即它把存储或计算的一些环节"外包"给其他服务提供者，那么我们就称这个软件是面向服务架构(service oriented architecture，SOA)的。面向服务架构的基本思想就是尽量把非核心功能交给其他人去做，自己全力开发核心功能。云计算、云服务这些名词，其本质上就是 Web 服务技术，在这里"云"就是指服务提供者。

5.1.1　Web服务技术栈

Web 服务的技术栈包括 XML、WSDL(Web service description language，Web 服务描述语言)、SOAP(simple object access protocol，简单对象访问协议)和 UDDI(universal description discovery and integration，服务统一描述发现和集成)。术语"Web 服务"描述了一种通过网络使用 XML、SOAP、WSDL 和 UDDI 等开放标准集成基于 Web 的应用程序的方法。XML 用于交换数据并提供服务元数据的数据格式；SOAP 用于封装数据消息并传输；WSDL 用于描述可用的服务；UDDI 用于服务发现，让用户找到可用的服务。

5.1.1.1　WSDL

WSDL 是一种描述 Web 服务的 XML 格式，它提供了有关服务功能描述、调用入口、期望的参数、服务返回的数据结构等信息的机器可读的描述。类似于编程语言中的方法签名，WSDL 能够让服务使用者了解服务的功能和使用方法。

当前的 WSDL 版本是 2.0，是 W3C 的推荐标准。WSDL 描述 Web 服务的公共接口通常采用抽象语言描述该服务支持的操作和信息，使用的时候再将实际的网络协议和信息格式绑定(binding)给该服务。

如下代码所示，WSDL 文档由该 Web 服务涉及的抽象数据类型、接口和绑定信息构成，一个典型的 WSDL 文档通常包含 definitions、types、import、message、portType、operation、binding、service 8 个重要的元素。这些元素嵌套在 definitions 元素中，definitions 是 WSDL 文档的根元素。抽象类型(types)说明了该 Web 服务中所用到的数据的类型，接口(interface)说明了该服务支持的操作(operation)和输入、输出参数；抽象类型和接口都是关于该服务的抽象描述，不涉及具体的实现；在具体调用时，通过绑定接口与具体服务的端点相结合，WSDL 将 Web 服务描述为网络端点的集合。每个网络端点有具体的名称、可供绑定的协议和提供服务的地址。

有了 WSDL，就有了一种通用的描述 Web 服务调用方式的语言，能够让服务使用方通过解析 WSDL 文档生成调用 Web 服务的消息，并向服务提供方发起调用。

[WSDL 文档示例代码]

```
<? xml version="1.0" encoding="UTF-8"? >
<description xmlns="http://www.w3.org/ns/wsdl"
            xmlns:tns="http://www.tmsws.com/wsdl20sample"
            xmlns:whttp="http://schemas.xmlsoap.org/wsdl/http/"
            xmlns:wsoap="http://schemas.xmlsoap.org/wsdl/soap/"
            targetNamespace="http://www.tmsws.com/wsdl20sample">
<documentation>
    WSDL 2.0 文档示例
</documentation>
<!--抽象类型-->
    <types>
      <xs:schema xmlns:xs="http://www.w3.org/2001/XMLSchema xmlns="http://
www.tmsws.com/wsdl20sample"
                targetNamespace="http://www.example.com/wsdl20sample">
        <xs:element name="request"> ... </xs:element>
        <xs:element name="response"> ... </xs:element>
        </xs:schema>
    </types>
<!--抽象接口-->
```

```
<interface name="Interface1">
  <fault name="Error1" element="tns:response"/>
  <operation name="Get" pattern="http://www.w3.org/ns/wsdl/in-out">
    <input messageLabel="In" element="tns:request"/>
    <output messageLabel="Out" element="tns:response"/>
  </operation>
</interface>
<!--HTTP 协议的具体绑定 -->
  <binding name="HttpBinding" interface="tns:Interface1"
         type="http://www.w3.org/ns/wsdl/http">
    <operation ref="tns:Get" whttp:method="GET"/>
  </binding>
<!--SOAP 协议的具体绑定-->
  <binding name="SoapBinding" interface="tns:Interface1"
         type="http://www.w3.org/ns/wsdl/soap"
         wsoap:protocol="http://www.w3.org/2003/05/soap/bindings/HTTP/"
         wsoap:mepDefault="http://www.w3.org/2003/05/soap/mep/request-response">
  <operation ref="tns:Get" />
</binding>
<!--Web 服务提供的两种绑定的服务端点-->
<service name="Service1" interface="tns:Interface1">
  <endpoint name="HttpEndpoint"
          binding="tns:HttpBinding"
          address="http://www.example.com/rest/"/>
  <endpoint name="SoapEndpoint"
          binding="tns:SoapBinding"
          address="http://www.example.com/soap/"/>
</service>
</description>
```

5.1.1.2　SOAP

SOAP 是一种通过 Web 服务交换数据的协议，它是一种轻量的、简单的、基于 XML 的协议，它被设计用于在 Web 上交换结构化的信息。SOAP 是一种编码格式，可以用在 HTTP/TCP/UDP 等协议上，SOAP 在 HTTP 协议上使用得最广泛。

SOAP 消息基本上是从发送端到接收端的单向传输，但它们常常结合起来执行类似于请求/应答的模式。所有的 SOAP 消息都使用 XML 编码。如图 5-1 所示，一条 SOAP 消息包含一个必需的 SOAP 的封装包，这个封装包里有一个可选的 SOAP 消息头和一个必需的 SOAP 消息体，并提供处理消息时发生的错误信息。

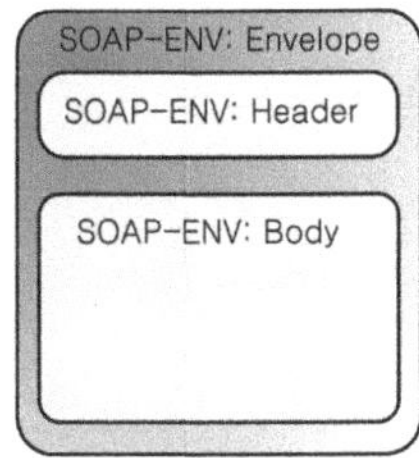

图 5 - 1　SOAP 消息结构

SOAP 格式非常严谨，但是存在冗余信息过多的弊端。下面两个代码段分别是 SOAP 的请求和响应示例，其有用信息仅仅是请求的股票名称（<m:StockName>）和返回的股票价格（<m:Price>），很多信息是冗余的，这对基于 SOAP 的 Web 服务请求和响应的速度造成了影响。

[SOAP 请求代码]

```
POST /InStock HTTP/1.1
HOST:www.example.org
Content-Type:application/soap+xml;charset=utf-8
content-Length:nnn

<?xml version="1.0">
<soap:Envelope xmlns:soap="http://www.w3.org/2001/12/soap-envelope"
soap:encodingStyle="http://www.w3.org/2001/12/soap-encoding">
      <soap:Body xmlns:m="http://www.example.org/stock">
          <m:GetStockPrice>
              <m:StockName>IBM</m:StockName>
          </m:GetStockPrice>
      </soap:Body>
</soap:Envelope>
```

[SOAP 响应代码]

```
HTTP/1.0 200 OK
Content-Type: application/soap+xml; charset=utf-8
Content-Length:nnn

<?xml version="1.0"? >
<soap:Envelope xmlns:soap="http://www.w3.org/2001/12/soap-envelope"
soap:encodingStyle="http://www.w3.org/2001/12/soap-encoding">
     <soap:Body xmlns:m="http://www.example.org/stock">
         <m:GetStockPriceResponse>
```

```
        <m:Pirce>34.5</m:Pirce>
      </m:GetStockPriceResponse>
    </soap:Body>
</soap-Envelope>
```

5.1.1.3 REST

在 Web 服务技术应用的早期，其请求和响应是使用 SOAP 来完成的。因为 XML 作为文本型的通用格式，能够被各种主流的编程语言所解析，其本身也能够表达各种复杂的数据结构，所以 SOAP/XML 方案构建的 Web 服务被广泛使用。

但 Web 服务本质上是在用一种能获得广泛接收的信息表达格式在 Web 上交换信息，并没有规定具体使用什么样的表达格式。SOAP/XML 方案本身也存在结构复杂、信息冗余的缺点，需要用一种更简单、直接的方案来进行替代。

REST(representational state transfer，表述性状态转移)是 Roy Fielding 博士于 2000 年在其论文中提出来的一种软件架构风格，是一种针对 Web 服务应用的设计和开发方式，可以降低开发的复杂性，提高系统的可伸缩性。REST 定义了一组架构原则，可以根据这些原则设计以系统资源为中心的 Web 服务，包括使用不同语言编写的客户端如何通过 HTTP 传输和处理资源。REST 对 Web 应用的影响非常大，由于其使用更加简单直接，已经普遍取代了传统的基于 SOAP/XML 的 Web 服务接口模式，成为更主流的 Web 服务设计模式。

REST 方案中认为任何 Web 服务都是一个网络资源，要让一个资源可以被识别，需要有唯一的标识，这个唯一标识就是 URI(uniform resource identifier，统一资源标识符)。URI 既可以看成是资源的地址，也可以看成是资源的名称。如果某些信息没有使用 URI 来表示，那它就不能算是一个资源，只能算是资源的一些信息而已。REST 方案中 URI 的设计应该遵循可寻址性原则，具有自描述性，需要在形式上给人以直觉上的关联。这里以 GitHub 网站的事件管理模块为例，给出一些 REST 方案下的 URI 示例。对 REST 方案来说，无需再使用复杂的 SOAP 协议进行请求，只需要根据 URI 的要求构建并发送 http 请求即可进行 Web 服务的调用。

(1)列出公共活动。

https://api.github.com/events

(2)列出存储库网络的公共活动，octocat 为用户名，hello-world 为代码库名称。

https://api.github.com/networks/octocat/hello-world/events

(3)列出组织公共活动，ORG 为组织名称。

https://api.github.com/orgs/ORG/events

(4)列出存储库事件。

https://api.github.com/repos/octocat/hello-world/events

(5)列出用户事件，USERNAME 为用户名。

https://api.github.com/users/USERNAME/events

(6)列出用户相关的所属组织的事件，USERNAME 为用户名，ORG 为组织名。

https://api.github.com/users/USERNAME/events/orgs/ORG

5.1.1.4　UDDI

UDDI 是一种服务门户的实现技术，是 Web 服务技术栈的一个重要组成部分。通过 UDDI，服务使用者可以根据自己的需要动态查找并使用 Web 服务，也可以作为服务提供者将自己的 Web 服务动态地发布到 UDDI 注册中心，供其他用户使用。UDDI 在 2000 年由 IBM、Microsoft 和 Ariba 三家公司提出来，并搭建了相关的服务。UDDI 是一种技术规范，并不是具体的实现。在这种技术规范中，主要包含以下三个部分的内容：

(1)UDDI 数据模型：一个用于描述商业组织和 Web 服务的 XML 模式。

(2)UDDI API：一组用于查找或发布 UDDI 数据的方法，UDDI API 是基于 SOAP 的。

(3)UDDI 注册服务：UDDI 注册服务数据是 Web 服务的一种基础设施，UDDI 注册服务可以被看作服务注册中心。

5.1.2　Web 服务功能与特点

Web 服务的具体功能是由其背后的服务提供者的运算所决定的，该功能可能只是做个简单的加法运算，也可以进行复杂的人脸识别。Web 服务只是通过 HTTP 协议将这个功能的接口暴露出来，供服务使用者通过该接口进行功能调用。

Web 服务本身是一套规范，它规定了服务提供者如何对服务本身进行自我描述，如何被服务使用者通过 Web 进行调用等。这套规范可以让服务的提供者在不同的操作系统、数据格式、计算硬件、编程语言下所构建的相关功能通过 Web 服务进行互相调用，从而形成完整的基于 Web 服务的软件互操作和共享的解决方案。

从 Web 服务的本质出发，Web 服务具有以下几种特点。

1.与平台无关

Web 服务的平台无关性，是指提供和使用 Web 服务的行为与运行平台没有关系。无论是嵌入式设备、PC、服务器，还是分布式云计算集群，无论安装什么操作系统，都可以提供或使用 Web 服务，只要该平台设备可以接入网络中，并支持标准网络协议即可。

2.与编程语言无关

只要遵守相关协议，就可以使用任意编程语言构建并为服务使用者提供 Web 服务；也可以使用任意编程语言请求 Web 服务。这大大增加了 Web 服务的兼容性，降低了程序员对某种特定编程语言的要求。

3.松散耦合

对于 Web 服务提供者来说，部署、升级和维护 Web 服务都非常单纯，不需要考虑客户端的兼容性问题，而且一次性就能完成。当一个 Web 服务的实现发生改变的时候，如果服务接口不变，调用者是不会感到这一点的，Web 服务实现的任何改变对调用者来说都是透明的。

4.高度的可集成能力

Web 服务采取简单的、易理解的标准 Web 协议作为组件接口描述和协同描述规范，完全屏蔽了不同硬件平台和操作系统的差异。对于 Web 服务的使用者来说，可以轻易实现多平台、多操作系统的多服务集成，开发以前无法完成的分布式应用。

5.1.3 Web 服务技术的发展趋势

当前，Web 服务已经逐渐成为事实上的功能和数据共享标准。它通过统一的访问协议，在网络应用层面统一屏蔽了计算机硬件、操作系统、编程语言等带来的差异，而在在网络应用层面上进行异构平台与操作系统之间的功能的调用和数据共享，也是当前分布式应用的主要实现方式。

Web 服务技术可以为大数据分析与计算、智能语音识别、影像处理、计算机视觉处理等复杂的功能提供 Web 服务调用接口，方便应用开发者进行调用，为更多的应用程序赋能。

Web 服务为网络时代的数据、计算资源和应用程序的整合、应用提供了一个新的思路，Web 应用开发者的技术路线逐渐转向面向 Web 服务的架构，通过构建、调用、集成 Web 服务的方法来构建新的应用程序。

对 Web 服务本身来说，也体现出如下趋势：在使用方式上，SOAP 方案的使用在减少，REST 逐渐占据了主导地位；在数据格式上，XML 的使用在减少，JSON 等轻量级格式的使用在增多；在设计架构上，越来越多的第三方软件让用户在客户端（即浏览器）直接与服务端对话，在浏览器端实现 Web 服务的集成，不再使用第三方的服务器进行服务转发或数据处理。

5.2 GIS 互操作与 Web 服务

5.2.1 GIS Web 服务产生的背景

初期的 Web GIS 应用并没有统一的数据格式或接口规定，由各个开发或者提供 Web GIS 功能的厂商自行设计协议并对外提供 GIS 服务。这种情况下，因为缺少标准，各 Web GIS 应用的数据和功能无法共用。这意味着每建设一个新的 Web GIS 应用都需要自己生产数据、发布数据并重新开发相关的 GIS 功能，而无法复用前人已经使用或正在使用的 GIS 数据和功能，这会导致大量的重复建设，带来成本上的巨大浪费。

在这种背景下，人们亟需一种办法解决以下问题：A 厂商的数据与功能能够被 B 厂商的代码访问并调用；B 厂商的数据与功能也能被 A 或者其他厂商的代码访问并调用。一些学术文献上把这种问题叫作“互操作”。

5.2.2 GIS 互操作

GIS 的互操作是在 2000 年左右提出的课题，其主要目标就是要解决不同 GIS 厂商的数据和功能之间互相访问的问题。理论上认为 GIS 互操作可以分为三个层次：一是数据格式的互操作，即不同 GIS 软件生产的地理空间数据格式能够实现互相读取和互相转换，实现数据的共享；二是 GIS 功能的互操作，即不同 GIS 软件开发的功能模块能够互相调用，实现功能的共用；三是语义层次的互操作，即不同应用领域之间的概念和数据能够互相映射，实现信息的共通。

GIS 的数据和功能的互操作，从本质上来说是一个规范和协调的问题。在单机 GIS 软件时代，GIS 文件数据结构是一个厂商的核心知识产权，有一定的技术壁垒，这种情况下各厂商都没有将自有 GIS 数据格式公布出去的动力。要达成 GIS 数据的相互读取和转换，需要相关 GIS 厂商之间通过谈判才能实现，非常艰难。这种情况使得在 GIS 软件发展的早期出现了数百种不同 GIS 数据格式，还出现了专门用于解决不同 GIS 数据格式之间的转换问题的软件，如 FME(feature manipulate engine，要素操作引擎)等。后来，为了解决 GIS 数据格式共享的问题，OGC(open geospatial consortium，开放地理空间信息联盟)等标准化组织做了很多的努力，其推出的 GML、WKT、GeoJSON、TopoJSON 等格式可以作为中间格式存在，各 GIS 软件厂商都提供了自有数据格式到中间格式转化的工具，也可以直接载入中间格式数据到自有软件中。还有一些使用广泛的 GIS 数据格式，如 ESRI 的 ShapeFile 格式等，也得到了其他 GIS 软件的支持。

在单机时代，异构 GIS 软件系统要能够实现功能上的互相调用，需要向彼此开放自己的 API 接口才能实现。发展到一定程度之后，软件之间提供和调用 API 接口的方式逐渐趋于标准化和通用化，一些接口标准被提出来，解决不同编程语言开发的组件的调用问题。如微软定义的 COM(component object model，组件对象模型)接口规范，使得遵循这套规范编写出的组件能够被 C++、VB、Java 等多种不同的语言调用。随着 Web 技术的不断推进，面向网络的编程已经是一种常态性的工作。由于网络的存在，GIS 互操作要求不同的 GIS 软件之间能够通过网络调用彼此的功能，这一基于网络的互操作主要是通过 Web 服务技术实现的。

5.2.3　GIS Web 服务

将 Web 服务技术和 GIS 技术相结合，形成了 GIS Web 服务。GIS Web 服务可以简单地分为数据服务和功能服务两种类型。

5.2.3.1　GIS 数据服务

GIS 数据服务是通过 Web 服务技术向浏览器客户端提供地理空间数据的服务。这里强调服务提供的是数据，就是说服务端将客户端需要的数据提供给用户，只会对服务端数据做一些基本的读操作，会尽量少得对服务端数据本身进行复杂分析操作。

GIS 数据服务可以将地理空间数据以不同方式提供给客户端：

(1)提供全部的原始数据；

(2)提供一定空间范围内的数据；

(3)提供符合一定属性查询条件的数据；

(4)将一定空间范围内的数据绘制成图片提供给用户；

(5)将一定属性查询条件查询的结果绘制成图片提供给用户；

(6)提供一定范围内的影像原始数据；

(7)提供一定范围内、一定放大程度的图像数据。

GIS 数据服务是当前 GIS Web 服务最主要的表现形式，数据服务可以让服务使用者不用重复采集、处理地理空间数据，转而使用服务提供者已经采集并构建好的数据快速进行 Web GIS 应用的构建，最大程度地节省成本。

5.2.3.2 GIS 功能服务

功能服务是 GIS Web 服务的另一种表现形式。功能服务要在服务端完成各种 GIS 空间操作功能，主要以 GIS 数据管理和空间分析操作为主。它们的共同特征是对服务端存储的多源 GIS 数据做了各种复杂的空间运算、转换、投影、分析等操作，并将这些复杂操作封装成 Web 服务，由浏览器端进行调用。通过这种方式让浏览器调用复杂的 GIS 功能服务，并将分析处理的结果展示在浏览器上。

当前使用大规模功能服务的场景较少，主要受制于网络带宽和服务器计算能力的影响，尤其是执行数据分布在不同服务器的不同数据库上，进行跨服务器、跨数据库的大型 GIS 分析任务的时候，多服务器之间的通信和协调以及数据传递都会占用大量的通信和计算资源，最终导致功能服务执行失败。随着 5G 时代的到来，云计算和高速通信网络的进一步普及和落地，大规模使用 GIS 功能服务的时代即将到来。下面介绍几种 GIS 功能服务应用的典型软件。

1. ArcGIS GP 服务

ArcGIS 软件中提供了地理处理服务（geoprocessing service，简称 GP 服务）功能，用户可以将空间分析建模过程中使用模型构建器所建立的空间分析模型发布为 GP 服务，如图 5－2所示。该 GP 服务可以通过浏览器客户端进行调用，并将模型运行结果显示在浏览器上。ArcGIS 软件实现的 GP 服务能够把各种地理处理请求的响应封装成一个个在服务端独立执行的任务，同时提供了同步/异步执行功能，来防止大型长时间线上空间分析功能的超时。

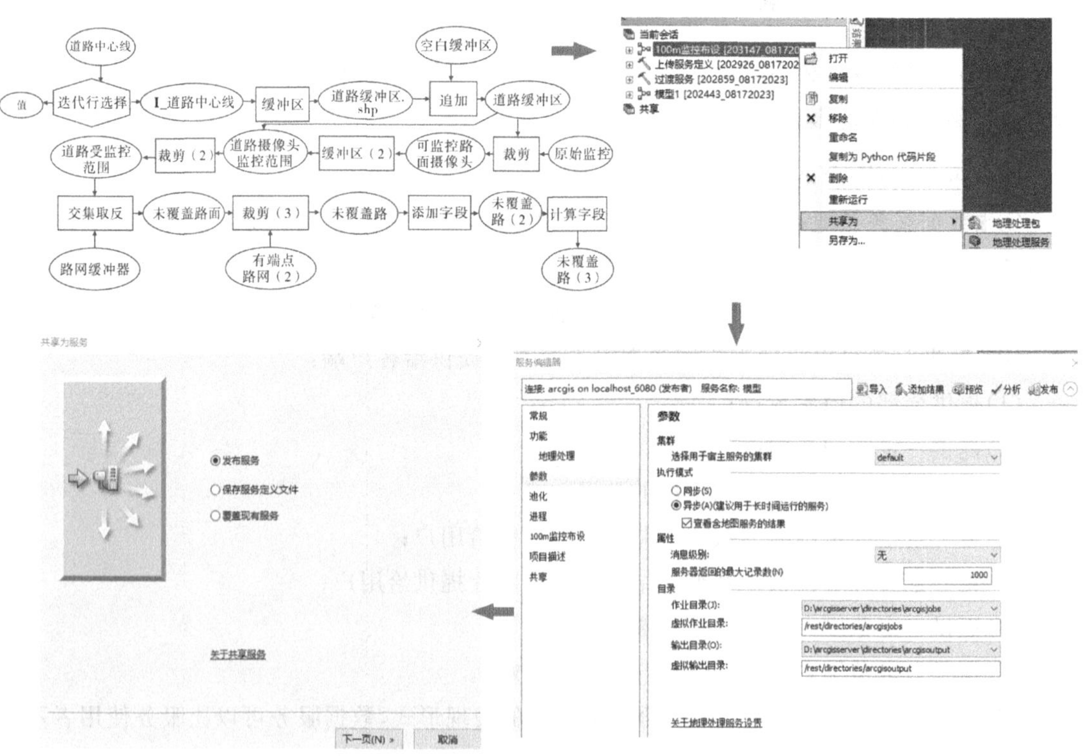

图 5－2　GP 服务构建与发布

2. 谷歌地球引擎

谷歌地球引擎(Google Earth engine,GEE)是谷歌发布的一个可以批量处理卫星影像数据的工具,属于和谷歌地球软件配套的系列工具之一。相比于 ENVI(The environment for visualizing images,一种遥感图像处理平台软件)等传统的单机处理影像工具,GEE 可以快速、批量处理存储在谷歌服务器上的数量巨大的影像。通过 GEE 可以快速计算如 NDVI (normalized difference vegetation index,归一化植被指数)等植被指数,预测农作物相关产量,监测旱情及农作物长势变化,监测全球森林变化等。GEE 提供的功能属于功能服务,它提供了一套基于 JavaScript API,供用户在其在线编程平台(见图 5－3)自行进行遥感影像处理算法的设计,在线调用谷歌地球服务器上保存的巨量遥感影像数据和服务器的超级计算能力,短时间内完成全球尺度的在线空间分析任务。

GEE 运用 Web 服务技术,将卫星图像和地理空间数据集的多 PB 目录与行星尺度的分析功能结合起来,让科学家、研究人员和开发人员通过其提供的 JavaScript 或 Python 的 API 进行编程设计,调用其提供的功能服务,完成全地球表面尺度的对地观测结果的变化监测、目标识别和空间统计分析。

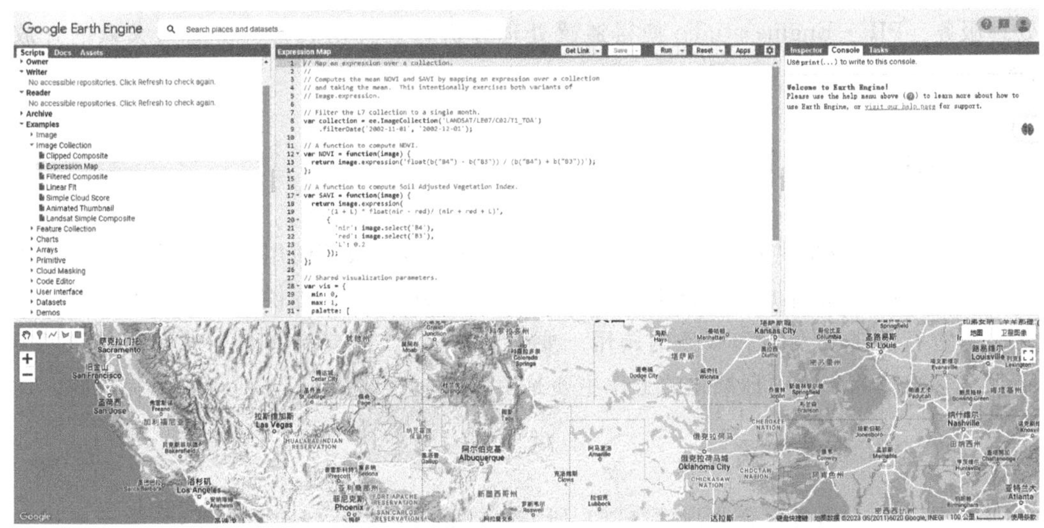

图 5－3　谷歌地球引擎代码编辑平台

3. PIE－Engine

国内的航天宏图公司在其开发的 PIE 软件及积累的数据基础上,以功能服务的方式,开发并发布了遥感计算云服务 PIE－Engine 产品(见图 5－4),并提供了在线编程环境 PIE－Engine studio 供用户使用。PIE－Engine studio 结合海量的卫星遥感影像、地理要素数据等空间数据,通过统一的 JavaScript API 接口让用户可以基于该平台在任意尺度上研究算法模型,并采取交互式编程验证,实现快速探索地表特征,发现变化和趋势。

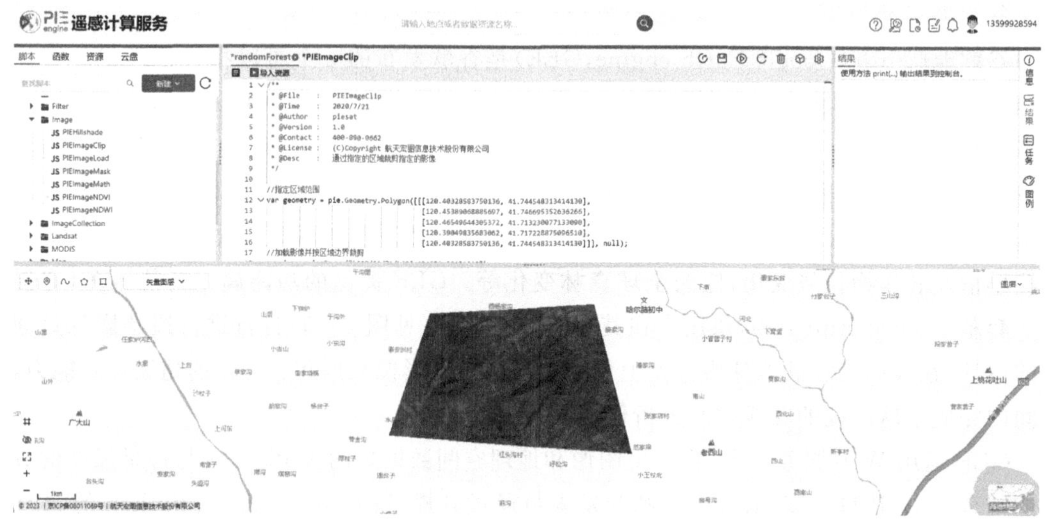

图 5-4 遥感计算云服务

PIE-Engine studio 为大规模的地理数据分析和科学研究提供了免费、灵活和弹性的计算处理服务。PIE-Engine studio 使得遥感处理分析行业真正成为一个面向大众的开放行业，能够有效促进整个行业高效、快速发展。

5.3 GIS Web 服务的标准化

为了让不同服务提供者发布出的 GIS Web 服务能够被服务使用者通过统一的方式进行调用，完成 GIS 数据的集成和 GIS 功能的整合，GIS Web 服务的提供者和使用者需要在统一的标准下进行服务的发布和服务的调用。要做到这一点，需要有一套全球都能接受的 GIS Web 服务标准体系。这项标准化的工作主要是由 GIS 标准化组织 OGC 来推动完成的。

5.3.1 OGC 标准体系

OGC 作为一个由多家企业、政府机构、研究机构和大学组成的国际联盟，致力于通过设计一系列的标准体系，使地理空间（位置）信息和服务实现公平：可发现、可访问、可互操作、可重用。

OGC 发布了从地理空间信息的获取到模型编码，再到网络服务、服务发现和内容聚合等一系列的标准。如图 5-5 所示，OGC 的标准体系包括传感器标准、数据模型和编码标准、服务和应用程序接口标准、数据容器标准、数据发现标准和数据内容发布与聚合标准等。这些标准涵盖了地理空间信息的获取、建模、存储、服务、发现和发布及聚合的全过程。

在这些标准中，和 Web GIS 相关度较大的包括数据模型标准与服务和应用程序接口标准。这两类标准提供了地理空间信息的表示和编码方法，以及使用这些信息设计应用程序接口和提供 GIS Web 服务的规范。通过相关软件厂商对这些规范的软件实现达成 OGC 的理念：使得地理空间数据或服务实现可查找、可访问、可互操作和可重用。

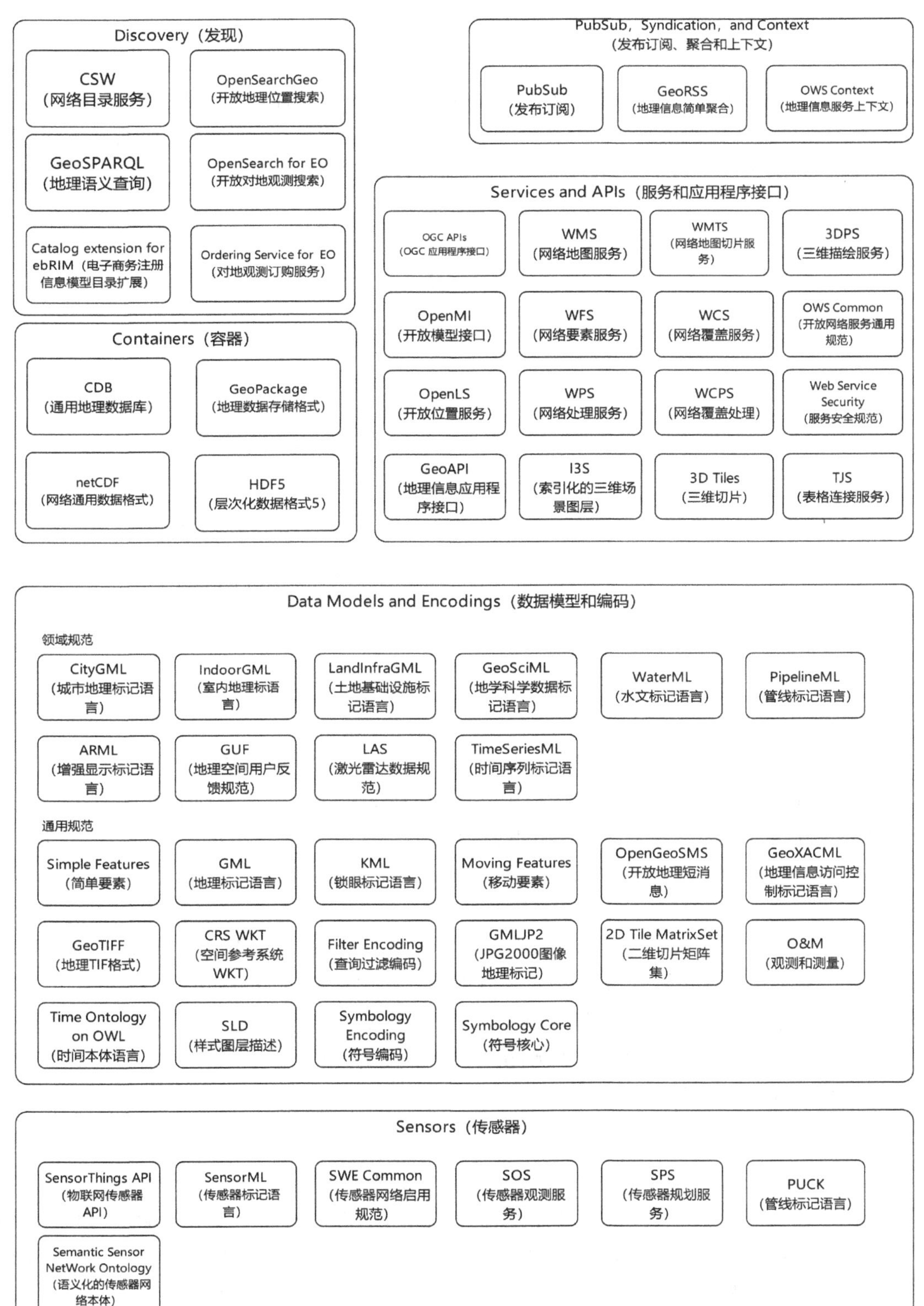

图 5－5　OGC 标准栈示意图

5.3.2 OGC 标准软件认证

OGC 还有一个重要职能，即通过标准规范对软件厂商的软件产品进行符合性认证服务。通过 OGC 认证的软件产品即可认为其实现了 OGC 的相关规范，可以为用户进行技术选型时提供参考。如图 5 - 6 所示为 OGC 认证流程与通过认证的产品列表图。

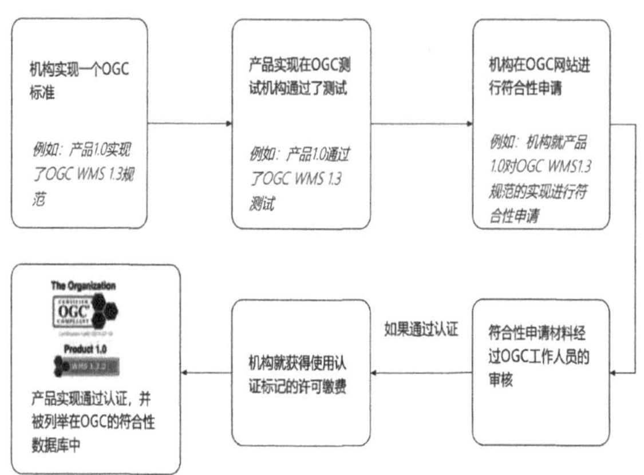

图 5 - 6　OGC 认证流程与通过认证的产品列表图

5.3.3 典型的 OGC GIS Web 服务标准

5.3.3.1 WMS

WMS(Web map server，网络地图服务器)实现标准定义了使用具备空间参考的地理空间数据动态生成地图的方法。在该标准中，“地图”被定义为将地理空间数据转换为适合在计算机屏幕上显示的数字图像文件，而不是地理空间数据本身。WMS 服务生成的地图通常被渲染成图像格式，如 PNG、GIF 或 JPEG 等格式，也可以是基于矢量图形元素的 SVG 格式。

WMS 规范定义了两种符合性标准，一是基本的 WMS(basic WMS)，二是可查询的 WMS(queryable WMS)。在基本的 WMS 中，必须实现的操作有 GetCapabilities 和 GetMap；在可查询的 WMS 中，除了要实现基本的 WMS 规定的操作外，还要实现 GetFeatureInfo 操作。同时，WMS 规范还提供了符合性测试样例，供开发者开发后进行测试。

下面以 WMS 1.3 版本为例，对 WMS 标准规定的主要操作进行详细解读。

1. GetCapabilities

GetCapabilities 操作的目标是获取 WMS 的元数据，即该服务提供的地图的内容和可接受的请求参数值的描述，供机器或人们读取。要获得 GetCapabilities 操作的响应，如表 5 - 1 的要求，应构造 URL 请求参数向服务器请求。在这些参数中，VERSION、SERVICE 和 REQUEST 都比较好理解，下面就 FORMAT 和 UPDATESEQUENCE 参数进行说明。

表 5-1　GetCapbilities 的请求 URL 参数

请求参数	是否必须	描述
VERSION=version	否	请求的版本
SERVICE=wms	是	服务类型
REQUEST=GetCapbilities	是	请求操作名称
FORMAT=MIME_type	否	服务元数据的输出格式
UPDATESEQUENCE=string	否	用于缓存控制的序列数或字符串

FORMAT 参数声明了获取服务元数据操作返回结果的格式，每个服务器都需要支持默认的 text/xml 格式，当然也可以支持其他格式(如 WKT)。如果客户端请求了一个服务器不支持的格式，服务器会响应默认的 text/xml 格式。

UPDATESEQUENCE 参数用于保持高速缓存的一致性，即确定返回缓存中的元数据或服务器中的最新的元数据。它的值可以是一个整数，也可以是一个时间戳字符串或其他字符串。当客户端的请求值与服务端的缓存值不一致时，服务器会按照表5-2中的策略产生响应。

表 5-2　UpdateSequence 参数的使用方法

客户端请求的 UpdateSequence 值	服务端元数据的 UpdateSequence 值	服务器响应
None	任意值	最新的服务元数据
任意值	None	最新的服务元数据
与服务端值相同	与客户端值相同	异常:现有的更新序列值
小值	大值	最新的服务元数据
大值	小值	异常:非法的更新序列值

当 WMS 收到客户端的 GetCapabilities 操作的请求时，会产生一个包含服务元数据的 XML 文档的响应。这个 XML 文档包含一个名称为<WMS_Capabilities>的根元素。在这个根元素中包含以下内容来描述一个 WMS 服务。

<Service>元素:提供整个服务器的通用元数据，包括名称、标题和在线资源的 URL。可选的服务元数据包括抽象数据、关键字列表、联系人信息、费用、访问限制，以及对请求中的图层数量或地图输出大小的限制等。

<Capability>元素:提供了服务器支持的实际操作，以及每个操作的 URL 前缀和操作支持的输出格式。

<Layers>元素:WMS 元数据中最关键的部分是它定义的图层和样式。WMS 服务器中的地理信息内容被组织为图层，关于图层的元数据被细分为对每个图层以及对一个或多个图层的请求。图层可以包含嵌套的附加层，图层中定义的属性可以被附加层直接继承。每个图层都可以包含标题(title)、摘要(abstract)、关键词(keyword)、图层范围(EX_Geograph-

icBoundingBox)、空间参考系(CRS)、四至(boundingbox)、属性(attribution)、标识和授权URL(identifier and authority URL)、数据 URL(data URL)、样式(style)等元素。其中在每个 Layer 中都有 0 或者多个样式,该样式按照 SLD 规则描述了每个图层的可视化方案。

2. GetMap

GetMap 操作的主要功能是返回一个地图图片,根据接收到的 GetMap 请求,WMS 将按照请求的要求返回地图图片或者返回一个服务异常信息。

GetMap 是 WMS 中最核心的操作,它的请求将按照表 5-3 所示进行构建。服务器将按照请求中的图层列表、样式、坐标系、范围、输出图片的大小、输出格式等参数输出地图图片。

表 5-3 GetMap 操作请求参数列表

请求参数	是否必须	描述
VERSION=version	是	请求版本
REQUEST=GetMap	是	请求操作名称
LAYERS=layer_list	是	图层列表,用“,”分隔开
STYLES=style_list	是	样式列表,用“,”分隔开
CRS=namespace:identifier	是	坐标参考系
BBOX=minx,miny,maxx,maxy	是	在坐标参考系下的地图的四至
WIDTH=output_width	是	返回地图图片的宽度(像素)
HEIGHT=output_height	是	返回地图图片的高度(像素)
FORMAT=output_format	是	返回地图图片的格式
TRANSPARENT=TRUE|FALSE	否	地图背景是否透明,默认不透明
BGCOLOR=color_value	否	地图背景色,用 RGB 模型十六进制表达
EXCEPTION=exception_format	否	WMS 抛出异常的格式,默认为 XML
TIME=time	否	请求图层的时间
ELEVATION=elevation	否	请求图层的高程

服务端对有效的 GetMap 请求的响应,是针对该请求所指定的空间参考系图层以及所需样式绘制的地图,该地图有指定的坐标参考系、边界框、大小、格式和透明度;对无效的GetMap请求,将按指定格式输出该请求会产生的异常(或者直接产生网络协议错误响应)。

3. GetFeatureInfo

GetFeatureInfo 操作是一个可选操作,只能针对可查询的图层进行操作。客户端不能向不支持查询的图层发出 GetFeatureInfo 请求,如果 WMS 收到 GetFeatureInfo 请求但不支持,则会返回服务异常信息(code=OperationNotSupported)。

GetFeatureInfo 操作是用来进行空间查询的,该请求通过客户端地图上的一个点(I,J)获得该点附近要素的信息。因为 WMS 是无状态的,GetFeatureInfo 操作一般会和 GetMap 操作一起使用,根据 GetMap 操作中的上下文信息和用户选择的位置(I,J),该操作会返回和该位置有关的要素信息。GetFeatureInfo 操作应该使用表 5 - 4 中所列的参数构造请求。

表 5 - 4　GetFeatureInfo 请求的参数

请求参数	是否必须	描述
VERSION=1.3.0	是	请求版本
REQUEST=GetFeatureInfo	是	请求操作名称
GetMap 请求部分	是	部分拷贝 GetMap 请求中的参数
QUERY_LAYERS=layer_list	是	查找图层列表，用“，”分隔开
FEATURE_COUNT=number	否	请求返回的要素数目，默认为 1
I=pixel_column	是	地图坐标下要素的像素列位置 I
J=pixel_row	是	地图坐标下要素的像素行位置 J
EXCEPTION=exception_format	否	WMS 抛出异常的格式，默认为 XML

如果请求有效，服务器应根据请求的格式返回响应，否则应发出服务异常提醒，具体响应的算法可以由软件商自行决定，但它应与最接近(I,J)所在位置的要素有关。

5.3.3.2　WMTS

WMTS(Web map tile service，网络地图切片服务)提供了一种采用预定义切片方法发布数字地图服务的标准化解决方案。WMTS 弥补了 WMS 不能提供切片地图的不足：WMS 主要提供可定制地图的服务，是一个动态数据或用户定制地图(需结合 SLD 标准)的理想解决办法；而 WMTS 牺牲了提供定制地图的灵活性，代之以通过提供静态数据来增强伸缩性，这些静态数据的范围框和比例尺被限定在各个切片内。这些固定的切片集使得对 WMTS 服务标准的实现可以使用一个仅仅简单返回已有文件的 Web 服务器即可，同时使得可以利用一些标准，诸如分布式缓存的网络机制实现伸缩性。

使用 WMTS 的目标是提升地图显示的性能和可扩展性，服务器必须能够迅速地返回每个地图切片。为实现这一目标，WMTS 需要使用不经任何图像或地理处理的本地存储的预渲染切片。服务器的开发人员可以决定这些切片是在准备过程中生成还是使用缓存机制动态生成。使用这种基于切片的制图方式，一个非常重要的技术点是服务端要能够处理异步访问请求，因为大多数客户端请求将同时查询多个切片以填充单个视图。

WMTS 的目标是按照请求提供符合要求的单个地图图块。WMTS 允许客户端请求以下三种类型的操作。

1. GetCapabilities

与 WMS 的 GetCapbilities 操作一样，该操作返回的是 WMTS 的元数据，该接口的 KVP 请求必须实现，可选择性地实现 XML 编码请求。WMTS 的元数据内容包含服务标识、服务提供者、操作元数据、内容和主题等。GetCapabilities 操作可以根据 Sections 参数获得 WMTS 元数据的部分指定内容。表 5 - 5 为 WMTS 的 GetCapablities 操作的请求参数。

表 5-5 WMTS 的 GetCapablities 操作的请求参数

名称	是否必须	定义
Service	是	服务类型,默认为 WMTS
Request	是	操作名称,默认为 GetCapablities
AcceptVersion	否	接受的版本号,默认为 1.0.0
Sections	否	请求的元数据段落部分
UpdateSequence	否	更新序列值
AcceptFormat	否	默认值为“application/xml”

返回的元数据内容(content)部分是 WMTS 的核心内容,主要是返回 WMTS 支持的图层描述信息和每个图层所对应的切片矩阵集合(TileMatrixSet)。图层的描述信息包括地图的范围、四至、图片格式等;切片矩阵集合表达的是该图层支持的所有缩放级别,以及每个缩放级别所对应的切片的分辨率(用比例尺分母表达)、切片图片的大小和切片矩阵的宽度和高度(在宽度和高度上需要的切片的数量),代码如下,切片矩阵列示意图如图 5-7 所示。根据这些元数据能够清楚地知道 WMTS 支持的图层主题以及其支持的切片的缩放级别和每个缩放级别所对应的分辨率,为进行下一步 GetTile 操作打下基础。

[WMTS 元数据的图层信息描述代码]

```
<Layer>
    <ows:Title>Administrative Boundaries</ows:Title>
    <ows:Abstract>The sub Country Administrative Units 1998 GeoDataset represents
a small - scale political map ofthe world...</ows:Abstract>
    <ows:WGS84BoundingBox>
        <ows:LowerCorner>- 180 - 90</ows:LowerCorner>
        <ows:UpperCorner>180 84</ows:UpperCorner>
        </ows:WGS84BoundingBox>
    <ows:Identifier>AdminBoundaries</ows:Identifier>
    <ows:Metadata x.link:href = "http://www. map5.bob/AdminBoundaries/metadata.
htm"/>
    <styleisDefault="true">
        <ows:Title>default</ows:title>
        <ows:Identifier>default</ows:ldentifier>
    </Style>
    <Format>image/png</Format>
    <TileMatrixsetLink>
        <TileMatrixset>WholeWorid CRS84</TileMatrixSet>
    </TileMatrixsetLink>
</Layer>
```

[WMTS 中图层的切片矩阵集合描述代码]

```
<TileMatrixSet>
      <ows:Identifier>WholeWorld CRS 84</ows:Identifier>
      <ows:SupportedCRS>urn:ogc:def:crs:OGC:1.3:CRS84</ows:SupportedcRs>

< WellKnownScaleSet > urn: ogc: def: wkss: OGC: 1, 0; GlobalCRS84Pixel </
WellKnownScaleSet>
      <TileMatrix>
          <ows:Identifier>2g</ows:Identifier>
          <ScaleDenominator>795139219.9519541</ScaleDenominator><! -- top leit
point0ltile matrix bounding box -->
          <TopLeftCorner>-180 90</TopLeftCorner>
          <! --Width and height of each tile in Dixel units -->
          <TileWidth>320</TileWidth>
          <TileHeight>200</TileHeight>
          <! --Width and height of matrix in tile units -->
          <MatrixWidth>1</MatrixWidth>
          <MatrixHeight>1</MatrixHeight>
      </TileMatrix>
      <TileMatrix>
          <ows:Identifier>1g</ows:Identifier>
          <ScaleDenominator>397569609.9759771</ScaleDenominator>
          <TopLeftCorner>-180 90</TopLeftCorner>
          <TileWidth>320</TileWidth>
          <TileHeight>200</TileHeiqht>
          <Matrixwidth>2</MatrixWidth>
          <MatrixHeight>1</MatrixHeight>
      </T1leMatrix>
      <TileMatrix>
          <ows:Identifier>30m</ows:Identifier>
          <ScaleDenominator>198784804.9879885</ScaleDenominator>
          <TopLeftCorner>-180 90</TopLeftCorner>
          <TileWidth>320</TileWidth>
          <TileHeight>200</TileHeight>
          <MatrixWidth>3</MatrixWidth>
          <MatrixHeight>2</MatrixHeight>
      </TileMatrix>
      <TIleMatrix>
```

```
        <ows:Identirier>20m</ows:Identifier>
        <ScaleDenominator>132523203.3253257</ScaleDenominator>
        <TopLeftCorner>-180 90</TopleftCorner>
        <TileWidth>320</TileWidth>
        <TileHeight>200</TileHeight>
        <MatrixWidth>4</MatrixWidth>
        <MatrixHeight>3</MatrixHeight>
    </TileMatrix>
    <TileMatrix>
        <ows:Identifier>10m</ows:Identifier>
        <ScaleDenominator>66261601.66266284</ScaleDenominator>
        <TopLeftCorner>- 180 90</TopLeftCorner>
        <TileWidth>320</TileWidth>
        <TileHeight>200</TileHeight>
        <MatrixWidth>7</MatrixWidth>
        <MatrixHeight>6</MatrixHeight>
    </TileMatrix>
    <TileMatrix>
        <ows:Identifier>5m</ows:Identifier>
        <ScaleDenominator>33130800.83133142</ScaleDenominator>
        <TopLeftCorner>-180 90</TopLeftCorner>
        <TileWidth>320</TileWidth>
        <TileHeight>200</TileHeight>
        <MatrixWidth>14</MatrixWidth>
        <MatrixHeight>11</Matrixheight>
    </TileMatrix>
    <TileMatrix>
        <ows:Identifier>2m</ows:Identifier>
        <ScaleDenominator>13252320.33253257</ScaleDenominator>
        <TopLeftCorner>-180 84</TopLeftCorner>
        <TileWidth>320</TileWidth>
        <TileHeight>200</TileHeight>
        <MatrixWidth>34</MatrixWidth>
        <MatrixHeight>28</MatrixHeight>
    </TileMatrix>
</TileMatrixSet>
```

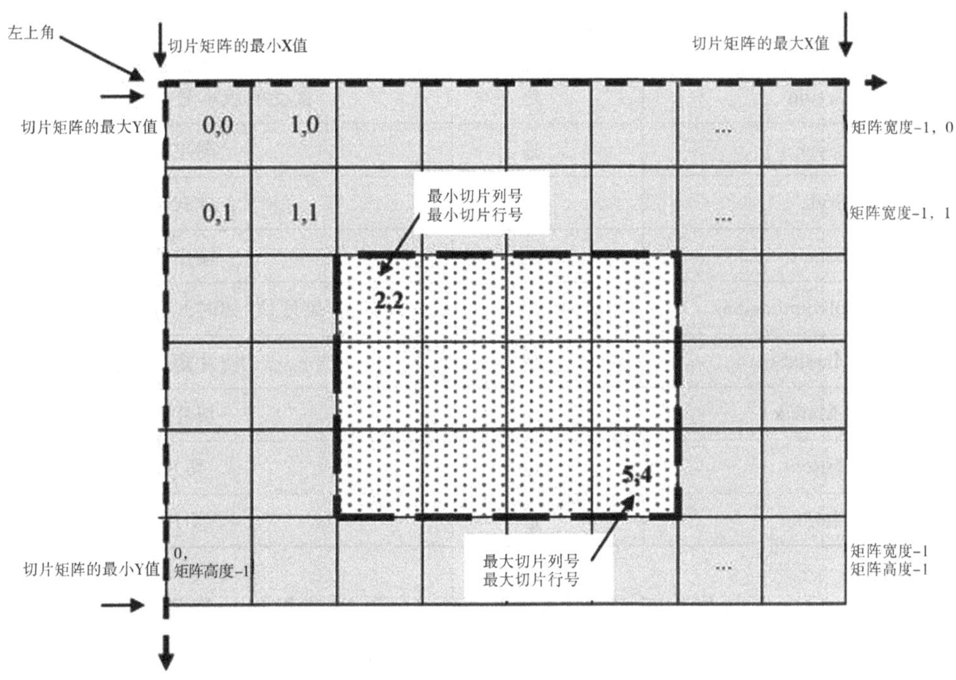

图 5-7　切片矩阵示意图

2. GetTile

WMTS 被设计用于提供地图切片。关于 GetCapablities 操作的说明已经列出了服务器上可用的地图切片数据以及请求切片的要求。通常客户端先从服务器请求服务的元数据文档，然后使用该文档中的信息来组织有效的地图切片请求。

切片资源通常是一个包含地图数据的矩形图像，或者是一个到实际图像的链接。当返回一个图像切片时，应始终返回一个完整的单个切片。此外，切片的背景像素是透明的，以便客户端可以将切片叠加在其他地图数据上。

GetTile 操作允许 WMTS 客户端以预定义的格式请求特定的切片矩阵集的特定切片。该操作与 WMS 的 GetMap 有一些共同的参数，但更为简单。例如，在 WMTS 中一次只能检索一个层，如果希望一次请求多个图层，必须使多个图层的组合形成一个标识，并将这个标识作为一个新图层加入元数据中。实际上，在客户端就可以完成图层的叠加，也就不需要在服务端完成图层的组合了。

表 5-6 为 WMTS 的 GetTile 请求参数列表，GetTile 请求的主要参数为图层、样式及切片所属的切片矩阵集合、切片矩阵、切片在矩阵中的行列值等。有了这些参数，就能够唯一确定切片所在的位置，服务器根据这些请求返回切片地图。

表 5-6　WMTS 的 GetTile 请求参数列表

名称	是否必须	定义
Service	是	服务类型，默认为 WMTS
Request	是	操作名称，默认为 GetTile

续表

名称	是否必须	定义
Version	是	接受的版本号，默认为 1.0.0
Layer	是	图层标识
Style	是	样式标识
Format	是	输出格式
otherSampledimensions	否	维度值（如时间、高程、波段等）
TileMatrixSet	是	切片矩阵集合
TileMatrix	是	切片矩阵
TileRow	是	切片行
TileCol	是	切片列

客户端通过 GetTile 操作对 WMTS 地址执行请求，以获得切片资源。对于正确的请求，服务器应该返回一个切片资源（可以是图片，也可以是链接）；对于不正确的请求，应按照传输协议的标准语义进行异常处理，见表 5-7。

表 5-7　GetTile 操作异常编码列表

异常编码值	编码含义
OperationNotSupported	请求了一个服务器不支持的操作
MissingParameterValue	缺失必须的参数值
InvalidParameterValue	不正确的参数值
TileOutRange	切片的行、列值超出范围
NoapplicationCode	未知错误

3. GetFeatureInfo

WMTS 服务器还支持从地图切片的特定位置获取地理要素的信息。按照 WMTS 规范，WMTS 服务器可以提供客户端请求指定的位置或附近存在的要素信息，还可以选择提供关于切片位置附近的要素信息。

WMTS 中的 GetFeatureInfo 操作用于向客户端提供上一个返回切片上要素的更多信息。该操作的一个典型例子是用户在特定的切片上选择一个像素（I，J），由于 WMTS 是无状态协议，因此 GetFeatureInfo 操作通过包含上一个 GetTile 请求的参数，将请求值改为 GetFeatureInfo，并添加像素偏移参数。从空间上的背景信息（切片行、切片列、切片矩阵集合等）以及用户请求的像素（I，J）位置，WMTS 按照请求的要求，以指定的格式返回查询要素的信息。WMTS 的 GetFeatureInfo 操作主请求参数见表 5-8。

表 5-8　WMTS 的 GetFeatureInfo 操作请求参数

名称	是否必须	定义
Service	是	服务类型，默认为 WMTS
Request	是	操作名称，默认为 GetTile
Version	是	接受的版本号，默认为 1.0.0
Layer, Style, Format, Sampledimensions, TileMatrixSet, TileMatrix, TileRow, TileCol	与 GetTile 请求中参数的含义一致	具体含义如表 5-6 所示
InfoFormat	是	从服务端返回的要素信息格式

值得注意的是，WMTS 标准比较好地衔接了 Web 服务技术，可以使用 KVP(key-value-pair，键值对)、SOAP 和 REST 三种方式组织客户端请求以获得服务端的响应，这给客户端的应用程序带来了极大的便利性。表 5-9 以 GetTile 和 GetFeatureInfo 操作为例，说明了使用三种不同的编码方式进行请求编码的差异之处，可以看出 REST 编码最简便，而 SOAP 风格的编码最复杂。

表 5-9　WMTS 的三种不同的请求编码风格

操作名称	编码方式
GetTile(KVP)	http://www.maps.bob/maps.cgi?service=WMTS&request=GetTile&version=1.0.0&layer=etopo2&style=default&format=image/png&TileMatrixSet=WholeWorld_CRS_84&TileMatrix=10m&TileRow=1&TileCol=3
GetFeatureInfo(KVP)	http://www.maps.bob/maps.cgi?service=WMTS&request=GetFeatureInfo&version=1.0.0&layer=coastline&style=default&format=image/png&TileMatrixSet=WholeWorld_CRS_84&TileMartrix=10m&TileRow=1&TileCol=3&J=86&I=132&InfoFormat=application/gml+xml;version=3.1
GetTile(SOAP)	<?xml version="1.0" encoding="UTF-8"> <soap:Envelope xmlns:soap="http://www.w3.org/2003/05/soap-envelope"> <soap:Body> <GetTile service="WMTS" version="1.0.0" xmlns="http://www.opengis.net/wmts/1.0">

续表

操作名称	编码方式
GetTile(SOAP)	＜Layer＞etopo2＜/Layer＞ ＜Style＞default＜/Style＞ ＜Format＞image/png＜/Format＞ ＜TileMartrixSet＞WholeWorld_CRS_84＜/TileMartrixSet＞ ＜TileMartrix＞10m＜TileMartrix＞ ＜TileRow＞1＜/TileRow＞ ＜TileCol＞3＜/TileCol＞ ＜/GetTile＞ ＜/soap:Body＞ ＜/soap:Envelope＞
GetFeatureInfo(SOAP)	＜? xml version="1.0" encoding="UTF - 8"＞ ＜soap:Envelope xmlns:soap="http://www.w3.org/2003/05/soap - envelope"＞ ＜soap:Body＞ ＜GetFeatureInfo service="WMTS" version="1.0.0" xmlns="http://www.opengis.net/wmts/1.0"＞ ＜GetTile service="WMTS" version="1.0.0" xmlns="http://www.opengis.net/wmts/1.0"＞
GetFeatureInfo(SOAP)	＜Layer＞etopo2＜/Layer＞ ＜Style＞default＜/Style＞ ＜Format＞image/png＜/Format＞ ＜TileMartrixSet＞WholeWorld_CRS_84＜/TileMartrixSet＞ ＜TileMartrix＞10m＜TileMartrix＞ ＜TileRow＞1＜/TileRow＞ ＜TileCol＞3＜/TileCol＞ ＜/GetTile＞ ＜J＞86＜/J＞ ＜I＞132＜/I＞ ＜InfoFormat＞ application/gml+xml;version=3.1＜/InfoFormat＞ ＜/GetFeatureInfo＞ ＜/soap:Body＞ ＜/soap:Envelope＞
GetTile(REST)	http://www.maps.bob/etopo2/default/WholeWorld_CRS_84/10m/1/3.png

续表

操作名称	编码方式
GetFeatureInfo(REST)	http://www. maps. bob/etopo2/default/WholeWorld _ CRS _ 84/10m/1/3/86/132. xml

5.3.3.3　WFS

WFS(Web feature service，网络要素服务)标准规定了以独立于底层数据存储的方式提供对地理要素的访问和事务处理服务的操作，这些操作包括发现、查询、锁定、事务操作和管理存储等。

发现操作允许客户端询问 WFS，以确定 WFS 的功能，并返回 WFS 中空间要素的模式，该模式确定了 WFS 提供的空间要素类型。

查询操作允许根据客户端定义的要素属性的约束，从底层数据存储中检索空间要素或者空间要素的值。

锁定操作允许当客户端通过 WFS 修改或删除空间要素时，对空间要素进行锁定，以进行单一进程的访问。

事务操作允许从底层的数据存储中进行空间要素的创建、改变、替换或删除。

管理存储操作允许客户端创建、移除、列出和执行存储过程，这些存储过程可以预先在数据库中定义。

WFS 2.0 规范一共定义了 11 个操作，见表 5 - 10。

表 5 - 10　WFS 定义的操作列表属性

操作名称	操作内容	操作类型	请求编码
GetCapabilities	获取服务能力	发现操作	XML&KVP
DescribeFeatureType	描述地理要素类型	发现操作	XML&KVP
GetPropertyValue	获取属性值	查询操作	XML&KVP
GetFeature	获取地理要素	查询操作	XML&KVP
GetFeatureWithLock	获取地理要素并锁定	查询和锁定操作	XML & KVP
LockFeature	锁定地理要素	锁定操作	XML & KVP
Transaction	数据库事务	事务操作	XML
CreateStoredQuery	创建存储过程	管理存储操作	XML
DropStoredQuery	移除存储过程	管理存储操作	XML & KVP
ListStoredQuery	列出存储过程列表	管理存储操作	XML & KVP
DescribeStoredQuery	描述存储过程参数	管理存储操作	XML & KVP

作为 WFS 规范,它允许 WFS 客户端在请求服务的时候使用两种方法进行编码,一种是使用 XML 方式编码,另一种是使用 KVP 方式编码。在这两种编码方式下,对请求和异常的响应都是一样的。

WFS 规范一共定义了四种 WFS 类型,每种 WFS 实现不同的功能,供不同的 WFS 实现者进行实现。WFS 还提供了相对应的测试集,供实现者进行测试,见表 5-11。

表 5-11　WFS 的类型表

WFS 类型	实现的操作
Simple WFS	(1)GetCapablities; (2)DescribeFeatureType; (3)ListStoredQuery; (4)DiscribeStoredQuery; (5)GetFeature; (6)实现 XML 或 KVP 编码中的一种即可
Basic WFS	除了实现 SimpleWFS 中需要实现的操作外,还需要额外实现 GetFeature 操作和 GetPropertyValue 操作
Transaction WFS	除了实现 BasicWFS 中需要实现的操作外,还需要实现 Transcation 操作
Locking WFS	除了实现 Transaction WFS 中需要实现的操作外,还需要实现 GetFeatureWith-Lock 或 LockFeature

下面对 WFS 中支持的一些操作进行解读。

1. GetCapbilities

与 WMS 的 GetCapbilities 操作一样,该操作返回的是 WFS 的元数据,该操作的 KVP 请求方式必须实现,可选择性实现 XML 请求方式。WFS 的元数据内容包含 WFS 的 WSDL 文档、WFS 支持的要素类型列表(FeatureTypeList)和要素类支持的过滤能力(Filter_Capablities)。

WSDL 文档按照 Web 服务的技术要求描述了该 WFS 中可以调用的服务的接口、绑定的协议和输入输出参数,WSDL 部分是可选的。

WFS 支持的要素类型列表的描述主要提供了每一类要素集的元数据,包括名称(name)、标题(title)、摘要(abstract)、关键词(keyword)、默认坐标系(defaultCRS)、其他支持的坐标系(otherCRS)、输出格式(outputFormats)、WGS84 范围(WGS84 bounding box)、元数据 URL(metadataURL)和扩展的异常(extended description)。WFS 的元数据很全面地描述了 WFS 服务器所包含的空间数据集,让服务使用者能够通过元数据确定该 WFS 中的空间数据集是否满足服务使用者的需求。

关于要素类支持的过滤能力的描述,主要是一些查询谓词的表达式。在 ISO 19143—2010 标准中,查询谓词包含逻辑谓词、比较谓词、空间谓词、时间谓词,见表 5-12。这些谓词、操作符和他们支持的函数共同构成过滤能力。

表 5－12　过滤查询谓词

谓词类型	谓词内容
逻辑谓词	and、or、not
比较谓词	=、! =、<、<=、>、>=、like、is null、between
空间谓词	equal、disjoint、touches、within、overlaps、cross、intersects、contains、within a specified distance、beyond a specified distance and BBox
时间谓词	after、before、begins、begun by、contains、during、equals、ends、meets、met by、overlaps and overlapped by

2. DescribeFeatureType

该操作主要返回由 WFS 提供的要素类的模式描述。该模式定义了该 WFS 服务相关的要素类在进行插入、更新、替换以及输出等操作时，如何进行编码。DescribeFeatureType 的主要参数见表 5－13。

表 5－13　DescribeFeatureType 的主要参数

请求参数	是否必须	描述
VERSION=version	否	请求的版本
SERVICE=wfs	是	服务类型
REQUEST=DescribeFeatureType	是	请求操作名称
TYPENAME	否	需要描述的要素集名称，用逗号隔开
OUTPUTFORMAT	否	输出要素模式的格式，必须支持 application/gml+xml 格式

该操作返回客户端请求的要素类的完整且有效的 GML 模式(GML schema)，该模式文档可以用于验证 WFS 以要素集合形式的输出，或者以事务操作为输入的要素实例是否正确。

3. ListStoredQuery

该操作返回 WFS 服务器中存储的存储过程，这些存储过程可以在数据库中预先定义，也可以由 CreateStoredQuery 操作动态创建。该操作会响应一个根节点为<CreateStoredQuery>的 XML 元素，该元素包含的每个<wfs:StoredQuery>子元素都是对 WFS 服务器所提供的存储过程的描述。

4. DiscribeStoredQuery

该操作返回 WFS 服务器提供的每个存储过程的元数据。客户端通过请求存储过程 ID (STOREDQUERY_ID)参数，对 WFS 服务器进行请求，服务将返回一个或多个存储过程的描述(stored query description)。该描述主要包含主题(title)、摘要(abstract)、元数据(metadata)、存储过程的参数(parameter)和查询表达式文本(query expression text)。服务使用者可以根据这些描述信息,决定是否调用该存储过程。

5. GetFeature

该操作从后台的数据存储中根据请求的查询条件返回一个地理空间要素的集合。WFS 服务器会处理来自客户端的 GetFeature 请求,返回满足请求的地理空间要素的集合。通常情况下,要素都使用 GML 表达,空间要素被表示成一个 XML 元素,元素名称表示要素类名称,要素的内容元素是一个子元素集,该子元素集描述了空间要素的属性集,每个元素表示要素的一个属性。

GetFeature 的请求参数主要由一个或多个查询表达式构成,该查询表达式包括标准表达参数(起始索引、查询数量、输出格式、结果类型)、标准解析参数(解析资源位置参数、解析深度参数、解析超时参数)、临时查询参数(包括要素名称、别名、参考系、过滤器、空间范围、排序字段等)、存储过程参数等。

如果 GetFeature 操作包含单个查询表达式,服务器应该返回包含了空间要素集合的 XML 元素,该要素集合的每个成员元素将包含一个要素。如果 GetFeature 操作包含多个查询表达式,服务器将返回一个包含了要素集合的 XML 元素,该 XML 元素的子元素是一个要素集合,每个子元素对应一个查询结果。

6. GetPropertyValue

该操作允许从数据存储中为使用查询表达式检出的标识的一组地理空间要素中,获取某个要素的属性值或者一个复合要素属性的部分值。该操作的请求参数包括临时查询参数或者存储过程参数(见关于 Feature 表达参数的描述)以及值引用参数(value reference)。值引用参数采用 XPath 表达式,定义从服务器的数据存储中获得的一个要素的属性节点或子结点的值,并将其写入响应文档。

7. Transcation

该操作用于进行 WFS 中的要素实例的更新工作。客户端可以使用该操作创建、修改、替换和删除在 WFS 后台中存储的地理空间要素,这些要素主要使用 GML 表达。

Transcation 操作的请求参数是一个事务命令,该参数由事务组、锁 ID、释放锁动作和空间参考等部分构成。在事务组中,包含若干数据库动作,这些动作主要由地理空间要素的增、删、改操作构成,事务操作不能通过 KVP 模式构建,必须通过 XML 编码进行构建才能明确表达数据库的事务操作。

当事务操作结束后,WFS 将返回一个 XML 文档。该文档包含事务执行的报告,报告由各类增、删、改动作执行成功的次数构成。

事务操作使 WFS 在提供地理空间要素查询功能的基础上也能进行在线地理空间要素的更新。

5.3.3.4 WCS

WCS(Web coverage service,网络覆盖服务)服务器为客户端提供一组“地理覆盖”数据,这些数据可以被客户端渲染，或者作为科学计算模型的输入。对于覆盖范围数据(如卫星图像、气象温度预报和类似的栅格数据)，最适合使用 WCS 作为在网络上发布内容的方式。许多实现 WCS 标准的产品都支持以 GeoTIFF 等格式发布源自平面文件的图像，有些产品还支持发布来自关系数据库的图像。简而言之，当需要发布原始栅格数据或任何其他类型的覆盖数据集时，WCS 是一个很好的解决方案。与 WMS、WFS 不同的是，WCS 提供给客户端的是原始的、未经可视化处理的地理空间信息。与 WMS、WFS 相同的是，WCS 允许客户端根据空间约束和其他查询条件选择服务器中的地理覆盖数据的一部分。WCS 的请求也可以使用 KVP、XML 或 SOAP 方式进行编码。

随着对地观测技术的不断成熟，越来越多的影像数据及其副产品需要进行在线的共享和发布，包括栅格覆盖(GridCoverage)、点云覆盖(MultiPointCoverage)、多曲线覆盖(MultiCurveCoverage)、多表面覆盖(MultiSurfaceCoverage)、多固体覆盖(MultiSolidCoverage)等。随着影像栅格数据共享发布的需求不断增加，WCS 的内涵也在不断扩展，不仅仅只是为了满足覆盖数据的下载需求。最新的 WCS 2.1 标准由一个核心和多个扩展构成，这些扩展包括协议、格式、事务、处理和空间参考方面的扩展。WCS 核心标准规定的必须实现的操作有下面几种。

1. GetCapabilities

该操作返回 WCS 的元数据信息，包括服务器的服务能力以及它所提供的覆盖数据的元数据。

GetCapabilities 操作的响应除了有 WCS 的元数据之外，还包含内容段落(<wcs:Contents>)部分。内容段落部分主要描述了 WCS 服务器提供的覆盖数据的细节。这些细节由 XML 文件进行描述，以一个覆盖摘要(<CoverageSummery>)为根节点，描述了该 WCS 服务器所包含的覆盖数据，其示意代码如下。

[WCS 的内容示意代码]

```
<wcs:Contents>
    <wcs:CovcrageSummary>
        <wcs:Covcrageld>C0001</wcs:Coverageld>
        <wcs:CoverageSubtype>GridCovcrage</wcs:CovcrageSubtype>
    </wcs:CoverageSummary>
    <wcs:CoverageSummary>
        <wcs:Coverageld>C0002</wes:Coverageld>
        <wcs:CovcrageSubtype>MultiPointCoverage</wcs:CoverageSubtype>
    </wcs:CovcrageSummary>
    <wcs:CovcrageSummary>
        <wcs:Covcrageld>C0003</wcs:Coverageld>
        <wcs:CoverageSubtype>MultiCurveCoverage</wcs:CoverageSubtype>
    </wcs:CoverageSummary>
```

```
    <wcs:CoverageSummary>
        <wcs:Coverageld>C0004</wes:Coverageld>
        <wcs:CovcrageSubtype> MultiSurfaceCoverage</wcs:CoverageSubtype>
    </wcs:CovcrageSummary>
    <wcs:CoverageSummary>
        <wcs:Coverageld>C0005</wes:Coverageld>
        <wcs:CoverageSubtype>MultiSolidCoverage</wes:CoverageSubtype>
    </wcs:CovcragcSummary>
</wcs:Contents>
```

所有的 OGC 的数据服务(包括 WMS、WMT、WFS、WCS)的 GetCapability 操作,都会返回当前的 OGC 服务器的元数据,元数据包含了两个方面的主要信息。一方面通过 WSDL 的方式描述了该 OGC 服务器支持的服务、操作类型及相关参数,另一方面则描述了该服务器上的地理空间数据内容,包含图层、切片、要素集、地理覆盖等,这些都是描述一个 GIS 数据服务所必须的。

2. DescribeCoverage

该操作的请求主要包含覆盖数据标识符的列表,并提示服务器根据每个标识符返回相应地理覆盖数据的描述。

对于地理覆盖数据的描述,主要提供覆盖标识符(coverageId)、覆盖函数(coverage - function)、领域集合(<domainSet>)、数据范围类型(<rangeType>)、空间属性、时间属性等,见表 5 - 14。领域集合主要描述了该地理覆盖的矫正格网信息(gml:RectifiedGrid),包括栅格范围(<gml:GridEnvelope>)、坐标原点对应的经纬度坐标(<gml:origin>)以及单位栅格的坐标偏移量(<gml:offsetVector>)等,范围类型则是描述了该地理覆盖的波段、每个离散点的取值范围等信息。

表 5 - 14　地理覆盖数据的描述

名称	是否必须	描述
coverageId	是	覆盖描述的 Id
coverageFunction	否	描述如何获得覆盖位置的范围值
domainSet	是	地理覆盖的领域描述
rangeType	是	地理覆盖的范围描述结构
service - Parameter	是	服务参数
extension	否	扩展参数

每个 DescribeCoverage 的有效请求包含 coverageId(可以是多个值)即可,WCS 可按照地理覆盖标识符返回地理覆盖的描述。一般情况下,一个正确请求的响应会由 XML 片段构成,该片段包含一个 CoverageDescriptions 根元素,该元素还会包含若干个 CoverageDescription

元素。下段代码是包含了 id 为 CD0001 的地理覆盖的覆盖数据的描述，包括了表 5-14 中的各子元素。

[CoverageDescription 示例代码]

```
<wcs:CoverageDescription gml:id="CD0001">
    <gml:boundedBy>
        <gml:Envelope srsName="http://www.opengisnct/defers/EPSG/0/4326" axisLa-
bels="Lat Long" uumlLabels="deg deg" srsDimension="2">
            <gml:lowerComer>1 1</gml:lowerCorner>
            <gml:upperCorner>5 3</gml:upperCorner>
        </aml:Envclope>
    </gml:boundedBy>
    <wcs:CoverageId>C0001</wcs:CoverageId>
    <domainSet>
        <Grid gml:id="gr0001_C0001" dimension="2">
            <limits>
                <GridEnvelope><! --This is a 5-by-3 matrix-->
                    <low>1 1</low>
                    <high>5 3</high>
                </GridEnvelope>
            </limits>
            <axisLabels>Lat Long</axisLabels>
        </Grid>
    </domainSet>
    <gmlcov:rangeType>
        <swe:DataRecord>
            <swe:field name="singleBand">
                <swe:Quantity
definition="http://opengis.net/def/property/OGC/0/Radiancc">
                        <swe:description>Panchromatic Channcl</swe:description>
                        <swe:uom code="W/em2"/>
                        <swe:constraint>
                          <swe:AllowedValues>
                              <swe:interval>0 255</swe:interval>
                              <swe:significantFigures>3</swe:significantFigures>
                          </swe:AllowedValues>
                        </swe:constraint>
                </swe:Quantity>
```

```
        </swe:field>
      </swe:DataRecord>
    </gmlcov:rangeType>
    <wcs:ServiceParameters>
      <wcs:CoverageSubtype>GridCoyerage</wcs:CoverageSubtype>
      <swc:nativeFormat>image/tiff</wcs:nativeFormat>
    </wcs:ScrviceParameters>
</wcs:CoverageDescription>
```

对于 DescribeCoverge 操作的请求如果产生异常，会返回如表 5－15 所示的异常信息。

表 5－15　DescribeCoverge 操作异常编码列表

异常编码值	编码含义
NoSuchCoverage	请求该标识的覆盖数据在服务器中不存在
EmptyCoverageId－list	请求中没有包含必须的 CoverageId

3. GetCoverage

该操作可以检索 WCS 服务器中的任何地理覆盖信息。

GetCoverage 请求会从 WCS 的特定覆盖范围中获取并返回指定覆盖范围。WCS 核心标准定义了域子集（domainset）操作，它从指定域内的覆盖范围中传递所有数据请求信封（“边界框”），相对于覆盖的边界框，更准确地说，是请求的范围边界框与覆盖的边界框的交集，以某种合适的数据格式提供作为原始数据或经过处理的“覆盖”范围。该操作的请求见表 5－16。

表 5－16　GetCoverage 操作的请求

名称	是否必须	描述
Service	是	服务标识
Version	是	服务版本
Extension	否	从客户端发送到服务器的任何辅助信息
CoverageId	是	地理覆盖的范围标识符
Format	否	返回的地理覆盖的数据格式
mediaType	否	如果存在，则强制使用 Multipart 编码
Dimension－Subset	是	所要求的 Coverage 的时空范围

对成功的 GetCoverage 请求的响应是一个覆盖范围的数据。这个响应数据可以由桌面地理信息系统呈现，也可以转发到 OGC 的 WMS 进行呈现，或者将其转发到 OGC Web 处理服务（WPS）进行进一步处理。

5.3.3.5　WPS

各类地理空间数据（包括来自传感器的数据）需要经过处理后才能被有效地使用，而处理过程对时限有较高要求，通过在线处理的方式可以有效提升地理空间数据的处理效率。WPS(Web processing service，网络处理服务)可以将空间运算处理能力等通过 Web 服务提供给客户端，这些服务可以是一些简单通用的空间数据处理算法，也可以是专业复杂的时空建模和模拟过程。WPS 标准为基于 Web 服务的地理处理过程执行提供了一个通用的可互操作的协议，既支持对简单地理处理任务的即时处理，也支持对复杂和耗时的地理处理任务的异步处理。

WPS 服务器提供了一系列的处理过程，每个过程都可以接受参数的输入，也会产生处理结果的输出。输入和输出的参数类型，主要包括边界数据、文字数据和复合数据。输入和输出参数可以是具体的数据，也可以通过 URI 标识符引用位于服务器上的数据资源。WPS 客户端和服务器之间的数据交换有两种数据传输模式，一是按值传输，二是按引用传输。对于少量数据的请求会采取按值传输的方案，对于大量数据的请求通常会采取按引用传输的方案。如图 5-8 所示，在实际的应用过程中，会使用数据或结果数据服务器来存储 WPS 执行过程需要的数据，以及执行的中间结果服务器等。

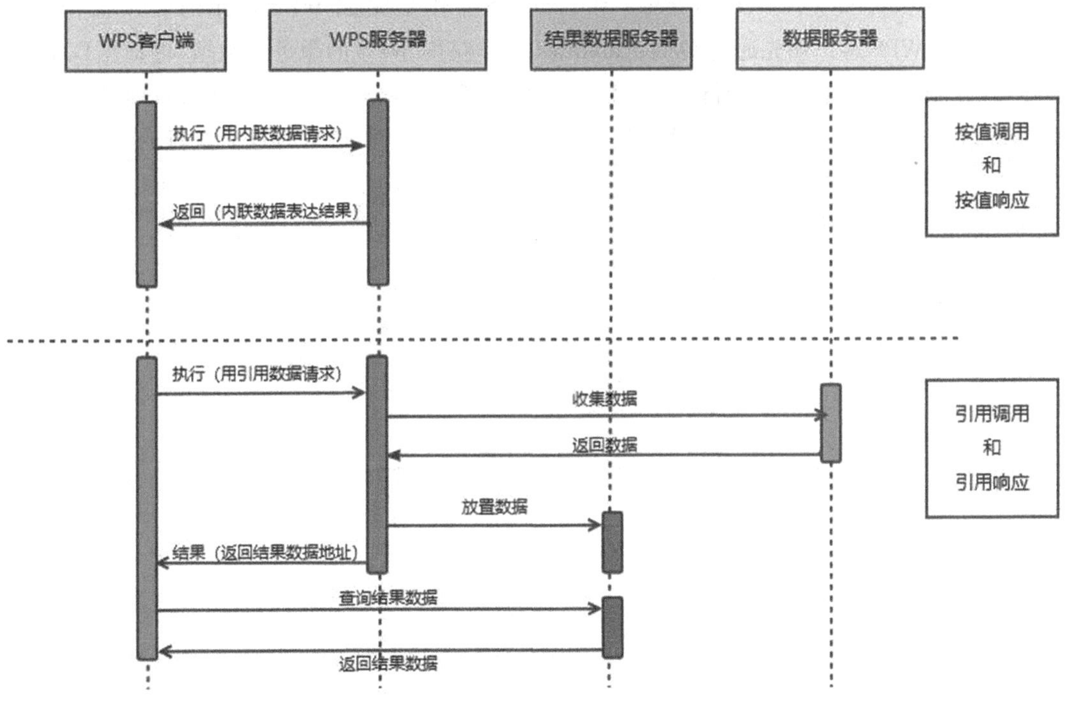

图 5-8　WPS 执行过程中的数据传输模式

WPS 的执行分为同步和异步两种模式。如图 5-9 所示，同步模式适合于需要相对较短时间完成任务的方法，WPS 客户端向 WPS 服务器提交执行请求，并继续侦听响应，直到处理作业完成并返回处理结果，这需要客户端和服务器之间的持久连接，在任务处理时间过长时容易出现连接超时错误。异步模式适合可能需要很长时间才能完成的处理任务，WPS 客户端向 WPS 服务器发送执行请求，并立即接收状态信息响应。此信息确认请求已被服务器接收和接受，并且已经创建了一个处理任务，未来将运行。任务处理完成后可以找到处理结果的 URL。

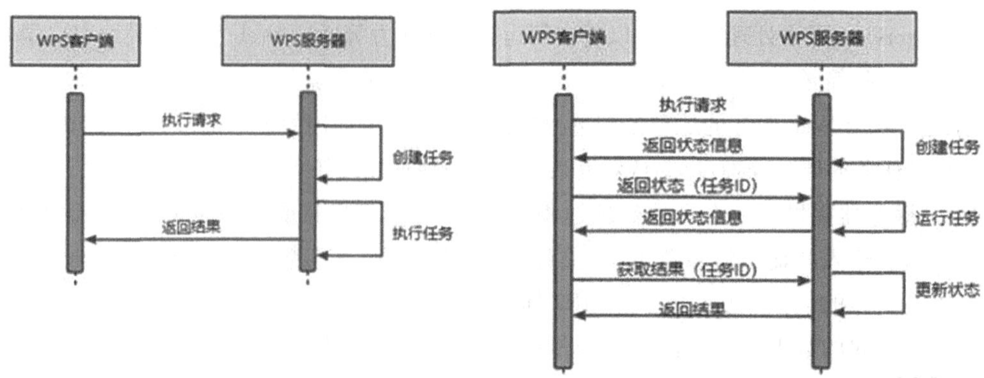

图 5－9　WPS 的同步和异步执行模式

OGC 的 WPS 标准提出了一些标准操作，WPS 客户端通过这些标准操作即可完成 WPS 服务的请求。GetCapability、DescribeProcess 和 Execute 操作是完成 WPS 调用的必须操作。如图 5－10所示，WPS 客户端先通过 GetCapabilities 操作获得 WPS 的服务元数据；再根据Describe Process 操作获得服务元数据中所包含的某个 WPS 处理过程需要的参数；WPS 客户端根据这些参数装配请求后，再通过 Execute 操作执行具体的地理处理过程，最后再返回执行的结果。在执行的过程中，可以通过 GetStatus 操作获得当前任务的执行进度信息，可以通过 GetResult 操作获取任务的执行结果。WPS 的请求可以使用 KVP 或 XML 两种方式进行构建。

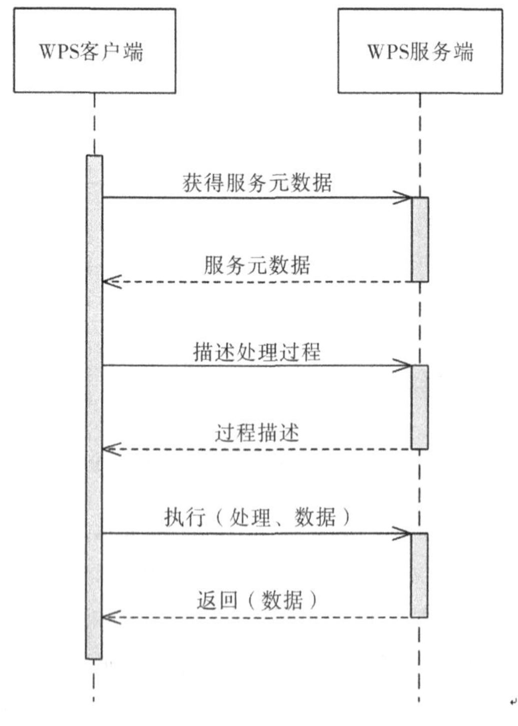

图 5－10　常见的 WPS 操作序列

1. GetCapability

和任何 OGC 服务的 GetCapability 请求一样，GetCapdilities 请求向 WPS 服务器请求这个服务器中包含的 WPS 的元数据，让 WPS 客户端知道该服务器上有哪些具体的 WPS。表 5－17列出了 WPS 的 GetCapability 请求参数，它除了多提供了一个 Extension 参数用于构建 WPS 的规范定义的扩展请求参数外，和其他 OGC 规范的 GetCapability 操作基本相同。

表 5－17　WPS 的 GetCapability 请求参数

名称	是否必须	定义
Service	是	服务类型，默认为 WPS
Request	是	操作名称，默认为 GetCapablities
AcceptVersion	否	接受的版本号，默认为 1.0.0
Sections	否	请求的元数据段落部分
UpdateSequence	否	更新序列值
AcceptFormat	否	默认值为“application/xml”
Extension	否	用于扩展标准的元素定义

该操作的响应将返回一个 XML 文档，用于描述 WPS 的能力。如图 5－11 所示，该响应主要由基础能力(<ows:Capablities>)和 WPS 能力描述两部分构成。操作元数据(<ows:OperationMetedata>)元素返回了 WPS 服务器支持的 WPS 类型，在其内容部分(<wps:ProcessOfferings>)元素描述了服务器提供的处理流程(<wps:Process>)的摘要列表信息，在<wps:Process>的内容部分中，提供了每个处理单元的摘要属性(代码如下)，对处理流程进行描述。

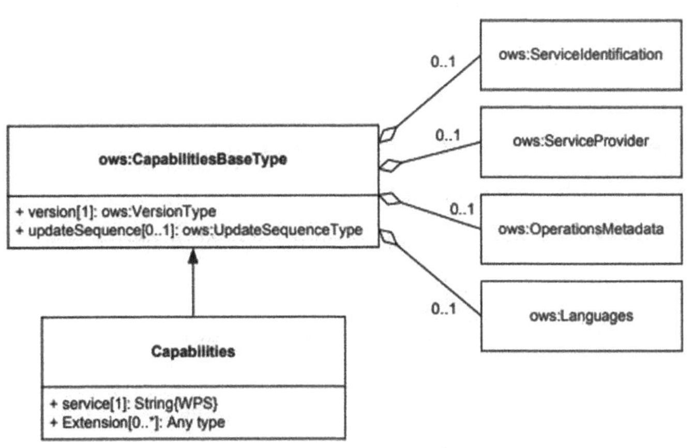

图 5－11　WPS 的 GetCapability 响应类图

[WPS 的流程摘要描述代码]

```
<wps:ProcessOfferings>
<wps:Process wps:proccessVersion="1.0.0">
    <ows:Identifier>JTS:area</ows:Identifier>
    <ows:Title>Area</ows:Title>
    <ows:Abstract>Returns the area of a geometry. in the units of the geometry. Assumes a Cartesian plane
    so this process is onlyreconnended for non-geographic CRSes.</ows:Abstract>
</wps:Process>
<wps:Process wps:proccessVersion="1.0.0">
    <ows:Identifier>JTS:boundary</ows:Identifier>
    <ows:Title>Boundary</ows:Title>
    <ows:Abstract>Returns a geometry boundary. For polygons,returns a linear ring or multi-linestring equals
    to the boundary of the polygon(s).For linestrings,returns multipoint equal to the endpoints of the
    linestring. For points,teturns an empty geometry collection.</ows:Abstract>
</wps:Process>
<wps:Process wps:proccessVersion="1.0.0">
    <ows:Identifier>JTS:buffer</ows:Identifier>
    <ows:Title>Buffer</ows:Title>
    <ows:Abstract>Returns a polygonal geometry representing the input geometry enlarged by a given distance
    round its exterior</ows:Abstract>
</wps:Process>
<wps:Process wps:proccessVersion="1.0.0">
    <ows:Identifier>JTS:centroid</ows:Identifier>
    <ows:Title>Centroid</ows:Title>
    <ows:Abstract>Returns the geometric centroid of a geometry. Output is a single point.The centroid point
    may be located outside the geometry </ows:Abstract>
</wps:Process>
</wps:ProcessOfferings>
```

2. DescribeProcess

该操作允许 WPS 请求运行查询 WPS 服务器提供的处理流程的详细描述。该操作的主要参数有两个，如图 5-12 所示，一是处理流程的标识符（<ows: Identifer>），对应

GetCapability 操作返回<ows:Identifier>的内容，通过标识符可以获得处理流程的描述，包括对处理流程功能的描述以及输入、输出参数设置等内容；二是语言（<xml:lang>），如果服务支持多语言描述处理流程，则使用语言参数可查询到使用该语言对应的处理流程描述。

对 DescribeProcess 操作的响应是一个处理流程的 XML 文档。这个文档包含服务器上每个可用流程单元的 ProcessOfferings 部分。与服务器元数据中的 ProcessSummary 不同，这些流程单元是用它们声明的描述格式进行描述的。ProcessOfferings 属性见表 5-18。

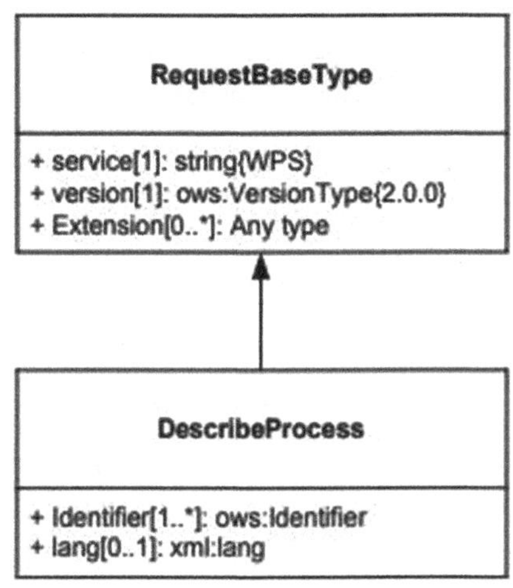

图 5-12　DescribeProcess 请求地 UML 类图

表 5-18　ProcessOfferings 属性

名称	是否必须	定义
ProcessModel	否	该处理的类型（默认为 Native）
jobControlOptions	否	处理控制类型（同步/异步）
outputTransmission	否	输出类型（值或引用）
Process	否	原生的过程描述
Any	否	任何与本过程类型相关的定义好的流程描述参数

3. Execute

该操作允许 WPS 客户端运行由服务器部署的处理流程，它使用客户端提供的输入参数并产生处理结果。输入可以直接包含在执行请求中（按值）或可访问网络资源（通过引用），处理结果以文本形式返回 XML 响应文档，该文档可以嵌入在响应中或存储为网络可访问的资源返回。对于单个的结果，也可以用原始形式返回结果，而不用封装在 XML 响应文档中。

Execute 请求对于同步或异步执行是通用的，它从 RequestBaseType 中继承基本属性，并包含其他元素确定应执行的过程、数据输入和输出以及服务的响应类型，如图 5－13 所示。数据输入中包含处理流程标识符(在处理单元描述中定义)、数据值(文本数据、复杂类型数据或四至边界数据)或引用等。数据输出中包含该输出所期望的数据格式类型(格式、编码)以及传输模式(值或引用)。数据的输入、输出请求都可以进行嵌套，以满足复杂的输入、输出要求。Excute 请求的附加属性见表 5－19。

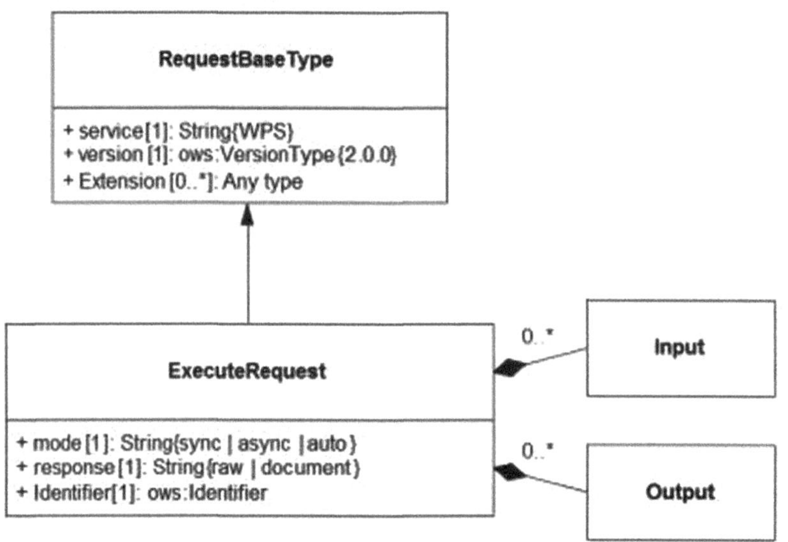

图 5－13　Execute 请求的 UML 类图

表 5－19　Execute 请求的附加属性

名称	是否必须	定义
Response	是	期望的返回格式(XML 文档或原始数据)
Mode	是	请求的执行模式(同步或异步)
Identifier	是	需要被执行的处理过程的标识符
Input	否	执行该处理过程需要的输入参数
Output	否	执行该处理过程的期望输出参数，包括期望的格式和传输模式(值或引用)

对于 Execute 操作的输出，根据请求中的执行模式和声明的响应类型，该操作的响应可以采用三种不同形式：响应文档、状态信息文档或原始数据。如表 5－20 所示，在不同的执行模式下，将返回不同的内容。一般情况下，同步模式将返回执行结果，执行结果以原始数据或响应文档的方式返回，异步模式执行时返回的是该处理单元的执行状态信息文档。

表 5-20　Execute 请求可能的响应内容

<table>
<tr><th rowspan="2">响应格式</th><th colspan="3">执行模式</th></tr>
<tr><th>同步</th><th>异步</th><th>自动</th></tr>
<tr><td>原始数据</td><td>原始数据</td><td>状态信息文档</td><td>原始数据或状态信息文档</td></tr>
<tr><td>文档</td><td>响应文档</td><td>状态信息文档</td><td rowspan="2">原始数据或状态信息文档</td></tr>
<tr><td>未指定</td><td>响应文档</td><td>状态信息文档</td></tr>
</table>

同时要注意到，Execute 操作最容易产生的异常类型除了服务器内部异常外，输入格式异常占据了很大的比例，这主要是由空间数据结构的复杂性决定的。在编程进行构造请求的过程中，需要很大的工作量按照规定的输入格式构造正确的输入参数。

4. GetStatus

GetStatus 作为异步执行的 WPS 处理任务，执行时间一般较长，可能需要几分钟甚至几天，随时掌握 WPS 的任务作业执行状态是非常有必要的。

该操作允许 WPS 客户端查询异步执行任务的状态。GetStatus 请求从 RequestBaseType 继承基本属性，且该操作包含一个标识该处理作业的附加元素 JobID，具有这个 JobID 的处理作业的状态将被返回。

GetStatus 操作返回的内容是一个状态信息文档，该文档的结构见表 5-21。对于不想再继续执行的操作，可以用 Dissmis 操作撤回该作业以释放资源。

表 5-21　状态信息(StatusInfo)文档结构

名称	是否必须	定义
JobID	是	WPS 实例中执行作业的标识符
Status	是	作业执行的状态一共有四种，即 Failed(执行失败)、Accepted(作业进入执行队列)、Running(正在运行)、Succeeded(执行成功)，可根据需要扩展
ExpirationDate	否	执行结果的过期时间，在这个时间之后的结果将无法访问
EstimatedCompletion	否	预计完成时间
NextPoll	否	下次建议的轮询时间
PercentCompleted	否	作业完成的百分比

5. GetResult

该操作允许 WPS 客户端查询已完成处理的作业的执行结果，它与异步执行结合起来使用。该请求只有一个参数，即需要查询的作业的 JobID。该操作执行后返回的结果是一个处理结果文档，见表 5-22，主要包含任务执行的输出结果，该结果可以是本地数据或 URI 引用，并包含该执行结果的过期时间，在这个时间之后的结果将无法访问。

表 5－22　处理结果(Process Result)文档结构

名称	是否必须	定义
JobID	是	WPS 实例中执行作业的标识符
ExpirationDate	否	执行结果的过期时间,在这个时间之后的结果将无法访问
Output	是	将返回执行结果,可以是指定的本地数据,也可以是远程的 URI

5.3.4　基于 OGC 规范的 Web GIS 软件实现

OGC 只是提供了一个实现 Web GIS 功能的规范,规范本身并不提供实现,符合 OGC 规范的具体实现是由各个 GIS 厂商按照规范来完成的。OGC 规范在服务请求调用的层面上规定了对 GIS 数据和功能进行请求和响应的接口参数和流程,并规定了必须实现的接口。这些规范主要是在数据交换层面的定义,并未规定软件厂商在实现这些规范时使用什么编程语言、底层的数据格式以及程序所运行的操作系统。实现了这些规范的 Web GIS 软件所发布的 GIS 数据和功能后,可通过统一的接口调用。按照 OGC 的规定,无论是商业组织或开源组织,都可以提供对 OGC 规范的软件实现。下面介绍几种典型的支持 OGC 规范的软件实现。

5.3.4.1　GeoServer

GeoServer(网址 http://geoserver.org/)是一个遵守 OGC 开放标准的开源地图服务器,它支持 JavaEE 规范,并用于共享地理空间数据。GeoServer 的设计就是用于 GIS 互操作的,它可以支持通过开放标准从任何主要的空间数据源中读取并发布数据。

以 GeoServer 2.9.1 版本为例,该版本实现的 OGC 相关的规范包括 WMS(版本:1.0.0、1.1.1、1.3.0)、WMTS(版本:1.0.0)、WFS(版本:1.0.0、1.1.0、1.1.3、2.0)、WCS(版本:1.0.0、1.1.1、2.0.1)、WPS(版本:1.0.0),如图 5－14 所示。GeoServer 的技术核心是基于 Java 语言的 GIS 工具包——GeoTools。

Name:	GeoServer
Version:	2.9.1
Type:	Server
Implemented:	2016-08-05
URL:	Product Website
Platform(s):	multiple (Java)
Contact:	Ingold, Tom - Boundless

Implemented Specifications / Interfaces / Alternatives	OGC Compliance Status
Filter Encoding 2.0 Encoding Standard 2.0	Implementing
Filter Encoding Implementation Specification 1.1	Implementing
Geography Markup Language 2.1.1	Implementing
Geography Markup Language 2.1.2	Implementing
Geography Markup Language (GML) Encoding Specification 3.0	Implementing
Geography Markup Language (GML) Encoding Standard 3.2.1	Implementing
GeoPackage Encoding Standard - With Corrigendum 1.0.1	Implementing
GeoRSS, An Introduction to 1.0.0	Implementing
KML 2.2.0	Implementing
WCS 2.0 Interface Standard- Core: Corrigendum 2.0.1	Implementing
Web Coverage Service (WCS) Implementation Specification (Corrigendum) 1.0.0	Implementing
Web Coverage Service (WCS) Implementation Specification Corrigendum 1 1.1.1	Implementing
Web Feature Service 1.0.0	Implementing
Web Feature Service (WFS) Implementation Specification 1.1.0	Implementing
Web Feature Service 2.0 Interface Standard (also ISO 19142) 2.0	Implementing
Web Feature Service Implementation Specification with Corrigendum 1.1.3	Implementing
Web Map Service 1.1.1	Implementing
Web Map Service (WMS) Implementation Specification 1.3.0	Implementing
Web Map Tile Service Implementation Standard 1.0.0	Implementing
Web Processing Service 1.0.0	Implementing

图 5－14　GeoServer 2.9.1 实现的 OGC 相关规范

GeoServer 的最新版本为 2.19.2 并在持续更新，新版本在空间数据的存储格式、打印输出、地理围栏等领域增加了一些新的扩展和插件，丰富了 GeoServer 的应用领域和场景。由于 GeoServer 是纯 Java 实现的，所以更适合复杂的环境要求，其开源的特性让开发组织可以基于 GeoServer 灵活实现特定的目标要求。

本书也因为它的这一特性，选用了 GeoServer 作为实验部分 Web GIS 的服务器软件，读者可以在实践篇中了解关于 GeoServer 更深入的应用知识。

5.3.4.2　MapServer

MapServer(https://mapserver.org/)最初开发于 20 世纪 90 年代中期，是最早一批 Web GIS 软件之一，该项目最终转化为一个 Web GIS 开源软件，用于向 Web 发布空间数据和交互式的地图应用程序。MapServer 可以应用于 UNIX/Linux、Windows、macOS、Solaris 等平台，支持的语言包括 Python、PHP、Perl、Java、Tcl、C# 等。MapServer 不是一个功能齐全的 GIS 软件，它使用几个知名的开源软件完成数据格式转换、地图投影转换、空间数据库的大数据量处理等，而本身专注于地图绘制、地图图形格式、接口环境、兼容 OGC 互操作规范等方面。

根据 OGC 的记录，MapServer 7.0 版本对 OGC 相关规范的实现情况有 WMS(版本：1.0、1.1.1、1.3.0)、WFS(1.0.0、1.1.0)、WCS(1.0.0、1.1.1、2.0.1)，如图 5-15 所示。可以看到，MapServer 在对 OGC 规范的执行上略弱，对于 WMTS 和 WPS 规范都未提供实现，在要使用瓦片式地图发布或进行在线地理处理时，不能选用 MapServer 软件作为 Web GIS 服务器。

OGC Implementing/Compliant Product Details

MapServer Product Details

Name:	MapServer
Version:	7.0
Type:	Client and Server
Implemented:	2014-09-30
URL:	Product Website
Platform(s):	Win32, Linux/Unix, MacOSX
Contact:	Tzotsos, Angelos - Open Source Geospatial Foundation

Implemented Specifications / Interfaces / Alternatives	OGC Compliance Status
Filter Encoding 1.0	Implementing
Geography Markup Language 2.1.2	Implementing
Geography Markup Language (GML) Encoding Specification 3.0	Implementing
Geography Markup Language (GML) Encoding Standard 3.2.1	Implementing
GML - Application Schemas Defining Coverages 3.2.1	Implementing
GML Application Schema - Coverages - GeoTIFF Coverage Encoding Profile 1.0	Implementing
Sensor Observation Service 1.0.0	Implementing
Styled Layer Descriptor (SLD) Implementation Specification 1.0	Implementing
Styled Layer Descriptor Profile of the Web Map Service Implementation Specification 1.1.0	Implementing
WCS 2.0 Interface Standard- Core: Corrigendum 2.0.1	Implementing
Web Coverage Service Interface Standard - Interpolation Extension 1.0	Implementing
Web Coverage Service Interface Standard - Scaling Extension 1.0	Implementing
Web Coverage Service Interface Standard - CRS Extension 1.0	Implementing
Web Coverage Service Interface Standard - Range Subsetting Extension 1.0	Implementing
Web Coverage Service (WCS) Implementation Specification (Corrigendum) 1.0.0	Implementing
Web Coverage Service (WCS) Implementation Specification Corrigendum 1 1.1.1	Implementing
Web Coverage Service 2.0 Interface Standard - KVP Protocol Binding Extension - Corrigendum 1.0.1	Implementing
Web Coverage Service 2.0 Interface Standard - XML/POST Protocol Binding Extension 1.0.0	Implementing
Web Feature Service 1.0.0	Implementing
Web Feature Service (WFS) Implementation Specification 1.1.0	Implementing
Web Map Context Implementation Specification 1.1	Implementing
Web Map Context Documents Corrigendum 1 1.1.0	Implementing
Web Map Service 1.0	Implementing
Web Map Service 1.1.1	Implementing
Web Map Service (WMS) Implementation Specification 1.3.0	Implementing
Web Service Common Implementation Specification 2.0.0	Implementing

图 5-15　MapServer 实现的 OGC 规范

5.3.5 非规范 GIS Web 服务的实现

除了基于 OGC 规范的 Web GIS 软件外，也有一些 GIS 软件公司在提供 OGC 规范服务的同时，积极发展自有规范的 GIS Web 服务，如 ESRI 的 ArcGIS Server、超图的 iServer 等。这些自有规范与 OGC 规范有所不同，但基本思想仍然是在对服务能力进行描述的基础上，提供共享地图、共享空间数据、共享空间分析功能等服务。这些服务也提供了基于 HTTP 的调用接口，在客户端可以接受各种编程语言调用，并按照指定的格式返回响应结果。

在 ArcGIS Server 中，对同一幅地图发布服务时，除了地图功能之外，也可以启用要素访问(feature access)、移动数据访问(mobile data access)、KML、网络分析(network)、逻辑示意图服务(schematics)等功能。同时，ArcGIS Server 也支持将服务发布为 OGC 规范的 WMS、WFS 及 WCS 等，如图 5-16 所示。

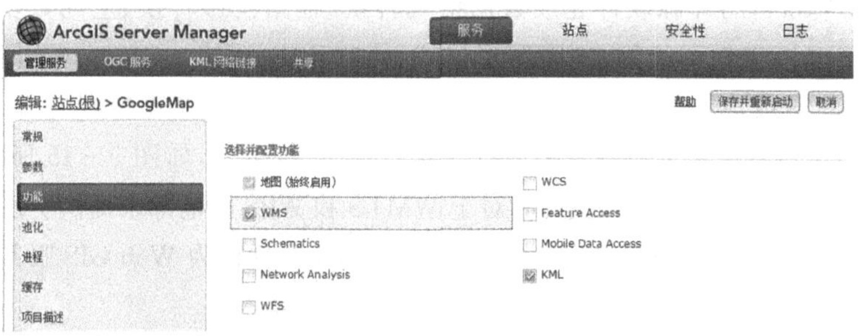

图 5-16 ArcGIS Server 的 GIS Web 服务

在超图的 iServer 中，除了支持将自有数据和功能发布为 OGC 规范(WMS、WCS、WFS、WMTS 和 WPS)的服务外，也能够发布为自有的地图服务、数据服务、空间分析服务、网络分析服务等，如图 5-17 所示。

发布服务
服务
本地服务 远程服务
服务地址: localhost : 8090
管理员
账号: admin
密码:
REST服务
数据服务 真空间服务
地图服务 交通网络分析服务
空间分析服务
OGC服务
WCS1.1.1服务 WMS1.1.1服务
WCS1.1.2服务 WMS1.3.0服务
WFS1.0.0服务 WMTS1.0.0服务
WPS1.0.0服务 WMTS-CHINA服务
参数设置
可编辑
发布 关闭

图 5-17 超图的 GIS Web 服务

5.4 GIS Web 服务的调用

因为 OGC 规范规定了 Web 服务的请求方式和响应方式，任何能够构建 URL 请求并发送 HTTP 请求的编程语言都可以实现对 GIS Web 服务的调用请求并处理响应结果。如 Java、C、C++、Perl、Ruby、Python、C#、JavaScript 等语言都可以作为开发 Web GIS 客户端的开发语言进行 GIS Web 服务的请求调用和响应处理。现有的桌面 GIS 软件，如 ArcGIS Desktop(C++实现)、QGIS(C 实现)、uDig(Java 实现)等，已经实现了对 GIS Web 服务的调用处理。而在 Web 浏览器端，主要通过 JavaScript 实现对 GIS Web 服务的调用，并结合 HTML 和 CSS 等技术完成对响应结果的处理和可视化展示。

5.4.1 URL 调用

在浏览器的 URL 栏中直接输入 GIS Web 服务的对应地址，即可完成对 OGC 标准服务的调用。根据 OGC 服务的相关标准，所有 GIS Web 服务的接口都可以通过键值对(KVP)的方式，以 URL 请求的方式进行调用。下面列举两个通过 URL 直接调用 GIS Web 服务的实例。

以 WMS 的 GetMap 请求的 URL 为例：

http://a-map-co.com/mapserver.cgi? VERSION=1.3.0&REQUEST=GetMap&CRS=CRS:84&BBOX=-97.105,24.913,-78.794,36.358&WIDTH=560&HEIGHT=350&LAYERS=AVHRR-09-27&STYLES=&FORMAT=image/png&EXCEPTIONS=INIMAGE

该 URL 以图片格式返回了一张暴风的影像图片，大小为 560×350 像素，如图 5-18 所示。在该请求操作中，指定了图片所在的图层(LAYERS)、使用的坐标系(CRS)、输出格式(image/png)、空间范围(BBOX)、展示样式(STYLES)，即可从请求中获得 GIS Web 服务响应的图片。

图 5-18　WMS 的 GetMap 请求返回的图片

再以 WMS 的 GetFeatureInfo 操作的 URL 为例。

http://localhost:8080/geoserver/wms? bbox=-130,24,-66,50&styles=population&format=jpeg&info_format=application/json&request=GetFeatureInfo&layers=topp:states&query_layers=topp:states&width=550&height=250&x=170&y=160

该请求以 JSON(application/json)的格式，从 topp:states 图层返回了一个要素的信息，包含该要素的几何信息和属性信息等，如图 5-19 所示。


```
▼{type: "FeatureCollection",…}
  ▶crs: {type: "name", properties: {name: "urn:ogc:def:crs:EPSG::4326"}}
  ▼features: [{type: "Feature", id: "states.11", geometry: {type: "MultiPolygon",…}, geometry_name: "the_geom",…}]
    ▼0: {type: "Feature", id: "states.11", geometry: {type: "MultiPolygon",…}, geometry_name: "the_geom",…}
      ▼geometry: {type: "MultiPolygon",…}
        ▼coordinates: [[[[-114.519844, 33.027668], [-114.558304, 33.036743], [-114.609138, 33.026962],…]]]
          ▶0: [[[-114.519844, 33.027668], [-114.558304, 33.036743], [-114.609138, 33.026962],…]]
          type: "MultiPolygon"
      geometry_name: "the_geom"
      id: "states.11"
      ▶properties: {STATE_NAME: "Arizona", STATE_FIPS: "04", SUB_REGION: "Mtn", STATE_ABBR: "AZ", LAND_KM: 294333.462,…}
      type: "Feature"
  numberReturned: 1
  timeStamp: "2021-09-03T04:05:40.361Z"
  totalFeatures: "unknown"
  type: "FeatureCollection"
```


图 5-19　WMS 的 GetFeatureInfo 返回的要素信息(JSON 格式)

通过 URL 调用 WMS 服务，虽然可以得到图像和要素的信息，但这种调用方式对于普通用户是无法使用的。因为这种方式只能孤立地进行地图或者查询操作，缺乏与普通用户的交互界面，无法让用户对 Web GIS 应用持续使用和操作，用户也不可能每次调用 GIS Web 服务时，都对浏览器的 URL 进行修改。

用户要对 GIS Web 服务进行持续请求，必须有图形交互界面进行支撑。通过图形界面，客户端程序接受用户的各种操作动作，如鼠标位置、点击事件、滚轮变化、框选范围等，自动构建访问 GIS Web 服务的 URL 并向服务端发出请求，再将服务端返回的响应结果更新在图形界面上，并等待用户的下一次操作，直到用户停止操作为止。

5.4.2　API 调用

Web GIS 客户端程序可以是桌面程序，也可以是 Web 网页程序或手机 app 程序，其本质是将用户操作、构建客户端请求与处理服务端响应这几个动作程序化、自动化。

软件厂商对这个过程进行合理封装之后，以 API 的方式提供给具体的应用开发用户进行二次开发，以适应具体的业务需求。这些 API 的表现形式可以和具体的编程语言绑定，如 JavaScript、C#、Java 等，如图 5-20 所示；也可以与具体的数据源绑定，如谷歌地图 API、天地图 API、高德 API、百度 API 等；还有一些专业软件厂商自研的 API，主要和自有的 Web 服务规范进行了绑定，同时支持 OGC 规范，如 ArcGIS Server API、超图的 iClient JavaScript API 等。

图 5-20　公共地图服务 API

还有一些通用的第三方 API 总结了各类 GIS Web 服务的调用方式，支持向不同的 GIS Web 服务组织请求并对响应结果进行处理，如 OpenLayers、LeafLet、MapBox 等，如图 5-21 所示。本书在实验部分选用了 OpenLayers 作为客户端 API 来对 GIS Web 服务进行调用。如果对其他 API 感兴趣，读者也可以自行研究。

an open-source JavaScript libra
for mobile-friendly interactive m

图 5-21　第三方 Web GIS API

总的来说，Web GIS API 的主要功能模块如下：一是地图主类功能，完成地图的缩放漫游等基本展示；二是数据源或图层类功能，支持将各种 GIS Web 服务，包括 OGC 的 Web 服务返回的各类图层或空间数据，以不同图层的方式叠加到地图上；三是用户交互类功能，提供给用户各种交互工具，包括图层管理、要素编辑、缩放漫游、框选查询等；四是渲染类功能，提供自定义的渲染模式，将来自服务端响应的图层根据业务需求进行个性化的展示；五是地理处理功能，调用服务端发布的地理处理服务等。

在 Web 浏览器上运行的 Web GIS 程序一般使用 JavaScript 语言编制 API，在移动设备上运行的 Web GIS 程序则需要根据平台的不同制作不同的 API，如 Android 平台使用的是 Java 语言制作的 API；iOS 平台使用 Object-C、Swift 等语言进行 API 的制作。基于这些 API 进行应用程序构建时，将使用对应的语言进行编码工作。

这些 API 功能大同小异，在掌握了 GIS Web 服务标准原理和相关编程语言的前提下，编程人员能够较快地掌握它们，并根据具体的业务场景和需求进行 Web GIS 应用的定制开发。

Web GIS API 和 GIS Web 服务之间的关系类似于一个是前台的演员(API),一个是幕后的工作人员(GIS Web 服务)。前台演员负责和用户交互,将用户的请求转达给幕后的工作人员,幕后工作人员负责根据请求产生的响应结果,由前台的演员再次展现给用户。

虽然用户接触的更多是 API ,但实际在做工作的都是后台的 GIS Web 服务,它担任了“幕后英雄”的角色,两者需要互相配合才能完成 Web GIS 应用程序的搭建,给最终的用户提供服务。在 Web GIS 应用开发的过程中,技术人员既要掌握 API 的使用方法,也要了解 GIS Web 服务的运行原理,这样才能应对用户的各种需求。

5.5 GIS Web 服务优化技术

仅仅实现 Web GIS 服务,让其能够对外提供地图和数据服务是不够的。要让 GIS Web 服务能够面对海量用户的数据请求,及时、完整地返回响应,给终端用户提供高效、稳定的服务,还需要做很多优化工作。

5.5.1 GISWeb 服务的性能指标

可以通过一系列的指标对 GIS Web 服务的性能进行描述,以衡量 GIS Web 服务的服务提供能力。

1.请求响应时间

服务端接收用户请求,查询数据库并完成相关操作后返回结果给用户所需要的时间即为请求响应时间。请求响应时间是 GIS Web 服务性能最重要的指标之一,它的数值大小直接反映了系统的快慢,决定了用户体验。在某些工具中,响应时间通常会称为“TTLB”,即"time to last byte",意思是从发起一个请求开始,到客户端接收到最后一个字节的响应所耗费的时间,响应时间的单位一般为“秒”或者“毫秒”。对于性能的优劣,可参考“3/5/10”原则进行判定:

(1)在 3 秒以内,页面给予用户响应并有所显示,可认为是“很不错的”;

(2)在 3~5 秒内,页面给予用户响应并有所显示,可认为是“好的”;

(3)在 5~10 秒内,页面给予用户响应并有所显示,可认为是“勉强接受的”;

(4)超过 10 秒就让人有点不耐烦了,用户很可能不会继续等待下去。

2.并发数

并发数是指系统同时能处理的请求数量,这个也反映了系统的负载能力。并发数通过并发连接数、请求数、并发用户数、吞吐量等指标进行衡量。

并发连接数指客户端向服务器发起请求,并建立了 TCP 连接的过程中,每秒钟建立的总的 TCP 连接的数量。

请求数指的是客户端在建立完连接后,向服务端发出 GET/POST/HEAD 等数据包的数量。

并发用户数是指在同一时段与服务器进行了交互的在线用户数量。这些用户的最大特征是和服务器产生了交互,这种交互既可以是单向的传输数据,也可以是双向的传送数据。不能简单地将在线用户数量等同于并发用户数量，因为有些在线用户只是在浏览内容，并没有做与服务器交互的操作。

吞吐量是指单位时间内系统能处理的请求数量，它体现了系统处理请求的能力，也是目前最常用的性能测试指标。QPS(query per second，每秒查询数)、TPS(transaction per second，每秒事务数)是吞吐量的常用量化指标，另外还有 HPS(HTTP per second，每秒 HTTP 请求数)等。

3. 资源利用率

资源利用率指系统对不同系统资源的使用程度，例如服务器的 CPU 利用率、磁盘利用率、网络带宽利用率等。资源利用率是定位系统性能瓶颈进而改善性能的主要依据，也是 Web GIS 性能测试和分析瓶颈的主要参考。在 Web GIS 性能测试中，需要采集相应的资源利用率参数进行系统分析从而定位系统的瓶颈所在，再进行相应的优化。

4. 可扩展能力

可扩展能力是指 GIS Web 服务随着用户的增多，不断提升其服务能力的性能。这种扩展性包括纵向的扩展和横向的扩展。纵向的扩展主要是通过提升服务器硬件的性能，如 CPU 内存、网络带宽等，来增强服务能力；横向的扩展主要是指通过增加服务器的方式，提升系统的服务能力。纵向的扩展主要是通过更换硬件的方式实现，但提升程度有限。横向的可扩展能力几乎没有上限，是我们考察系统可扩展能力的主要指标。

GIS Web 服务的性能测试需要和具体的功能场景结合起来进行，不能脱离具体的功能谈性能。同时，响应时间、并发数、吞吐量、可扩展性等指标都与构成 GIS Web 服务具体的硬件、软件、网络等运行环境相关，不能脱离这些具体环境孤立地讨论。GIS Web 服务性能测试数据示例见表 5-23。

表 5-23　GIS Web 服务性能测试数据示例

性能指标	并发用户数					
	100	150	200	210	220	230
空间查询一条记录响应时间/s	0.991	1.194	1.707	1.992	2.178	2.393
矢量地图检索显响应时间/s	3.007	3.206	4.957	5.406	5.981	—
矢量图提取平均时间/s	53	59	89.948	102.331	107.906	—
矢量图入库平均时间/s	45	47	59.937	65.784	71.994	—

5. 可用性

可用性是指可维修产品在规定的条件下使用时具有或维持其功能的能力，其量化参数为可用度。可用度可用平均无故障时间和平均修复时间来计算：可用度＝平均无故障时间/(平均无故障时间＋平均修复时间)。在集群服务器架构中，当主服务器发生故障时，备份服务器能够自动接管主服务器的工作并及时切换过去，以实现对用户的不间断服务和系统的高可用性。

5.5.2 GIS Web 服务优化技术

1. 服务端缓存技术

服务端缓存技术主要指预计算技术，是将结果先计算出来进行保存，在调用的时候免去计算过程直接调用计算结果，或者将需要经常访问的内容预先加载到内存中，供应用进行访问，这样能极大降低响应时间，提升系统性能。

在 GIS Web 服务的具体使用中可以使用各种方法进行缓存的创建。WMTS 的创建就是一种典型的缓存技术，通过影像金字塔的方式将各级别的地图图像结果预先生成，在访问时直接对图像进行调用展示即可，极大提升了访问速度；在大规模的路径分析场景下也可以使用预计算技术，Post GIS 数据库将路网中的各种最短路径预先计算好并进行缓存，在面对路径查询的时候，可以直接对结果进行查询，而不必进行实时的最短路径运算；在一些专业的空间统计分析场景下，可以将相关结果进行预计算，并将计算的结果保存起来，供用户在请求时直接进行结果的查找和展示即可，如进行房屋的太阳能利用潜力运算时，就可以根据历史数据预先计算各区域的太阳能潜力，在进行分析的时候直接调用先前的运算结果。

在 Web 系统或数据库系统中，对于经常访问到的资源和数据也可以使用一些缓存框架(如 Redis 等)，将这些资源和数据缓存在内存或高速存储区域中，方便用户进行访问。

2. 客户端缓存技术

客户端缓存技术主要利用客户端的存储能力，将不是经常变化的、用户经常访问到的 GIS 数据存储在客户端，在访问数据的时候优先从客户端取得 GIS 数据并直接展现，在客户端没有数据的时候才到服务器端取得需要的数据。通过客户端缓存技术，能够显著减少 GIS Web 服务对带宽的需求，在同样的带宽下服务更多的用户，降低构建 GIS Web 服务所需的成本。

Web GIS 的客户端缓存有不同的实现方案。在手机 app 端，可以使用 SqlLite 类的文件数据库来对 app 端的客户端缓存资源进行管理。对于 Web 浏览器和手机浏览器应用，则可选择使用符合 HTML5 标准的浏览器内置数据库作为管理客户端缓存的工具(如 IndexedDB 数据库)。IndexedDB 是浏览器提供的本地数据库，允许储存大量数据，提供查找接口，还能建立索引。就数据库类型而言，IndexedDB 不属于关系型数据库(不支持 SQL 查询语句)，更接近 NoSQL 数据库。

3. 数据库优化技术

数据库优化技术主要是指对存储了空间数据的数据库进行优化，提升其空间查询操作的效率，降低响应时间。在普遍使用的关系数据库中，对数据库查询效率进行优化的手段主要通过构建数据库索引和优化 SQL 语句完成。

数据库索引的原理非常简单，但在复杂的表中真正能正确使用索引的人很少，即使是专业的数据库管理员也不一定能完全做到最优。索引会增加表记录的 DML(INSERT、UPDATE、DELETE)开销，但正确的索引可以让查询性能成百上千倍提升。因此在一个表中创建什么样的索引主要取决于各种业务需求。当在系统中需要经常进行空间查询等操作时，建立空间索引也是有必要的。

SQL 语句是应用程序与数据库引擎的交互接口，对查询语句进行优化的原则是：一要尽量利用数据库索引；二要尽量避免全表扫描。首先考虑在 where 及 order by 涉及的字段列上建立索引；其次在写 SQL 语句时，尽量避免在 where 子句中对字段进行 null 值判断，否则将导致查询引擎放弃使用索引而进行全表扫描；最后在进行表连接查询时，也要注意谨慎使用大表的连接，以避免使用过多的计算资源。

4. 横向扩展技术

对于单台的服务器，它能够提供的并发能力有限，无法满足瞬时的大量用户的请求。在这种情况下，就需要使用横向扩展技术对 Web 服务的并发能力进行提升。服务器的横向扩展技术包括服务器集群技术和负载均衡技术。

服务器集群是指将很多服务器集中起来一起进行同一种服务，在客户端看来就像是只有一个服务器。集群可以利用多个计算机进行并行计算从而获得很高的计算速度，也可以用多个计算机做备份，任何一个机器坏了，整个系统还是能正常运行。一旦在服务器上安装并运行了集群服务，该服务器即可加入集群。集群化操作可以减少单点故障数量，并且实现集群化资源的高可用性，同时提升 GIS Web 服务的并发与响应性能。

在发布的 GIS Web 服务的相关软件中，GeoServer 作为使用 Java EE 技术开发的服务器应用程序，很容易实现集群化的部署；ArcGIS Server 等商用服务器程序在设计阶段就考虑到了对集群部署的支撑，也能够方便地进行多服务器运行环境的部署，最终实现 GIS Web 服务的高可用性。现在可用性较高的 GIS Web 服务，尤其是互联网公共地图服务，基本都是通过集群技术实现其服务的高可用性。

负载均衡的意思就是将负载(工作任务)进行平衡，分摊到多个执行单元上进行运算。负载均衡可以分为硬件与软件两种方式。硬件负载均衡主要由 F5、思科等交换机进行，软件方式主要包括 HTTP 重定向、DNS 重定向、反向代理、NAT 转换等。负载均衡的主要思想是通过监控集群里每台设备的运行情况，将计算任务合理地分配给相关的计算单元进行计算，使每个任务都能有足够的计算资源来完成，以保障 GIS Web 服务的可用性。

5. 数据压缩技术

在 GIS Web 服务的运行过程中，因为 GIS 数据的特殊性，在数据传输过程中会对通信网络产生很大的压力。这种情况下，使用数据压缩技术可以减轻网络受到的压力，对整个 GIS Web 服务进行网络传输方面的优化。

通过对服务端做压缩配置可以大大减小文本文件的体积，从而使文本的加载速度成倍提高。目前比较通用的压缩方法是启用 gzip 压缩。它会把浏览器请求的页面以及页面中引用的静态资源以压缩包的形式发送到客户端，然后在客户端完成解压和拼装。还有一种压缩方法是修改文件的输出格式，例如对于同样大小的影像，使用 PNG 格式和 JPEG 格式进行输出，在视觉没有影响的情况下，JPEG 数据格式只占到 PNG32 格式大小的 10%～15%。这种压缩方法对于传输图像数据的 GIS Web 服务(如 WMS、WMTS)非常有效，能够显著降低传输的带宽。

对于矢量数据，可以通过矢量数据的压缩算法，将矢量数据进行压缩后传输到客户端。也可以通过矢量瓦片的方式，按照预先设定好的尺度将矢量数据进行抽稀存放，在访问时，直接调用抽稀后的矢量数据完成传输。这些方式都能够降低网络传输的压力。

5.6 GIS Web 服务生态体系

GIS Web 服务应用的不断普及改变了 GIS 数据和功能的共享模式，提升了空间数据的获取和利用效率，进一步扩大了 GIS 的应用范围，加深了 GIS 的应用深度。以 GIS Web 服务为中心，正在形成服务提供者、服务使用者和服务中介共存的 GIS Web 服务生态体系。

5.6.1 GIS Web 服务对于空间数据共享的重大意义

地理空间数据是一种重要的数据资产，也是构建 GIS 应用所要耗费的主要成本，被称为“GIS 的血液”，它的采集需要耗费大量的人力物力。GIS Web 服务从某种角度来说，是实现空间数据共享的最佳解决方案。

(1)GIS Web 服务的广泛使用，提升了空间数据共享的效率。使用 GIS Web 服务，可以使数据的使用者无需用过去的拷贝数据再部署的线下方式获得空间数据，而只需要通过发送 GIS Web 服务的相关请求，即可通过在线方式实时获得来自于服务端的空间数据。在保障数据安全的前提下，整个过程都在线上完成，比起线下拷贝模式的效率有了极大提升。

(2)GIS Web 服务的广泛使用，保障了空间数据的安全。使用 GIS Web 服务使得数据共享的行为可以做到“按需取数，即取即用”，服务提供者不需要将全部数据暴露给用户，这样即在很大程度上保障了数据安全；同时 WMS、WFS 规范的存在，使得客户看到的数据是原始数据通过 GIS Web 服务的加工得到的，或者仅仅以图片的方式完成数据的共享，而不用展示原始数据本身，进一步保障了数据安全；GIS Web 服务的使用还使服务的提供者完全掌握了数据的版权，为避免空间数据的盗版行为提供了技术上的可行性。

(3)GIS Web 服务的广泛使用，保障了空间数据的一致性。空间数据更新的一致性问题会直接影响到空间数据共享使用。传统的数据拷贝共享的办法让每个人都有修订数据的权利，一个数据集会随着使用者的增多而出现无数个版本，修改过程中的误差和错误也会随之传播。GIS Web 服务的使用，使 GIS Web 服务后的空间数据的编辑权利可以被服务的发布者彻底掌控，由服务发布者对其发布的空间数据进行统一的更新与维护，可以保障其共享的空间数据的一致性。

(4)GIS Web 服务的广泛使用，实现了多源异构空间数据的集成。GIS Web 服务的使用，使得应用程序可以通过 GIS Web 服务规范，访问分布在网络上的多源异构的数据集。这些数据集的所有者将其以 GIS Web 服务的方式发布，供应用开发者通过网络和统一规范的标准接口进行集成。这种集成可以在客户端完成，也可以在服务端完成后再供客户端程序进行调用，这意味着开发者可以实时、在线集成和融合分布在世界各地的不同数据结构的空间数据进行展示，并进行多数据源的数据查询操作。

(5)GIS Web 服务的广泛使用，使得复杂的在线数据分析成为可能。复杂的空间数据分析对计算量的要求极为严苛，往往涉及海量的空间数据和极为复杂的计算过程，仅仅依靠客户端的计算能力很难独立完成，需要通过调用 GIS Web 服务，直接在服务端完成计算。有的机构如 Google、航天宏图等，本身就具备巨量的空间数据和超强的服务器运算能力，让客户端应用通过调用 GIS Web 服务完成复杂的在线空间分析成为可能。

5.6.2　空间信息基础设施

空间信息是重要的战略资源，对空间数据的采集、管理、共享和分发需要有一整套体系进行支持。这一整套涵盖了软件、硬件、设备、机构、人员的体系称为空间信息基础设施（spatial information infrastructure，SII）。

5.6.2.1　空间信息基础设施发展与趋势

空间信息基础设施概念的提出虽然只有短短几十年，但发展速度惊人。1994 年，美国率先提出 NSDI(natianal spatial data infrastructure，国家空间数据基础设施)建设计划，之后，一些发达国家和地区相继制定和实施了类似计划，如加拿大的“地理空间数据基础设施”、澳大利亚的“空间数据基础设施”、欧洲 26 国的“欧洲空间信息基础设施”等，这些计划的内容大同小异，其主要内容包括：

(1)成立高层次协调组织，制定鼓励信息共享政策，协调部门和行业之间基础地理空间信息共享。

(2)组织制定空间元数据、空间数据转换和网络传输等法规和标准。

(3)国家投资生产基础性地理空间信息和对地观测信息，提供社会化共享，如美国地球观测系统及国家资源数据中心。

(4)建设国家地理空间信息交换中心，促进地理空间信息网络共享和应用，如美国内政部地质调查所的 Clearinghouse。

目前，我国 SII 的建设包括空间信息的收集、管理、协调和分发的体系和机构，空间数据收集系统，地理空间数据集 Metadata 和空间信息交换网络，基础空间框架数据以及地理空间数据标准。

1996 年，跨国宽带网络开始应用，空间信息基础设施进入快速发展阶段。在美国国家空间数据基础设施带动下，已有 100 多个国家建设了本国的空间信息基础设施。但空间信息基础设施发展并不平衡，表现在交换中心的建设进度和应用节点的规模上。1998 年，空间信息与传统地球信息网络集成技术加速发展，美国首先提出基于多源、多分辨率空间信息网络集成应用，以及模型处理、三维显示和虚拟现实为特点的“数字地球”应用。全球空间信息基础设施进入发展高峰。2001 年，美国“航天飞机雷达测图计划”的技术系统采用了一台向外伸展60 m 的雷达天线形成干涉，在 11d 中利用 C 波段和 X 双波段测绘了位于 60°N～56°S 面积为 1.126×10^9 km^2 的地区 1 m 分辨率的地面数字模型，获得的数据总量高达 12 TB，并公开发布经处理得出的全球 30″尺度的地面数字化模型，构建 1 m 分辨率的地球地面模型。

2002 年，欧盟议会通过建立欧洲空间信息基础设施的决议，在欧盟各国空间信息基础设施基础上，建立跨国区域性空间基础设施，并且将欧洲通信卫星网络、全球环境监视与安全计划(global environmental monitoring and security，GEMS)和伽利略导航系统等空间基础设施计划纳入其中。

2005 年，在美国地球观测系统计划的基础上，80 个成员国和地区及 40 多个国际组织参与的国际地球观测组织宣布，将用 10 年时间建成全球地球观测系统，全球空间信息基础设施被提上议事日程。同年，美国 Google 公司率先推出了 Google Earth，成为第一个采用"数字地球"技术面向全球公众的空间信息共享平台，是空间信息基础设施应用的典型实例。

2010 年以来，空间信息基础设施除了满足自身完整性外，开始和新一代信息技术进行融合，逐步走入实用阶段，为智慧城市应用贡献了足够的力量。空间信息基础设施除了提升空间信息技术外，对物联网、云计算、移动互联、大数据和各种专题应用技术进行了进一步的融合。

从全球及各洲、各国的情况来看，全球空间信息基础设施一直致力于推进各个国家和组织在"如何建设空间信息基础设施"这一问题上实现信息共享。

欧洲各国在组织问题、法律问题、资金问题、参考数据和核心主题数据、元数据和访问服务等方面进行了大量研究，也形成了不少成果和国际标准。欧洲空间信息基础设施的一个重要特征就是其建设由公共事业部门推动，很少有私营企业涉足，这种状况与澳大利亚、加拿大及美国的情况形成鲜明对比。欧洲空间信息基础设施总的特点是：将空间信息基础设施建设和应用融入其中，同时，其建设与应用覆盖不同发展水平地区，这对我国的空间信息基础设施建设最有参考价值。

5.6.2.2 我国的空间信息基础设施

国家空间数据基础设施是国家信息基础设施之后的又一个国家级信息基础设施，其目的是协调基础地理空间数据集的收集、管理、分发和共享行为。空间数据基础设施主要由四个部分组成：数据交互网络体系、基础数据集、法规与标准、机构体系。从技术的角度来看，其内容主要有：空间数据收集系统、元数据和空间信息交换网络、基础空间框架数据、地理空间数据标准。

空间数据收集系统：近几年组网成功的北斗定位导航系统、"高分"系列的遥感卫星及各类专业卫星，以及包括了载人飞机、无人机，车载、船载、地面定点在内的各类传感器和空间数据获取装备的空天地一体化的空间数据收集系统。

元数据和空间信息交换网络：包括国家基础地理信息中心、中国科学院、国家信息中心、北京大学等许多单位已经开展了 Metadata 标准方面的研究，但是还需同国际上相关工作接轨。空间信息交换网络主要利用了国家信息基础设施，包括中国公用分组交换数据网、中国互连网、金桥网、教育科研网等。

基础空间框架数据：国家测绘局进行了基础空间框架数据的输入和建库工作，其中包括全国 1:25 万地形数据库、全国 1:25 万地名数据库、全国 1:25 万数字高程模型、全国 1:100 万地形数据库、全国 1:100 万地名数据库、全国 1:100 万数字高程模型库、全国 1:400 万地形数据库、全国 1:400 万重力数据库、部分地区 1:5万 4D 产品系列、全国七大江河 1:1万 4D 产品系列等。

地理空间数据标准：国家测绘局以及其他相关部门建立一系列空间信息标准，并已经发布实施，包括"地理格网""国土基础信息数据分类与代码""林业资源数据分类和代码""全国河流名称代码”等，此外还包括涉及空间数据交换格式、椭球体和投影等各个方面的标准。

近年来，随着我国“新基建”概念的提出，空间信息基础设施也有了新的内涵，现在的空间信息基础设施是国家信息基础设施的重要组成部分，是涵盖了通信网络、导航与位置服务网络、天空地传感器网络、地理空间信息服务平台网在内的新的技术体系，其主要构成体系见表5－24。

表 5－24　新时代的空间信息基础设施构成体系

空间信息基础建设类型	建设内容
通信网络	有线网络：互联网、电信网、广电网； 无线网络：2G、3G、4G、5G； 空间网络：星地通信、星星通信、机星通信
导航与位置服务网	北斗导航卫星系统、地基增强服务系统、广域实时精密定位服务系统、室内与地下导航定位、天地融合的导航与位置服务网
天空地传感器网络	高分辨率对地观测系统（遥感卫星、航空遥感、无人机）、移动道路测量系统、地面传感网、水下传感网、地下传感器
地理空间信息服务平台网	纵向多级、横向多库，异构共享的多级多地天地图服务平台，横向、纵向空间数据在获得许可的情况下互联互通，协同服务

5.6.3　空间信息共享门户

世界已经步入地理空间信息服务时代，地理空间信息共享多以计算机网络为基础，通过地理空间信息服务的形式实现。目前，地理空间信息资源存在于社会各个部门，但这些分布在空间以及网络上的各种服务资源未能得到及时有效的管理和使用，进而造成了“被数据淹没，却仍找不到信息”的困境。为了更好地实现地理空间信息的资源快速整合、应用快速搭建、资源协同共享以及在线智能制图，需要一个门户作为用户寻找地理空间信息资源的起点和入口，供用户进入并对地理空间信息资源进行检索，帮助用户快速找到所需的地理空间信息资源。

5.6.3.1　空间信息共享门户功能分析

所谓门户，是指查询信息的入口。门户的形式可以是多种多样的，可以简单到一个搜索引擎，如 Google 搜索，虽然它的界面只有一个搜索框，却能够领导我们找到各种需要的信息。也可能是像搜狐那样的分类网站，首页有很多的链接，帮助我们找到相关的信息。

空间信息共享门户是一种对地理空间信息资源的访问入口。地理空间信息资源包括离线数据、在线数据服务及在线的功能服务等。作为空间数据共享门户，应该具备以下功能。

1. 空间信息资源采集功能

空间信息门户应该具有空间信息资源的采集功能。这种采集功能，可以是通过网络爬虫或者搜索引擎自动搜集信息资源;也可以通过提供注册接口,供空间信息资源的发布者手动注册空间信息资源,完成空间信息资源的采集工作。被采集的空间信息资源,主要以各类空间信息资源的元数据为主。这些元数据包括离线空间数据的类型、年代、分辨率等;在线数据服务的访问请求地址、类型、服务资源描述等;在线功能服务的描述、请求地址等。

2. 空间信息资源管理功能

将各类空间信息资源的主要描述和访问方式进行采集后统一归类,并按照一定的主题进行分门别类的整理后,对其进行有序的管理。管理功能包括空间信息资源元数据的编辑管理,还可以对空间信息资源进行定期的服务质量评估,保证各类空间信息资源的有效性等。

3. 空间信息资源检索功能

对于门户来说,最重要的功能就是要辅助用户找到其需要的各类空间信息资源,这个查找功能主要通过空间信息资源检索模块实现。检索的形式可以是基于关键词的检索方式,也可以是基于资源分类的浏览模式,还可以是基于空间范围的空间查找模式,几种方式可以结合在一起,帮助用户迅速查找定位到需要的空间信息资源。

5.6.3.2 空间信息共享门户实例——ArcGIS Portal

空间信息共享门户的功能列表是从使用者逻辑角度提出的功能点。有很多的空间信息门户产品都有以上的功能,甚至比以上功能提供更细致和贴心的设计。下面以 ESRI 公司的 ArcGIS Portal 产品为例,说明空间数据共享门户实例。

ESRI 公司于 2004 年提出了 GIS Portal 的概念,经过发展,Portal for ArcGIS 产品日臻成熟。Portal for ArcGIS 是一款商用的、可协同的地理空间内容管理系统,它集地图、程序、群组、服务及资源于一身,为组织机构提供了一个平台。组织人员按照不同分工,可以使用 Portal for ArcGIS 进行资源的集中组织管理,并且在部门间实现资源灵活共享,通过 Web 地图实现在一张图上的协同办公,进行资源的高效搜索,辅助领导科学决策。可以说,Portal for ArcGIS 开启了企业内部 GIS 应用的新模式,提供了一个直观的即用型工作空间,在不打破原有业务系统运行的情况下,它为企业提供了一个统一的多部门协同工作的平台,将全部的流通信息都整合在一个平台中。使用人员可以创建组并邀请组织内其他用户参与到兴趣相同的项目中来。组可分为私有组或公共组,组成员可以迅速高效地与其他人员共享地图、数据以及其他信息,极大地方便了部门间进行协同工作,提高了工作效率。同时数据仍由本部门管理,要做的只是把专题结果以服务方式注册到平台上再一键式共享出去,分享范围以及分享方式都由本部门决定。Portal for ArcGIS 还是一个应用开发支撑平台,为使用人员提供了即拿即用的地图服务与 GIS 工具服务,“一键式”在线创建 Web 应用,丰富、强大、开放的 API 等,能够构建各种应用程序并实现业务数据整合。

Portal for ArcGIS 又是资源管理平台,提供了完善的资源管理方案,以便使用人员管理组织内部庞大繁多的空间信息资源。使用人员可以将自己的成果按照不同分类保存进相应的目录中,并能设定资源标签方便检索和定位。可以看出,Portal for ArcGIS 是一种空间数据共享门户的解决方案，它针对的主要是 ArcGIS 空间信息资源的共享，是一种基于企业应用的空间信息资源共享门户。

5.6.3.3　空间信息共享门户实例——GeoNetwork

GeoNetwork 是一个标准化的分布式空间信息管理平台，设计用于访问具有空间特征的数据库、地图产品以及相关各种来源的元数据，进而促进基于网络的空间信息交换与共享。这种地理信息管理方式旨在便于各界用户快速查找和获取已有的空间数据和专题地图等信息资源，以用于决策支持。

GeoNetwork 项目始于 2001 年，其前身是联合国粮食及农业组织的一个空间信息目录系统，目前该项目已经广泛应用于全球的空间数据基础设施建设。该项目是一个空间信息目录应用程序，它可以管理空间信息资源且提供了强大的元数据编辑和搜索功能以及一个交互式的网络地图查看器。

通过 GeoNetwork，用户可以完成以下工作：

(1)查找并获取空间信息。该项目提供了一个已使用的网络界面，用于搜索多个目录的地理空间数据。搜索提供全文检索及基于关键词、资源类型、组织、规模等在内的专业搜索，用户可以轻松地改进搜索并快速获取感兴趣的记录，从而快速找到并浏览发布数据集的源头或服务。

(2)查看并制作地图。使用 Openlayers 开发的交互式地图查看器提供对 OGC 服务(WMS、WMTS)和标准(KML、OWS)的访问。用户可以轻松找到新的服务、图层甚至动态地图，并可将其组合在一起。用户的地图可以注释、打印并与其他用户共享。

(3)发布和描述资源。GeoNetwork 提供了一套在线元数据编辑工具，用于描述空间信息资源。元数据编辑器支持 ISO19115/119/1100 等空间元数据标准，以及通常用于开放数据门户的都柏林核心格式。这个编辑器还提供了数据、图像、文档和 PDF 文件等多种形式内容的上传功能，同时支持多语种的元数据编辑、系统验证、提示元数据质量的建议，以及将数据以 OGC 图层的方式进行发布的功能。

(4)资源收割功能。该项目提供的管理控制台能够提供对系统配置的快速访问，管理用户和账号，并从多个数据源收集元数据。这些数据源包括 OGC 的 CSW 目录服务、OGC 服务、本地文件系统、ArcSDE、Z.3950 协议、Esri 的 Geo Portal、OAI - PMH(open archives initiative -protocol for metadata harvesting，开放档案倡议-元数据收割协议)等不同协议支持的数据源。通过对资源节点的注册，GeoNetwork 能够定期从这些节点收割更新的空间信息资源的元数据，并自动完成数据资源的更新。

5.6.4　开放数据的获取与混搭应用开发

当 GIS Web 服务普遍使用后，通过开放渠道的标准接口获得所需的数据和功能资源，以混搭的方式进行 GIS 应用的开发，逐渐成为新的 GIS 应用开发方式。以下就常规 Web GIS 应用开发为例，说明开放数据获取与混搭应用开发的流程。

5.6.4.1　开放数据的获取

到目前为止，已经有较多的开放平台对其自有数据进行了整理和开放，在开发 Web GIS

应用之前，要先针对用户的数据需求与更新要求，查找并收集相关的基础 GIS 数据的开放数据源。

开放数据源一般分为两种：一种是基础地图服务，以国家测绘部门的天地图服务为代表，包括国内外的互联网企业提供的互联网地图服务等；另一种是专业地图服务，涵盖了气象、地震、地质、林业等各个不同的领域，这类数据资源主要来自政府各部门。如表 5－25 所示，技术人员在进行项目搭建之前，应先分析任务需求，并从各数据源进行开放数据的获取。获取到数据资源后，应进行数据预处理，保证各类空间数据都能统一到同样的空间坐标系下，所需要的字段、地图制图样式能够满足项目的需求。在此基础上，再进行混搭应用开发。

表 5－25　开放数据资源

服务类型	服务名称	备注
基础地图服务	天地图服务	免费，各省、直辖市和地市的天地图服务数据的现势性更强，在线地图服务
	ArcGIS Online	免费，在线地图服务
	百度地图服务	免费，在线地图服务
	高德地图服务	免费，在线地图服务
	腾讯地图服务	免费，在线地图服务
	谷歌地图服务	免费，在线地图服务
	Bing 地图服务	免费，在线地图服务
	OSM 地图服务	开源地图服务，同时提供离线数据下载
	Here	免费，在线地图服务
专业地图服务	气象数据服务	国家气象科学数据中心
	遥感影像服务	各类遥感影像下载网站
	环境数据服务	环境云
	地震数据服务	国家地震科学数据共享中心
	海洋数据服务	国家海洋科学数据中心
	地球数据服务	国家地球系统科学数据服务中心
	地质数据服务	中国地质科学院地质科学数据
	生态数据服务	国家生态资源数据中心
	林业与草原数据服务	国家林业和草原科学数据中心

5.6.4.2　混搭应用开发

混搭(mushup)是指把多个来源信息加以组合的网络技术。混搭应用是指把多种、散乱数据加以组合的定制化应用软件,并能提供新型和独特的功能。

通过 GIS Web 服务和应用编程接口技术,用户可以通过重新混搭从任何地方得到的空间数据或在线资源,创建不同的应用场景,从而使信息应用变得更加高效和有创造力。空间信息的混搭应用开发,有时候表现为空间信息服务之间的混搭,有时候表现为空间信息+专题信息之间的混搭。其特点是通过这种简单的方式,降低了 Web GIS 应用的门槛,释放了大众的创造能力,让 Web GIS 应用进入更多的应用场景,扩展了其应用范围。下面介绍两种典型的混搭应用案例。

在新冠疫情中,为了应对持续不断的公共卫生紧急情况,约翰斯·霍普金斯大学系统科学与工程中心制作了“全球新冠病毒扩散地图”,用于实时可视化和跟踪报告的病例,并于 2020 年 1 月 22 日首次公开。在地图开放之初,从 2020 年 1 月 22 日至 1 月 31 日,整个数据收集和处理都是手动进行的。在此期间,通常每天早上和晚上进行两次更新。随着疫情的发展,手动录入已经不现实了,于是在 2020 年 2 月 1 日的时候采取了半自动化的实时数据流策略,而这些数据来源于包括对在线新闻服务发布的消息的实时监控,也有来自各疾控中心的直接通信。根据疫情地图首页介绍,数据主要来自世界卫生组织、美国疾控中心、欧洲疾控中心、Worldometers.info 网站、BNO 通讯社、美国各州各地区卫生部门以及中国卫健委等。工程师使用了 ArcGIS Online 上的一套疫情响应模板,结合各地的疫情数据,快速搭建了疫情地图(见图 5-22),该地图网站每天最高访问量达到了十几亿次。

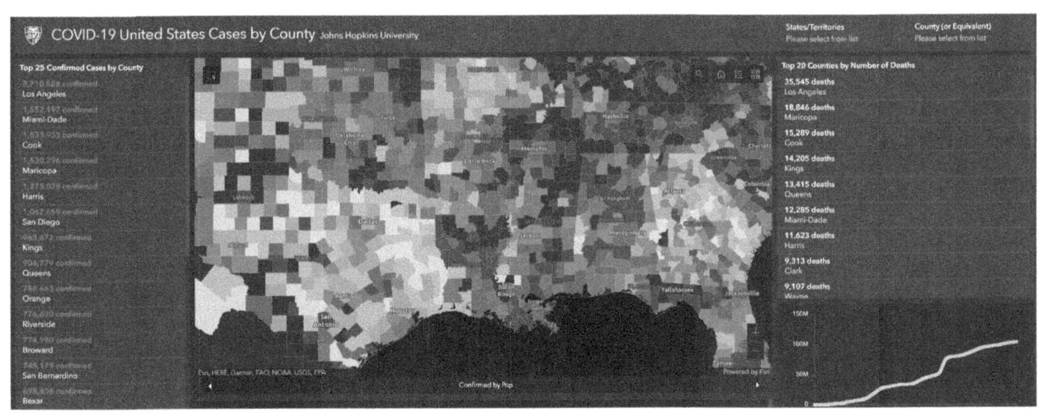

图 5-22　混搭应用——疫情地图

如图 5-23 所示的台风网是由中央气象台主持开发的,该系统可及时、准确地提供台风的实时路径及路径预测信息。该系统集成了来自天地图、高德地图等作为地形、卫星和行政区划底图,还聚合了来自中国、日本和美国的台风预报机构的台风追踪和预报数据,向公众提供了台风的实时追踪和预警信息,是一个权威的台风路径实时发布网站。

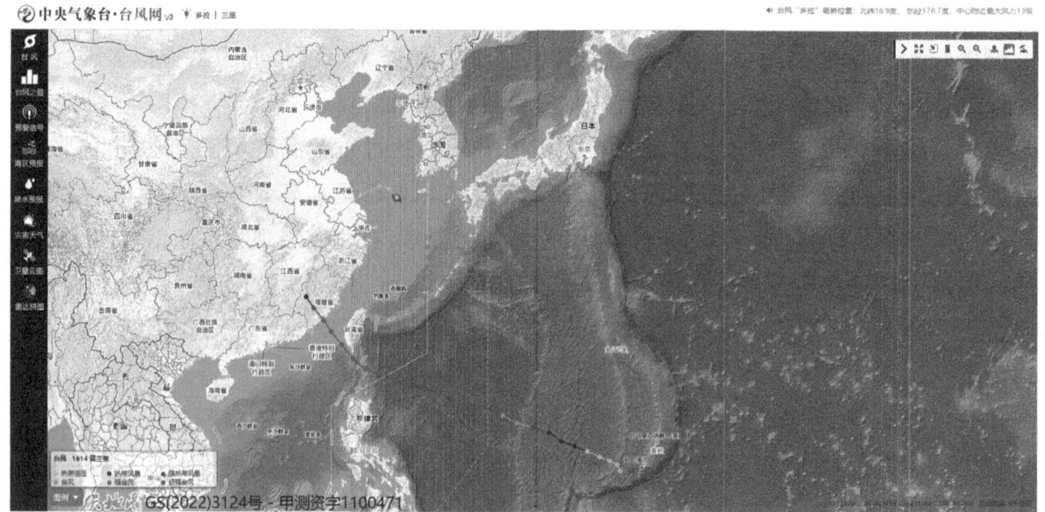

图 5-23　混搭应用——台风路径追踪

第6章 Web GIS应用热点

随着信息与通信技术的不断演进,云计算、物联网、大数据、人工智能、虚拟现实等新技术不断发展,这些技术逐步与GIS技术相融合,推进Web GIS在各种新场景下的应用。

Web GIS本质上是一门融合了计算机网络、数据库、GIS等多个交叉领域的应用技术。它研究应用的热点和发展趋势也会和这些领域的新进展和新热点相结合,产生在不同领域下的不同Web GIS应用场景。本章的主要目的是向读者介绍Web GIS当前应用的热点领域,以便读者后续自行学习和研究。

6.1 云计算领域

云计算是分布式计算技术进入到新时代的产物。云计算是与信息技术、软件、互联网相关的一种服务,云计算是把许多计算资源集合起来,形成一种叫作"云"的计算资源共享池,通过软件实现自动化管理,只需要很少的人参与,就能让资源被快速提供给用户。也就是说,计算能力作为一种商品,可以在互联网上流通,就像水、电一样,可以方便地取用,且价格较为低廉。

云GIS主要以云计算相关技术理论及方法为基础,扩展GIS基本功能,进而逐步完善传统GIS结构体系,提升存取及处理海量空间数据的性能,增强计算及数据处理能力。其本质是在支撑云基础设施的云计算平台中更高效、便捷地部署GIS平台及地理空间信息,以结合实际需求有针对性地提供基于Web的GIS服务,进而使地理信息服务能力的扩展能力更为强大。

6.1.1 云GIS的技术特征

云GIS可以简单理解为GIS软件在云计算环境中运行,将云计算的各种特征优势用于支撑地理空间数据的存储、建模、处理与分析过程,改变了传统GIS的应用方法和建设模式,其技术特征可以概括为以下几个方面。

1.云环境下的GIS资源集成和并行计算

针对云环境下数据的异构多源分布式等特点造成的数据孤岛难题,利用开放规范的OGC接口,统一对数据共享并实现数据的无缝集成。利用云计算多核、大内存、弹性扩展优势实现空间分析算法的多线程并行计算,大幅提升数据密集和计算密集场景的处理效率。利用云计算的微服务架构和容器技术(如Docker等)实现GIS功能的解耦和服务化拆分以及相互间的运行隔离,提高GIS的计算性能和资源利用率。

2. 支持跨终端的资源访问和应用开发

采用 REST 架构,使应用通过互联网、移动互联网就能获取云计算支撑下的各类 GIS 计算、服务、软件和数据。在客户端,融合 WebGL 技术实现轻量级开发,减少 Web 应用开发对终端的依赖,最大程度发挥云计算优势。

3. 云端互联和云端协同

云 GIS 和各种终端之间的连接除了直接连接之外还存在跨内外网、多级、混合等连接方式,面临着不同程度的复杂问题,如网络带宽压力、异构服务访问等。通过云计算技术,灵活使用服务端聚合和客户端聚合技术,实现跨区域、跨层级、跨部门异构 GIS 应用系统的资源整合,使终端直接利用云上的多源地理信息和服务,实现多终端在线协同工作。

6.1.2 云 GIS 的关键技术

1. 基础设施虚拟化技术

虚拟化技术是云 GIS 平台的重要技术之一。虚拟化技术能够将基础资源进行虚拟处理,包括服务器、网络以及存储等基础构架,使得各种设备之间的差异完全消失,有助于进一步提升系统的兼容性,从而对各种基础资源进行统一管理。如图 6-1 所示是基础设施虚拟化示意图。

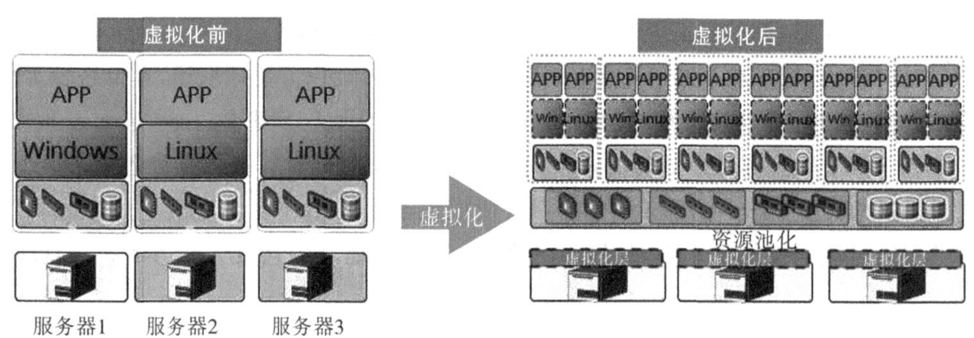

图 6-1 基础设施虚拟化示意图

云 GIS 平台所需的系统与程序的运行都是通过虚拟化处理的服务器实现的,突破了传统物理计算机的限制,能够跨越软硬件环境的基础构架完成运行。虚拟化技术还能够有效简化 GIS 平台的研发,只需要重视业务逻辑的开发,不用花费太多精力与时间在计算资源的分配与调度上。

2. 空间数据云储存管理技术

云 GIS 平台需要进行大数据的处理,如何在庞大的信息数据中快速寻找到所需的资源是云储存技术需要有效解决的问题。云储存是指通过数据库、分布式文件储存、数据集群等技术,将各种数据存储机制集合在一起,共同进行协调工作,并为用户提供信息存储与查询搜索的一种服务。云存储的关键在于云平台中不同存储机制的共同作用,通过云平台系统来实现存储机制集合并提供有效的存储服务,从而转变为一个以数据存储、查询为中心的信息服务平台。

3. 云 GIS 资源监控技术

云 GIS 的资源监控是指对平台中各种资源使用情况以及节点负荷压力进行实时监测，为云平台平稳运行提供信息资源，从而更好地进行资源分配与调度，也是实现云端资源管理的重要环节。资源监控能够通过独立的监控功能掌握云平台中所有资源的使用情况，通过在各节点上布置代理监控程序，借助监控程序掌握各节点的信息状态，并将实施状态传送到监控中心的数据处理器中进行分析，从而得到各节点资源的访问率与使用状况，并为可能出现的系统问题提供相应的处理参考依据。

6.1.3 主流的云 GIS 软件

目前主流的 GIS 服务端软件基本都实现了具备在云端的部署功能。如 ArcGIS Server/Enterprise、SuperMap iServer、MapGIS IGServer、GeoServer 等都能支持在亚马逊、阿里云、微软 Azure 等通用的云计算平台上进行虚拟化部署，都可以根据服务器使用情况，调用不同的资源进行弹性扩展。

6.2 物联网领域

6.2.1 物联网数据特点

物联网(Internet of things，简称 IOT)是指通过各种信息传感器，包括射频识别技术、全球定位系统、红外感应器、激光扫描器等各种装置与技术，实时采集任何需要监控、连接、互动的物体或过程，采集其声、光、热、电、力学、化学、生物、位置等各种需要的信息，通过各类可能的网络接入，实现物与物、物与人的泛在连接，实现对物品的智能化感知、识别和管理。

物联网传感器采集的数据有以下特点：一是基本上所有的数据都有时空信息，如人、车轨迹，相机拍摄的时间地点，环境监测设备采集数据的时间和地点等；二是数据的实时要求高，要求采集到的数据能够实时显示，以支持一些对实时分析要求高的场景，如自动驾驶等；三是传感器数目多，传感器定时回传数据，会随着时间带来海量的数据，导致对数据的统计分析困难；四是传感器种类多、品牌杂、应用领域广，在应用领域还缺乏统一的编码和传输标准。在这种情况下，Web GIS 面对物联网数据的挑战，需要有新的技术与之适配。

6.2.2 物联网应用关键技术

根据物联网采集到的数据的几个特征，在物联网环境下的 Web GIS 应用需要有以下的关键技术进行支撑。

1. 物联网数据接入技术

物联网终端可以通过有线网络、无线网络、蓝牙、ZigBee、NFC(near field communication，近距离无线通信)、UWB(ultra wide band，超宽带技术)等不同的方式将物联网传感器采集到的数据通过物联网专有协议统一接入到应用系统中的数据管理模块。在物联网中,对注册接入的物联网终端可以通过开放性的计算机网络实现信息交换和共享,并实现对物联网终端的管理和监控。作为服务端,可以提供公共的物联网平台,能够高速接入各类传感器发送的数据并将其存储起来,按照时间、空间和业务领域进行有效组织和索引,应用于不同的业务应用领域。

2. 流式数据实时处理技术

物联网数据呈现出数据源密集,每条数据的数据量相对较少,数据发送频率高的特点,而且在某些场景下,采集的数据会和具体的业务相联系。如环境监测数据超标,地理位置监测的目标超出围栏范围,区域交通流量进入警戒范围等。这些业务不能等到物联网监测数据进入到数据库后再进行处理,而是需要在收集到数据的时候直接对数据流进行计算,进行数据的实时处理,及时完成判断、预警、告警、通知相关责任人等操作。

流式数据的处理平台主要来自各互联网厂商,如 Storm、Spark、Samza、Flink 等。但这些流处理主要针对的是普通的流数据,而非专门针对有时空位置信息的流数据进行定制和优化,无法给流数据的处理定义基于时空的规则。在这方面,ArcGIS 的 GeoEvent Server, SuperMap iServer 的流数据服务等都做出了一些探索,针对流数据提供了丰富的实时分析处理工具,包括属性过滤器、空间过滤器和自定义转换器函数等功能,完成自定义的时空流数据处理流程服务。

3. 流式数据的存储与分析技术

对流式数据的存储与分析也是 Web GIS 和物联网技术相结合的重点。物联网的数据短、时间间隔短、数据源多,但各数据源之间缺乏联系,只使用单个的传感器传输的数据无法得到数据的全貌特征。在做好流式数据的及时存储、索引的前提下,使用 GIS 时空统计与分析技术从时空视角对一段时间内的流式数据的空间分布特征、时间分布趋势、属性热点分布、专有业务趋势分布等方面进行分析和展示,才能够揭示流式数据体系的全貌特征,得到更全面,更有价值的分析结果。

6.2.3 Web GIS 物联网的应用案例

将物联网技术与 Web GIS 技术结合,能够在很多需要实时采集数据并提供对数据的及时展现和分析的领域应用,并已取得了不错的效果。如在环境监测领域,通过物联网传感器实时采集空气质量数据或噪声数据等,以随时对环境质量超标现象进行报警,展示报警区域的地理位置等;在车辆监控领域,通过对车载传感器设备数据的及时接收分析,能够实时获得车辆的行走轨迹和状态,如是否在安全范围内正常行驶,是否超速等,通过设置地理围栏,在车辆进入、离开目标区域时提醒相关人员;在人员、设备监控领域,也可以通过传感器实时获取关键人员(老人、小孩等)的地理位置和生理特征,并监视对象是否离开或进入特定的区域等;在制造厂、工业园区等,对大量传感器采集到的工业设备运行数据进行监控,并在地图上显示发生异常的设备位置;在社会应用中,对社会热点事件、舆情事件等,也可对其进行实时的监控分析,感知社会热点舆情的程度和其发生的区域等。

6.3　时空大数据领域

6.3.1　时空大数据特点

大数据是信息时代数字化、网络化和智能化发展的必然趋势，是全球信息化发展到高级阶段的产物。作为 Web GIS 这种应用技术，需要更加紧密地与大数据发展相结合。

时空大数据也是大数据的一种，它具有时间和空间两个维度。时空大数据是一个更加科学严谨的概念，它是指以地球（或其他星体）为对象，基于统一时空基准，与位置相关联的地理要素或现象的数据集，具有空间维（S）、时间维（T）和属性维（D）等基本特征。其中，空间维指地理信息具有精确的三维空间位置（S－XYZ）或空间分布特征，具有可量测性，需要一个高精度的空间基准；时间维指地理信息是随时间的变化而变化的，具有时态性，需要一个精确的时间基准；属性维指空间维上可加载的各种相关信息（属性或专题信息），具有多维特征，需要一个科学的分类体系和标准编码体系。时空大数据应包括基础时空数据（遥感影像和基础矢量底图）、公共专题数据、物联网实时感知数据、互联网在线抓取数据等。当前时空大数据的获取效率不断提升，已逐步达到 ZB（泽字节）级别。

时空大数据能够反映地理世界（时空）各要素或现象的数量和质量特征、空间结构和空间关系及其随时间的变化，是人类认知地理空间世界的基础。时空大数据反映了人类活动（社会、经济、文化、工作、学习和生活）的时空规律，是一切大数据集合（空间化）和聚合（一张图）的基础时空框架，是各部门各行业信息系统的基础。

6.3.2　时空大数据关键技术

根据时空大数据的特点，要完成时空大数据的实际应用，需要解决以下几个关键技术问题。

1. 时空大数据的组织与管理技术

时空大数据数据量大，数据更新快，呈现多源、异构、多维等特点。时空大数据组织与管理的目标是对全覆盖、多类型、高密度、高频度的时空数据进行有效管理和应用。要达到这一目标，一是需要有可扩展、可灾备、易运营的大数据存储环境，具体采用多块硬盘构建的磁盘阵列，各个计算节点既配备独立的存储空间，也共享整个局域网的磁盘阵列，建立“自主-共享”多层次存储环境；二是在数据组织上，将影像的元数据与数据本身分割存储，影像以文件的方式存储于文件系统，而将元数据存储于数据库，获得更高的系统扩展性和 I/O 并发性；三是通过全球剖分模型，建立统一的地表时空基准，实现与经济数据等数据关联和融合，真正达到多源数据的协同利用。

2. 时空大数据规模化计算技术

时空大数据的规模化计算解决的是对数据库中地理时空数据的高效利用，同时使用异构式计算资源协同计算的问题。时空大数据的规模化计算技术包括通过建立面向地理时空大数据的高效 IO 模型,实现时空大数据的高速输入、输出;协同利用集群、多核、GPU 等异构的计算资源,实现高效能的并行化处理;建立分布式的开发环境,实现软件功能的粒度化划分,通过“众创”和“众包”方式实现功能的工具化研发;通过工具流、流水线等方式实现工具的松散集成。

3. 时空大数据可视化实时输出技术

对时空大数据分析计算后的结果,一定是需要将其输出为用户能够看懂的样式,这就需要将抽象的数据转化为图像、图形等直观的方式显示。用户通过前端交互式地配置影像地图,可视化服务器响应用户的配置请求,并由渲染节点实时渲染地图瓦片,另一方面,服务器将渲染的地图瓦片实时返回到客户端,实现交互可视化。这个过程需要在极短时间内完成,使用分布式渲染技术,将渲染任务分配到具有最小计算负担且具有较多本地渲染数据的节点上,通过调度策略完成时空大数据分析计算结果的实时输出。最终输出的分析成果可以使用 GIS Web 服务的方式对外发布,供客户端程序进行调用。

6.3.3 时空大数据应用

当前,基于时空大数据的应用都是基于云计算技术,建立从基础设施、数据、平台到服务的一体化时空信息云平台,将各类时空大数据进行有效管理,并按照实际需求进行处理、存储、管理并提供相应服务,满足各类智慧应用的需求。如“遥感云”汇集各类遥感大数据,统一对外提供遥感数据下载和遥感数据在线分析服务,如谷歌地球引擎、PIE Studio 计算等就是此类应用;“位置云”提供与位置相关的各类服务,将手机接收到的导航卫星信号与各类定位相关的传感器信息传输到云计算中心,通过实时解算,实现室内外的高精度手机连续位置定位和实时导航。除此之外,时空大数据在国防、气象、交通等领域都得到了广泛应用。

6.4 人工智能领域

人工智能技术诞生于 1956 年,但随后很长时间没有得到较大突破。20 世纪 80 年代机器学习诞生后,人工智能才得以较快发展,但 20 世纪 90 年代再次进入低谷。直到 2000 年机器学习中的重要分支——深度学习诞生,再次推进了人工智能的研究和应用热潮。

GIS 与人工智能的结合(AI GIS)技术成为当前重要的研究方向。AI GIS 是指将 AI 技术与各种 GIS 功能进行有机结合,包括融合 AI 技术的空间分析或空间数据处理算法(即 Geo-AI)以及 AI 与 GIS 的相互赋能的一系列技术的总称。越来越多的学者从不同专业应用角度探讨 AI GIS 技术,其在遥感图像处理、水资源研究、空间流行病学、环境健康领域等方面的应用取得了很好的成果。在 AI GIS 领域产生的诸多 AI 算法,都能通过 Web GIS 将其发布并进行实时调用,使普通用户就能够使用 Geo AI 算法。

6.4.1 人工智能发展情况

自深度学习算法被提出以来,人工智能技术应用取得了突破性发展。2012 年以来,数据的爆发式增长为人工智能提供了充分的“养料”，深度学习算法在语音和视觉识别上实现突破，令人工智能产业落地和商业化发展成为可能。人工智能的发展建立在机器学习的基础上，除了先进的算法和硬件运算能力，大数据是机器学习的关键。大数据可以帮助训练机器，提高机器的智能水平。数据越丰富完整，机器辨识精准度越高，因此大数据将是各企业竞争的真正资本。目前，中国人工智能技术层中语音识别、自然语言处理等应用渐入佳境，已广泛应用于金融、教育、交通等领域。人工智能算法成果大部分已经通过 Web 服务技术对应用进行赋能。如科大讯飞的语音识别服务可通过 Web 服务给第三方开发的 app 中使用，完成语音的识别功能。

6.4.2　人工智能 GIS 的技术体系

AI GIS 技术由 3 部分组成，除得到广泛研究的 AI GIS 算法之外，还包括 AI 赋能 GIS 和 GIS 赋能 AI 两部分。AI GIS 算法是融合 AI 的空间数据分析与处理算法，是 AI 和 GIS 充分融合的产物，既属于 AI，也属于 GIS。AI 赋能 GIS 则是利用 AI 的能力提升 GIS 软件的用户体验。GIS 赋能 AI 则是 GIS 利用其可视化和空间分析技术，对 AI 算法处理其他非空间数据输出的结果进行可视化和进一步空间分析的技术和应用。

1. AI GIS 算法技术

AI GIS 算法由基础工具中 AI 流程工具与 AI GIS 算法本身共同组成，AI GIS 算法分为空间机器学习和空间深度学习两种。要实施 AI GIS 算法，需要一整套流程工具，完成 AI GIS 算法所需的数据准备、模型训练和模型应用。两者相辅相成、不可或缺。

空间机器学习技术实现的复杂性不高，计算速度较快，多用于各种数据表格形式的空间数据的离散或连续值的分析和预测，模型对于复杂结构关系的学习能力较为有限。空间深度学习则通过反向传播算法进行多层次特征提取，可以学习到比一般机器学习更深层次的抽象特征，进而发现数据的复杂模式。

根据机器学习的一般流程，结合地理空间信息的特殊情况，GeoAI 工作流程可分为数据准备、模型构建和模型应用 3 个环节。在数据准备阶段，AI GIS 平台需要支持一些通用 AI 标准数据格式与 GIS 格式的转换，提供 AI 样本制作工具。在模型构建阶段，AI 模型训练的超参数等元信息与 GIS 软件难以集成，不同框架的模型文件格式各异，需要设计统一格式进行模型和训练信息的统一。在模型发布和推理阶段，GIS 平台需要统一的流程识别模型格式，并在 GIS 服务中部署、发布、管理等。

2. AI 赋能 GIS 和 GIS 赋能 AI

AI 赋能 GIS 主要是通过 AI 算法的能力，提升 GIS 软件的智能化水平。通过深度学习等人工智能技术的非结构化信息感知与提取能力，能够补充 GIS 在各种场景下处理新型数据源的能力，提高 GIS 在数据获取、处理、制图及与用户交互的效率。如 AI 的自动影像文字识别功能可以提升 GIS 外业调查软件的录入效率；使用计算机视觉可以提升室内、室外 GIS 软件进行测图的能力，降低室内测图成本；通过深度学习自动完成 GIS 地图的配图配色；通过对人体姿态的识别，完成二维、三维地图的操控等。

GIS 赋能 AI 主要是面向 AI 计算识别结果,GIS 可以利用其空间可视化和空间分析能力处理与挖掘数据的价值。对 AI 计算的结果,GIS 可以分析其数据的空间分布特征和趋势;可以对结果进行属性值聚合,发现高值聚集区域;可以用热力图对空间整体的热点分布状况进行直观表达等。

6.4.3 人工智能 GIS 应用情况

基于人工智能的空间机器学习、空间深度学习方法广泛用于遥感图像处理、智慧城市、水资源环境、环境科学和公共健康等领域,并在空气质量预测、人流拥挤预测、地物分类、道路和建筑物提取等许多研究中取得了较优的效果。Web GIS 作为一种有效的空间信息的传播和表达工具,可以将人工智能服务端计算和分析的结果进行发布,供普通用户进行在线访问。

6.5 三维 GIS 领域

相比于传统 GIS 地图的二维世界,与现实更加贴近的三维 GIS 能够从多一个维度的优势,为空间信息的展示提供更丰富、逼真的平台,将抽象难懂的空间信息进行可视化、直观化,让用户结合自己的经验就可以迅速理解这些信息,从而做出准确、快速的判断。2012 年之前,GIS 在三维领域的应用不够广泛,主要是因为数据获取成本和基础设施网络速度问题,随着这些瓶颈逐渐被打破(无人机倾斜摄影的普及和 5G 时代的到来),打造三维场景下的 GIS 应用逐渐成为新的需求。

6.5.1 三维 GIS 领域的数据特点

在空间数据的三维可视化领域中,学者们提出了空间数据体的概念。空间数据体包括地理场景和地理实体。地理场景包括数字高程模型、数字表面模型、数字正射影像、倾斜摄影三维模型、激光点云等;地理实体包括基础地理实体、部件三维模型以及其他实体等。基础地理实体包括地物实体和地理单元,可通过二维、三维形式进行表达;部件三维模型包括建(构)筑物结构部件、建筑室内部件、道路设施部件、地下空间部件等;其他实体包括其他行业部门生产的专业类实体。

空间数据体的来源非常广泛,如卫星影像能够提供全球尺度的地表覆盖数据,结合高程数据能够为虚拟现实应用提供全球尺度的地形地貌等宏观数据;倾斜摄影所采集的海量照片通过倾斜摄影建模后能够提供大面积的和实际情况相符的实景三维模型,构建应用的数据底板;激光扫描仪所测量的点云数据能够生产出高精度的现实对象和模型,提升应用的数据精度;使用照片拼接而成的全景照片能够为应用提供小范围内高精度是真实场景;通过建筑领域的设计数据,如建筑信息模型(buliding information model,BIM)等,能够提供建筑内部的详细信息;各种传统的三维模型数据能够给提供各种专业的设备部件。

6.5.2 三维领域应用的关键技术

要完成虚拟现实与 GIS 相结合的应用,在数据采集与快速建模,客户端的三维数据可视化及三维空间分析方面，都需要一些关键技术的支撑。

1.大场景的三维数据采集与快速建模技术

从成本角度出发，要完成在真实三维场景中的应用，需要有大范围三维场景的构建能力，这需要大场景的三维数据采集与快速建模技术支撑。无人机能够搭载各种载荷进行观测，如高精度相机、红外相机、多光谱扫描仪、激光雷达等。在当前快速构建大场景的三维模型最为成熟的技术就是使用无人机进行倾斜摄影测量并构建三维模型。就目前情况来看，倾斜摄影三维建模工作涉及的无人机、倾斜摄影系统、计算机集群、三维建模软件等已可以满足批量化倾斜影像获取和三维建模处理工作的要求，基本具备了工程化和规模化的条件。倾斜摄影所构建的三维模型可以替代航空摄影测量中的人工观测，实现更高精度、更快速度的自动建模和智能测图。

2.浏览器端三维可视化技术

面对各类空间数据体，应该有一种通用的技术将各类空间数据展示在统一的三维时空参考系之下。考虑到数据安全和数据通信的要求，这种三维可视化技术应该是在客户端上运行的并接收来自服务器的三维空间数据体。早期的二维、三维图形的渲染绘制主要使用 OpenGL(open graphic library，开放图形库)技术，用于渲染 2D 和 3D 矢量图形，OpenGL 规范描述了用于绘制 2D 和 3D 图形的抽象 API，这些 API 通常用于与图形处理单元(GPU)交互，以实现硬件加速渲染。生产显卡的硬件供应商会在硬件中直接实现 OpenGL 规范，供应用程序直接进行调用。随着 HTML5 中 WebGL(Web graphic library，Web 图形库)推出后，WebGL 可以通过 JavaScript 语言操作本地的 OpenGL 的部分接口，具有直接和硬件进行通信，进行硬件加速的能力。同时，WebGL 可以通过 HTML 脚本本身实现 Web 交互式三维动画的制作，无需任何浏览器插件支持。这使得基于 WebGL 的三维空间数据体的可视化逐渐成为主流技术。

3.三维空间分析技术

传统的 GIS 的二维空间分析在大量使用三维数据与技术构建三维应用场景的前提下逐渐变得不再适用，新的三维空间分析技术成为三维 GIS 的支撑。典型的三维空间分析包括三维空间运算(三维物体的交、并、差，三维空间关系判断等)，基于视线的三维空间分析(通视分析、可视域分析、阴影分析、天际线分析、开敞度分析、日照分析等)，基于三维表面模型的空间分析(剖面分析、等高线分析、坡度坡向分析、碰撞分析等)，基于三维网络模型的路径分析(最短路径分析、可达性分配、服务区分析等)。在三维场景下，新的空间分析的需求和新的空间分析的方法还会不断涌现，以挖掘各类三维 GIS 数据的最大价值。如图 6-2 所示为三维缓冲区分析。

图 6-2　三维缓冲区分析

6.5.3　三维 GIS 应用情况

三维 GIS 技术的诞生比较早，在 20 世纪 90 年代就有相关的研究和尝试。但其应用一直存在着“只能看、不好用”的短板，且成本高昂，无法大规模应用。近年来，随着三维信息获取技术与展示技术的不断成熟，基于三维信息的智慧城市应用逐渐普及开来。2019 年 2 月，全国国土测绘工作座谈会就明确了实景三维中国的建设目标。通过近三年的试点，2021 年 2 月，自然资源部正式公布了“自然资源三维立体时空数据库建设总体方案”，开始全面推动实景三维中国建设；2021 年 8 月 11 日，自然资源部印发了《实景三维中国建设技术大纲(2021 版)》，其中提出的建设目标为：构建“分布存储、逻辑集中、时序更新、共享应用”的实景三维中国，为数字中国建设提供统一的空间基底。这意味着实景三维的建设进入到技术实施层面，各省各重点城市都将开展实景三维项目的建设。三维实景的“空间基底”将以服务的方式，为数字中国各行各业提供应用的底座。

近年来，将真实世界与数字世界形成映射，通过对数字世界的操作去影响并改变真实世界的“数字孪生”技术被提上日程，这也需要有三维技术的支持，更需要将物联网、大数据、人工智能等融合在一起，以构建数字孪生体，并通过对数字孪生体的操作去影响真实物理世界。数字孪生体不仅可以用于智慧城市的建设，其在工业互联网中也将有广泛应用。

开发篇

第7章 开源 Web GIS 开发的环境搭建

7.1 概述

根据本书的理论篇，要完成 Web GIS 应用的开发，需要数据层、Web 服务层和前端 Web 浏览器程序之间互相配合。传统的 Web GIS 开发较昂贵，因为无论是数据层还是 Web 服务层或者前端 Web 浏览器程序都需要昂贵的专业软件支撑。近年来，随着开源软件的不断迭代，开源的 Web GIS 软件也能够满足绝大多数的用户需求了。本书将使用开源的空间数据库软件 PostGIS、地图服务软件 GeoServer 和浏览器端的 JavaScript 库 OpenLayers 作为 Web GIS 应用程序的解决方案，向读者展示在网络环境下进行 Web GIS 应用的开发的流程和技巧。

本章将通过步进的方式，向读者展示如何使用以上三种开源软件进行 Web GIS 开发的环境搭建。

本书所使用的相关软件版本如下：

(1)操作系统：Windows 10；

(2)Java 虚拟机：JDK 8.0；

(3)数据库软件：PostgreSql 13.4、PostGIS 3.1；

(4)地图服务软件：GeoServer 2.19.2；

(5)JavaScript 开发环境：Visual Studio Code；

(6)JavaScript 包管理工具：npm、yarn；

(7)前端 JavaScript 地图库：OpenLayers 6.5.0。

需要指出的是，经过多年的发展，GeoServer 和 OpenLayers 都已经具备了非常丰富的功能，我们没有办法在本书将这些功能一一介绍，只是将一些基础的常用功能向读者介绍。如果读者还需要进一步了解，请访问并参考官方文档。

7.2 GeoServer 的安装与配置

GeoServer 是 Web GIS 运行的 GIS 服务器，为客户端提供标准的 GIS Web服务。GeoServer是运行在 Java 环境上的，进行 GeoServer 的安装需要先安装 Java 运行环境，再安装 GeoServer。

7.2.1 Java 运行环境的安装与配置

安装 Java 运行环境，首先需要下载并安装 JDK，JDK 可以在 Oracle 官网下载，下载地址为 https://www.oracle.com/cn/java/technologies/javase/javase8u211 - later - archive - downloads.html，如图 7 - 1 所示，当前使用的 JDK 版本为 8u212。下载完毕后，安装 JDK 即可进行下一步的操作，如图 7 - 2 所示。

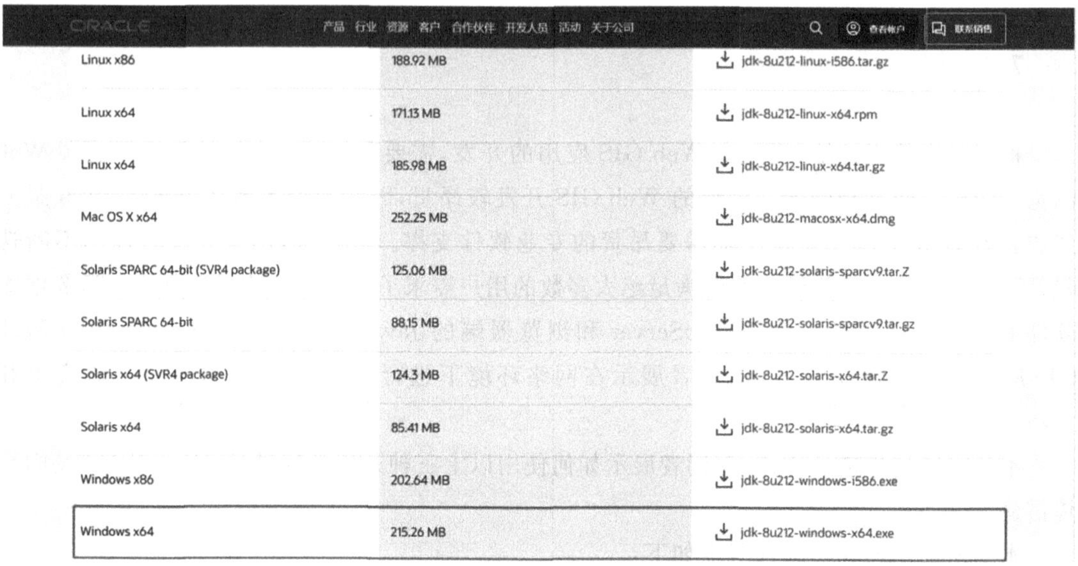

图 7 - 1　下载 JDK

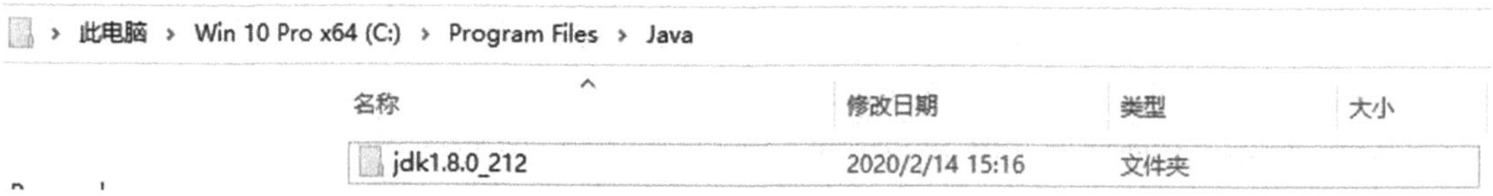

图 7 - 2　默认安装 JDK

完成 JDK 的安装后，即可设置环境变量。环境变量的设置过程如下：通过控制面板→系统和安全→系统→高级系统设置，在弹出的窗口上点击“环境变量”后，进入环境变量设置界面，如图 7 - 3、图 7 - 4 所示。

图 7-3　设置系统变量 1

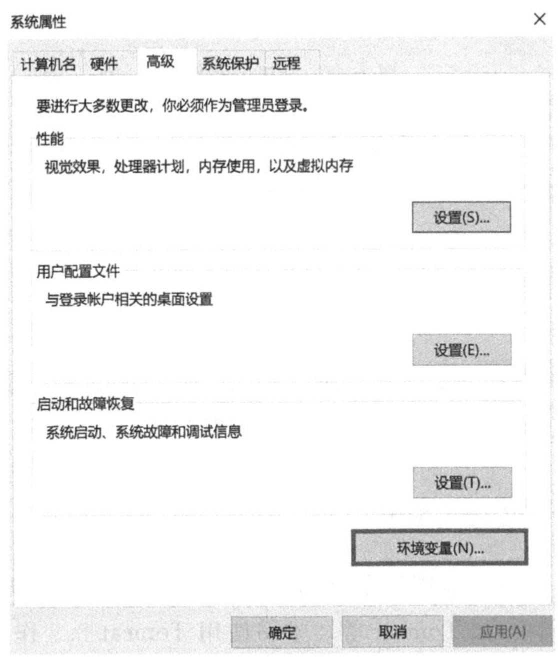

图 7-4　设置系统变量 2

需要建立和编辑的系统变量有 JAVA_HOME、CLASSPATH、PATH。如图 7-5 所示，三个环境变量及其值分别为：变量名“JAVA_HOME”，变量值“C:\Program Files\Java\jdk1.8.0_212”；变量名“CLASSPATH”，变量值“%JAVA_HOME%\lib\tools.jar;%JAVA_HOME%\lib\dt.jar;.”；变量名“Path”，变量值“%JAVA_HOME%\bin+已有值”。

图 7-5　环境变量设置

设置完成环境变量后，打开 CMD 窗口。运行 java -version 命令。如果出现如图 7-6 所示的结果，则表明 Java 运行环境已经正常运行了。

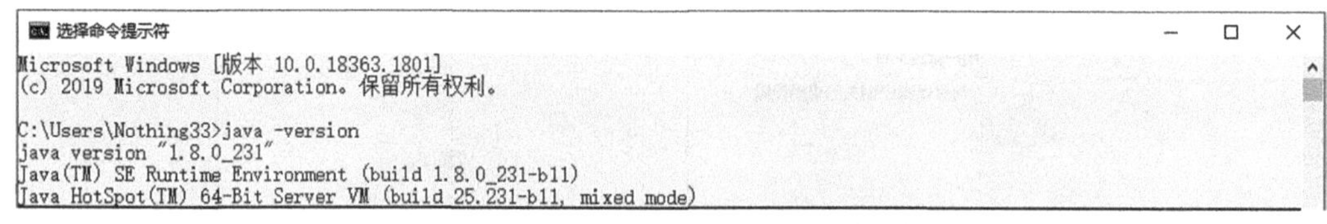

图 7-6　JDK 安装确认

7.2.2　GeoServer 的安装与配置

GeoServer 是一个 JavaEE 应用程序，它是基于 SpringMVC 框架开发的。GeoServer可以运行在标准 JavaEE 容器中，如 Tomcat 等。本书使用 Tomcat 8.5 作为 GeoServer 的运行环境。安装 GeoServer 前要先下载安装 Tomcat 8.5。

安装 Tomcat 8.5 的步骤如下：

在 Tomcat 官网 https://tomcat.apache.org/download-80.cgi 下载 Tomcat 8 的 64 位压缩版本，如图 7-7 所示。

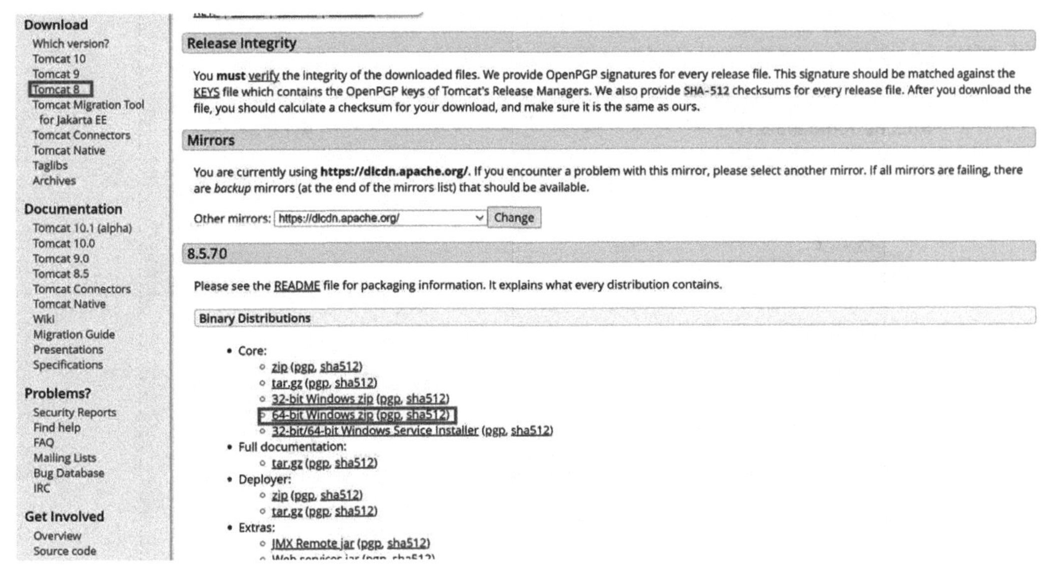

图 7－7　下载 Tomcat 安装文件

将 Tomcat 安装程序解压后，通过 Tomcat 安装目录下的 bin 文件夹的 startup. bat 或 shutdwn. bat 文件启动或关闭 Tomcat，如图 7－8 所示。

此电脑 › 本地磁盘 (C:) › Java › apache-tomcat-8.5.70 › bin

名称	修改日期	类型	大小
catalina.sh	2021/8/9 16:17	SH 文件	25 KB
catalina-tasks	2021/8/9 16:17	XML 文档	2 KB
ciphers	2021/8/9 16:17	Windows 批处理文件	3 KB
ciphers.sh	2021/8/9 16:17	SH 文件	2 KB
commons-daemon.jar	2021/8/9 16:17	JAR 文件	25 KB
configtest	2021/8/9 16:17	Windows 批处理文件	2 KB
configtest.sh	2021/8/9 16:17	SH 文件	2 KB
daemon.sh	2021/8/9 16:17	SH 文件	9 KB
digest	2021/8/9 16:17	Windows 批处理文件	3 KB
digest.sh	2021/8/9 16:17	SH 文件	2 KB
service	2021/8/9 16:17	Windows 批处理文件	9 KB
setclasspath	2021/8/9 16:17	Windows 批处理文件	4 KB
setclasspath.sh	2021/8/9 16:17	SH 文件	4 KB
shutdown　关闭Tomcat	2021/8/9 16:17	Windows 批处理文件	2 KB
shutdown.sh	2021/8/9 16:17	SH 文件	2 KB
startup　启动Tomcat	2021/8/9 16:17	Windows 批处理文件	2 KB
startup.sh	2021/8/9 16:17	SH 文件	2 KB
tcnative-1.dll	2021/8/9 16:17	应用程序扩展	2,546 KB
tomcat8	2021/8/9 16:17	应用程序	128 KB
tomcat8w	2021/8/9 16:17	应用程序	118 KB
tomcat-juli.jar	2021/8/9 16:17	JAR 文件	50 KB
tool-wrapper	2021/8/9 16:17	Windows 批处理文件	5 KB
tool-wrapper.sh	2021/8/9 16:17	SH 文件	6 KB
version	2021/8/9 16:17	Windows 批处理文件	2 KB
version.sh	2021/8/9 16:17	SH 文件	2 KB

27 个项目

图 7－8　启动/关闭 Tomcat

Tomcat 正常启动后，在浏览器地址栏输入 http://localhost:8080/，如果出现如图 7－9 所示的界面，即说明 Tomcat 能正常运行了。

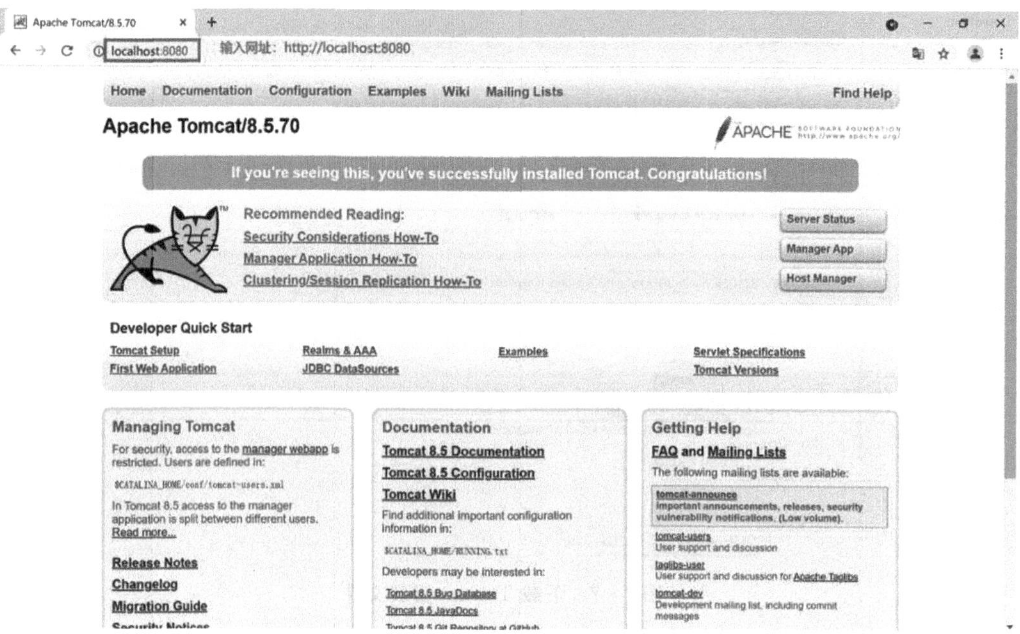

图 7-9　Tomcat 正常运行界面

下面开始安装配置 GeoServer。先到 GeoServer 官网下载 GeoServer 安装文件，网址为 http://geoserver.org/，下载 2.19.2 的 Web Archive 版本，如图 7-10、图 7-11 所示。

将下载好的 geoserver.war 文件拷贝到 Tomat 的安装目录下的 webapps 目录后，重启 Tomcat，在浏览器上输入 http://localhost:8080/geoserver/后，出现 GeoServer 的运行界面，如图 7-12、图 7-13 所示。在 GeoServer 的运行界面上，输入默认的用户名和密码（用户名 admin、密码 geoserver），则进入到 GeoServer 的操作后台界面，如图 7-14 所示。

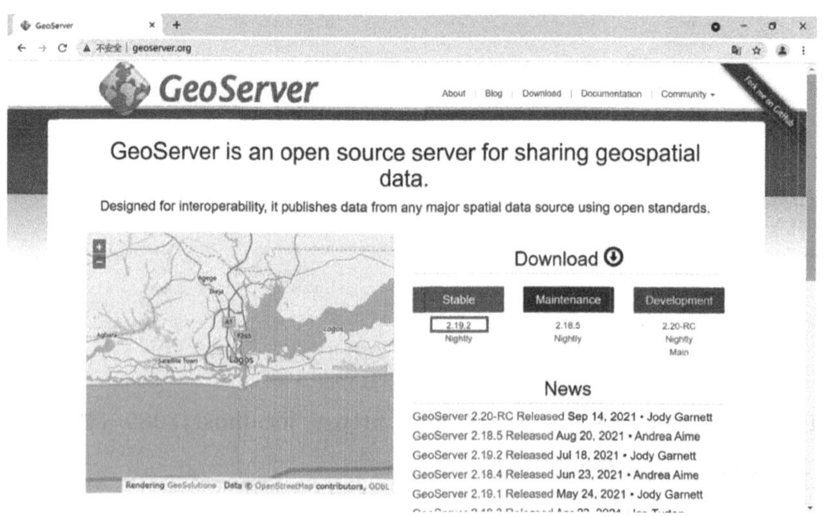

图 7-10　GeoServer 官网

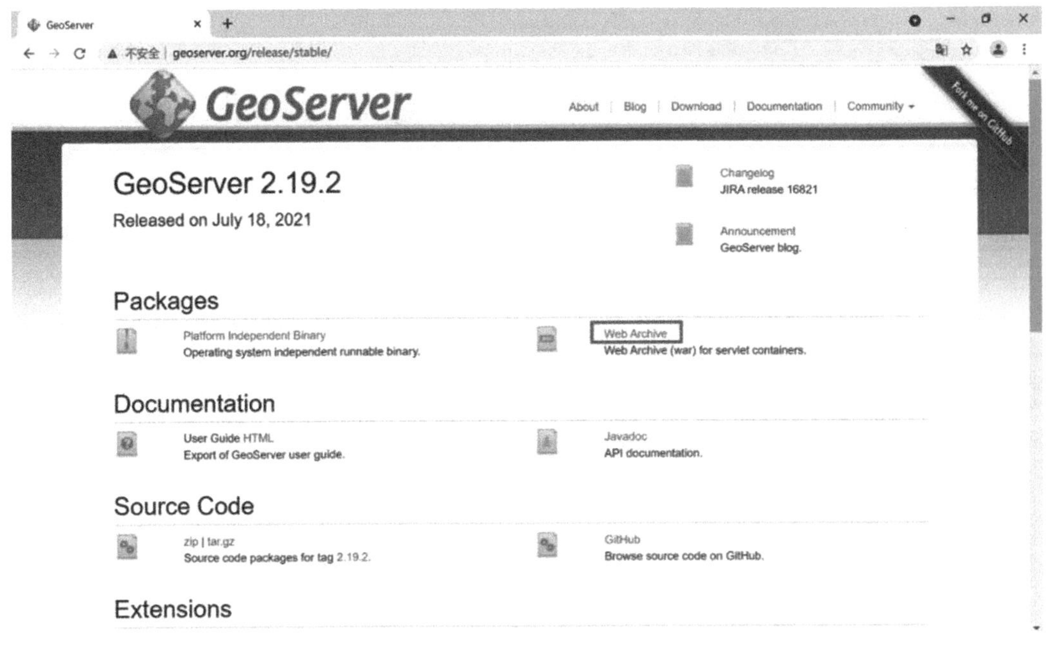

图 7 - 11 GeoServer 下载

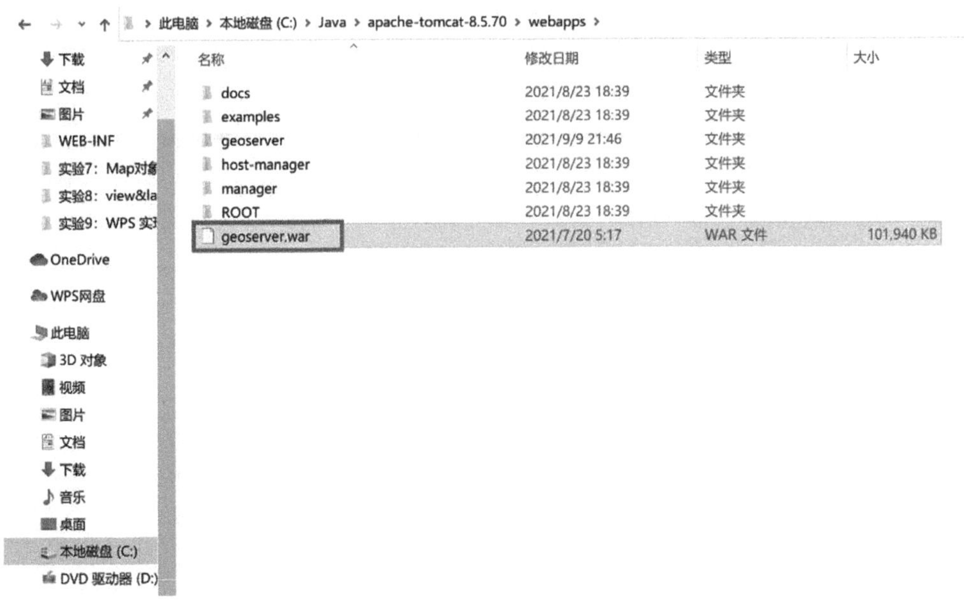

图 7 - 12 部署 geoserver. war

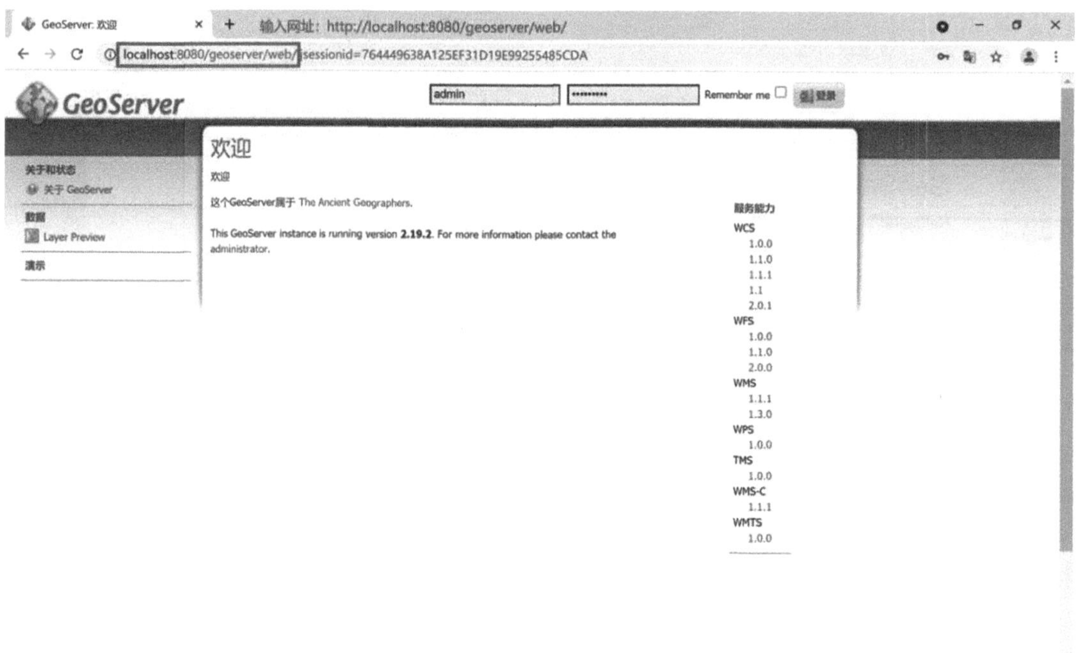

图 7 - 13　GeoServer 运行界面

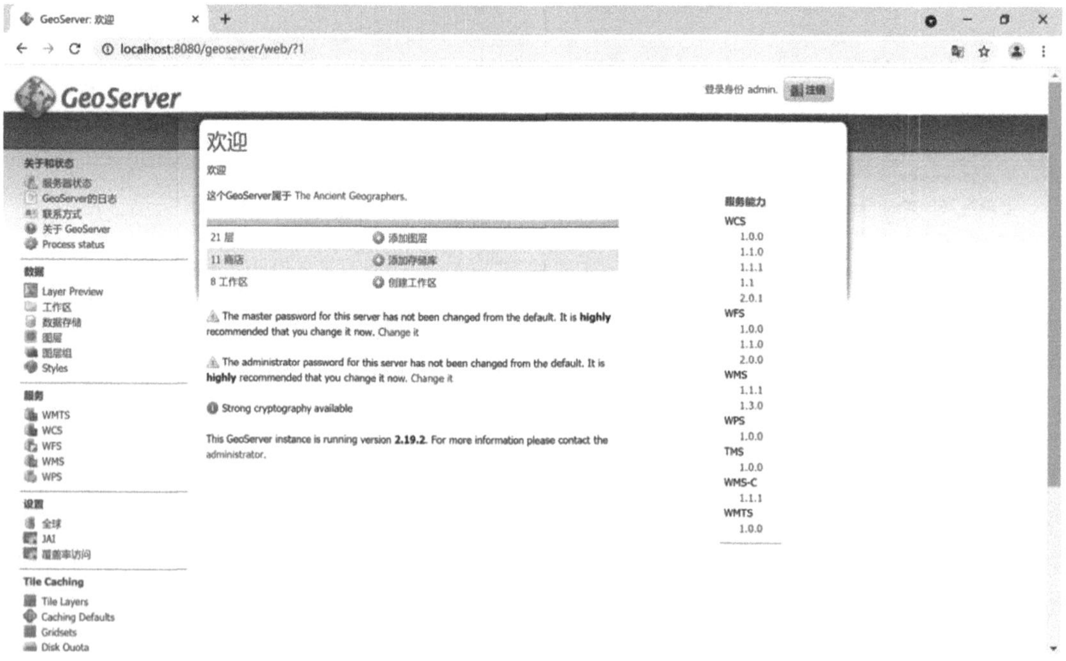

图 7 - 14　GeoServer 操作后台

7.2.3　GeoServer 界面介绍

安装好 GeoServer，进入 GeoServer 后台后，读者面对的菜单如下。

1. 关于和状态

左边的第一栏为关于和状态(见图 7 - 15),主要用于展示服务器的状态、日志、服务器联系信息及 GeoServer 的版本等全局的信息。

图 7 - 15　关于和状态

2. 数据

数据区域(见图 7 - 16)集中展示了 GeoServer 服务器上的所有数据和工作区,并提供数据存储、图层预览、样式编辑等功能,这块是我们在实际开发工作中需要重点关注的地方。

图 7 - 16　GeoServer 数据

图层预览(layer preview):提供了 GeoServer 的所有地图图层的配置列表和关于这些图层的各种格式的预览,包括 OpenLayers、GML、KML 等(见图 7 - 17)。

Layer Preview

List of all layers configured in GeoServer and provides previews in various formats for each.

<< < 1 > >> Results 1 to 25 (out of 25 items)　　Search

Type	Title	Name	Common Formats	All Formats
	World rectangle	tiger:giant_polygon	OpenLayers GML KML	Select one
	Manhattan (NY) points of interest	tiger:poi	OpenLayers GML KML	Select one
	Manhattan (NY) landmarks	tiger:poly_landmarks	OpenLayers GML KML	Select one
	Manhattan (NY) roads	tiger:tiger_roads	OpenLayers GML KML	Select one
	A sample ArcGrid file	nurc:Arc_Sample	OpenLayers KML	Select one
	North America sample imagery	nurc:Img_Sample	OpenLayers KML	Select one
	Pk50095	nurc:Pk50095	OpenLayers KML	Select one
	mosaic	nurc:mosaic	OpenLayers KML	Select one
	USA Population	topp:states	OpenLayers GML KML	Select one
	Tasmania cities	topp:tasmania_cities	OpenLayers GML KML	Select one
	Tasmania roads	topp:tasmania_roads	OpenLayers GML KML	Select one

图 7 - 17　GeoServer 图层预览

工作区：类似工作空间的概念，用于对某一项具体工作进行统一管理，类似开发项目时目录的概念。我们可以把主题相似或相关的图层配置到同一工作区下(见图 7－18)。

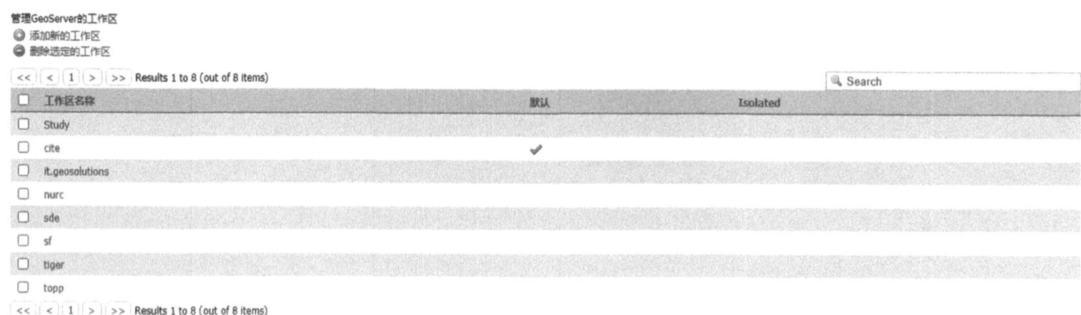

图 7－18　GeoServer 工作区

数据存储：管理 GeoServer 的数据存储，数据存储一般和工作空间相绑定，且支持各种不同的空间数据格式(见图 7－19)。

数据存储

管理GeoServer的数据存储

添加新的数据存储

删除选定的数据存储

Results 1 to 12 (out of 12 items)

数据类型	工作区	数据存储名称	类型	启用?
	nurc	arcGridSample	ArcGrid	✔
	Study	catering	PostGIS	✔
	nurc	img_sample2	WorldImage	✔
	nurc	mosaic	ImageMosaic	✔
	tiger	nyc	Directory of spatial files (shapefiles)	✔
	sf	sf	Directory of spatial files (shapefiles)	✔
	sf	sfdem	GeoTIFF	✔
	topp	states_shapefile	Shapefile	✔
	topp	taz_shapes	Directory of spatial files (shapefiles)	✔
	nurc	worldImageSample	WorldImage	✔
	Study	xiamen	Shapefile	✔
	Study	yinhang	Shapefile	✔

Results 1 to 12 (out of 12 items)

图 7－19　GeoServer 数据存储

图层：主要功能是发布和管理 GeoServer 的图层，通过该功能能够修改图层的属性和配置(见图 7－20)。

Styles：管理 GeoServer 发布的样式，每种样式都可以和图层相对应。在不同的图层可以应用不同的样式，从而让同一空间数据展现不同的风格(见图 7－21)。

图层

管理层GeoServer发布的图层

添加新的资源

删除所选的资源

<< < 1 > >> Results 1 to 22 (out of 22 items)　　Search

类型	Title	图层名称	存储	启用?	Native SRS
	World rectangle	tiger:giant_polygon	nyc	✔	EPSG:4326
	Manhattan (NY) points of interest	tiger:poi	nyc	✔	EPSG:4326
	Manhattan (NY) landmarks	tiger:poly_landmarks	nyc	✔	EPSG:4326
	Manhattan (NY) roads	tiger:tiger_roads	nyc	✔	EPSG:4326
	A sample ArcGrid file	nurc:Arc_Sample	arcGridSample	✔	EPSG:4326
	North America sample imagery	nurc:Img_Sample	worldImageSample	✔	EPSG:4326
	Pk50095	nurc:Pk50095	img_sample2	✔	EPSG:32633
	mosaic	nurc:mosaic	mosaic	✔	EPSG:4326
	USA Population	topp:states	states_shapefile	✔	EPSG:4326
	Tasmania cities	topp:tasmania_cities	taz_shapes	✔	EPSG:4326
	Tasmania roads	topp:tasmania_roads	taz_shapes	✔	EPSG:4326
	Tasmania state boundaries	topp:tasmania_state_boundaries	taz_shapes	✔	EPSG:4326
	Tasmania water bodies	topp:tasmania_water_bodies	taz_shapes	✔	EPSG:4326
	Spearfish archeological sites	sf:archsites	sf	✔	EPSG:26713
	Spearfish bug locations	sf:bugsites	sf	✔	EPSG:26713
	Spearfish restricted areas	sf:restricted	sf	✔	EPSG:26713
	Spearfish roads	sf:roads	sf	✔	EPSG:26713
	Spearfish elevation	sf:sfdem	sfdem	✔	EPSG:26713
	Spearfish streams	sf:streams	sf	✔	EPSG:26713
	catering	Study:catering	catering	✔	EPSG:404000
	xiamen	Study:xiamen	xiamen	✔	EPSG:4326
	yinhang	Study:yinhang	yinhang	✔	EPSG:3857

<< < 1 > >> Results 1 to 22 (out of 22 items)

图 7 - 20　GeoServer 图层

Styles

Manage the Styles published by GeoServer

Add a new style

Removed selected style(s)

<< < 1 > >> Results 1 to 23 (out of 23 items)　　Search

样式名称	工作区
burg	
capitals	
cite_lakes	
cityStyle	Study
cityStyleCSS	Study
dem	
generic	
giant_polygon	
grass	
green	
line	
poi	
point	
poly_landmarks	
polygon	
pophatch	
population	

图 7 - 21　样式

3. 服务

服务部分主要是面向高级用户的，他们可以在此修改 GeoServer 提供的请求协议的配置(GeoServer 支持的主要协议包括 WMS、WFS、WMTS 和 WCS 等，见图 7 - 22)，也可以通过扩展支持 WPS 协议的配置。

图 7 - 22　GeoServer 服务

4. 设置

设置区下有全球、JAI(Java advanced image,Java 高级图像处理)、覆盖率访问设置。在设置区可以进行字符编码、日志记录等设置,以及一些 JAI 参数和 Coverage 的访问设置,GeoServer设置如图 7 - 23 所示。

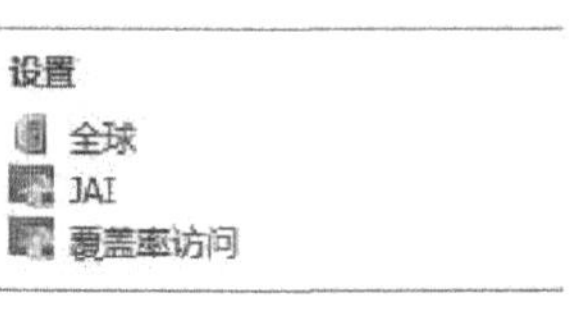

图 7 - 23　GeoServer 设置

5. 切片缓存(Tile Caching)

切片缓存用于配置切片缓存,包括瓦片图层、默认的缓存设置、设置切片网格配置、磁盘限额和二进制大文件设置等,GeoSetver 切片缓存设置如图 7 - 24 所示。

7 - 24　GeoServer 切片缓存设置

6. 安全(Security)

在安全预期中有比较多的关于用户组、角色、权限等的设置,在本地测试和使用的时候,一般情况下不需要进行关注。该区域功能的设置更多情况下用于比较大型的项目,适应由多用户参与维护和开发的情况,GeoServer 安全设置如图 7 - 25 所示。

图 7 - 25　GeoServer 安全设置

7.3　PostGIS 的安装与配置

PostGIS 是运行在开源数据库软件 PostgreSQL 上的一个插件，故安装 PostGIS 需要先安装 PostgreSQL，其下载地址为 https://www. enterprisedb. com/downloads/postgres - postgresql - downloads，目前版本为 13. 4，如图 7 - 26 所示，下载完成后开始 PostgreSQL 的安装，如图 7 - 27 所示。完成 PostgreSQL 的管理密码和通信端口设置后(见图 7 - 28 至图 7 - 30)，PostGIS 即安装完毕。

Download PostgreSQL

Open source PostgreSQL packages and installers from EDB

PostgreSQL Version	Linux x86-64	Linux x86-32	Mac OS X	Windows x86-64	Windows x86-32
15.4	postgresql.org	postgresql.org			Not supported
14.9	postgresql.org	postgresql.org			Not supported
13.12	postgresql.org	postgresql.org			Not supported
12.16	postgresql.org	postgresql.org			Not supported
11.21	postgresql.org	postgresql.org			Not supported
10.23*					
9.6.24*					

图 7 - 26　PostgreSQL 数据库下载

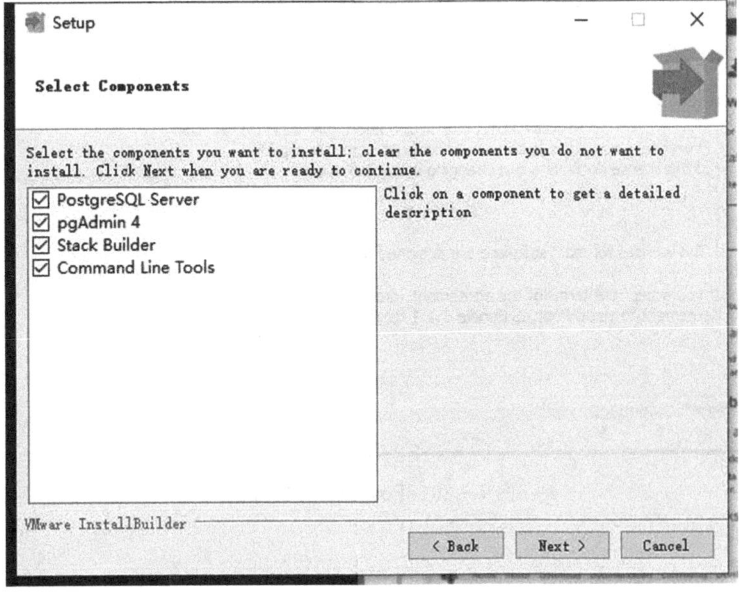

图 7 - 27　PostgreSQL 安装

安装好 PostgreSQL 后，在 PostGIS 官网下载 postgis 版本。下载后按照指示安装即可。安装到最后，记得将投影库注册进 PostGIS(见图 7－31)。

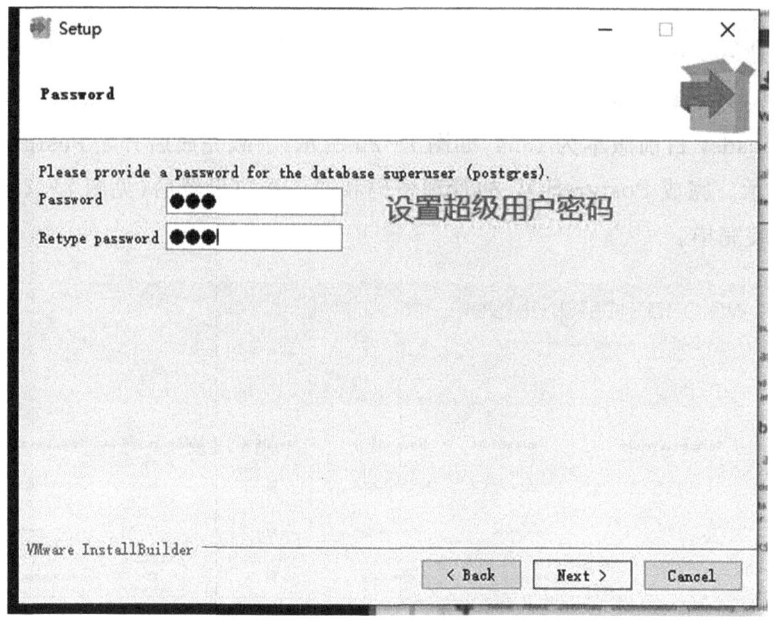

图 7－28　PostgreSQL 密码设置

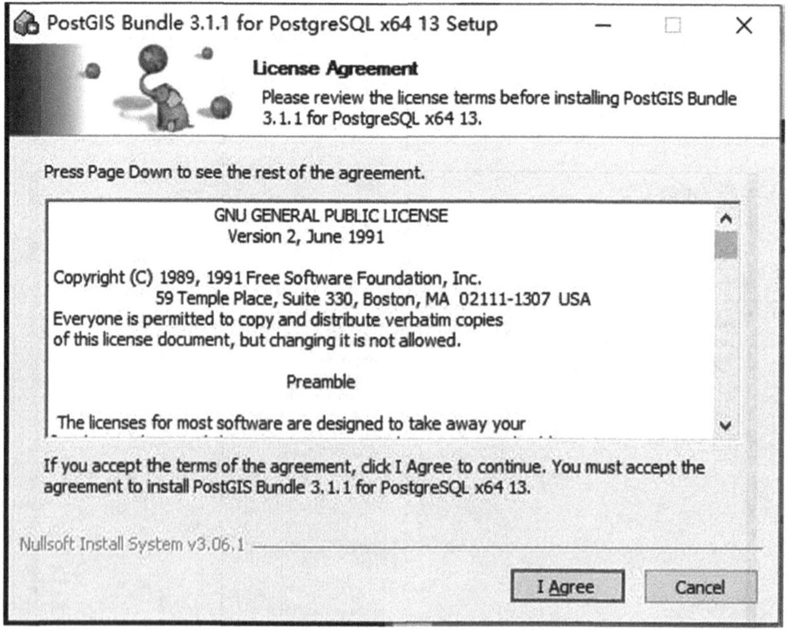

图 7－29　PostGIS 安装协议

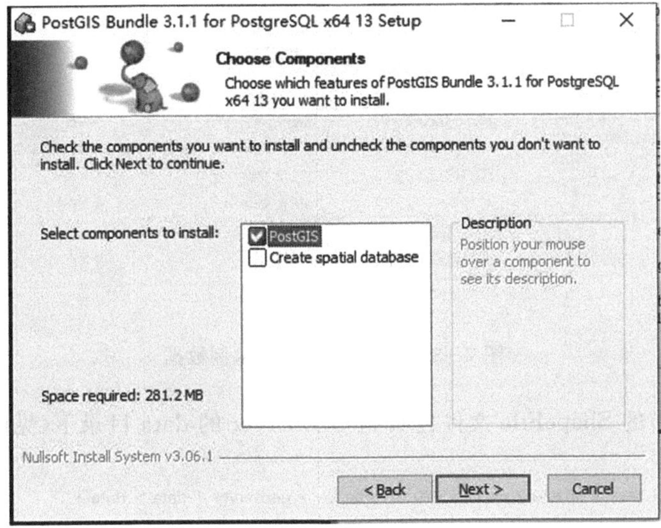

图 7-30　安装 PostGIS

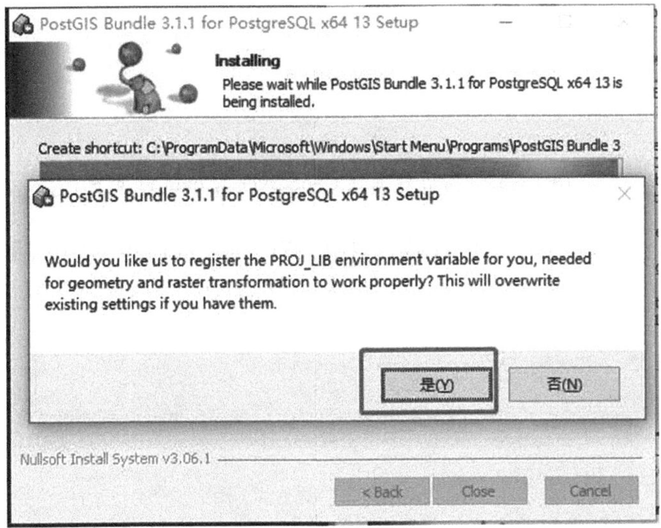

图 7-31　注册投影库

7.4　发布 GIS Web 服务

安装好 GeoServer 和 PostGIS 数据库后，即可使用 GeoServer 发布 GIS Web 服务。以下将分别介绍使用文件和数据库方式发布 GIS Web 服务的方法。

7.4.1　使用文件发布服务

使用厦门市行政区划图的 ShapeFile 格式的数据作为示例数据（见图 7-32），将

GeoServer发布 GIS Web 服务的流程介绍如下。

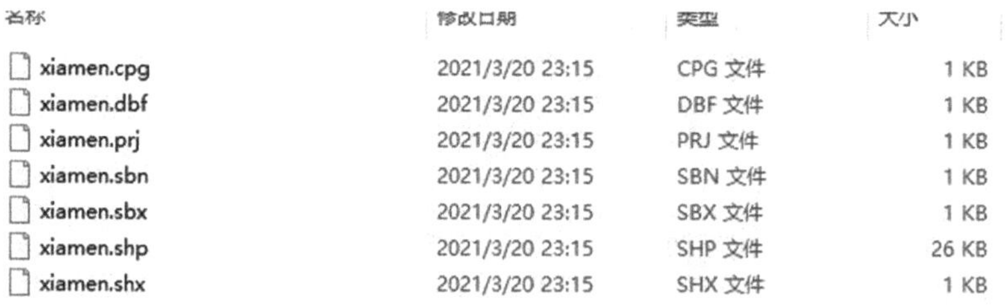

名称	修改日期	类型	大小
xiamen.cpg	2021/3/20 23:15	CPG 文件	1 KB
xiamen.dbf	2021/3/20 23:15	DBF 文件	1 KB
xiamen.prj	2021/3/20 23:15	PRJ 文件	1 KB
xiamen.sbn	2021/3/20 23:15	SBN 文件	1 KB
xiamen.sbx	2021/3/20 23:15	SBX 文件	1 KB
xiamen.shp	2021/3/20 23:15	SHP 文件	26 KB
xiamen.shx	2021/3/20 23:15	SHX 文件	1 KB

图 7－32　厦门行政区划示例数据

(1)将需要发布的 ShapeFile 文件拷贝到 GeoServer 的 data 目录下(见图 7－33)。

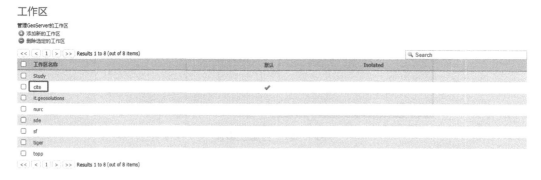

图 7－33　拷贝数据到 GeoServer 的 data 目录下

(2)从浏览器登录 GeoServer 后台后,选择已有的工作区名称为 cite(见图 7－34)。

图 7－34　创建工作区

(3)点击数据存储,添加新的数据存储(见图 7－35),在数据源中,选择新建一个矢量数据源,矢量数据格式选为 ShapeFile(见图 7－36),在新建矢量数据源的界面选择ShapeFile文件所在位置(见图 7－37),选择重建空间索引,启用高速缓存和内存映射等选项。将数据的 DBF 字符集改为 UTF－8 后(见图 7－38),应用并保存即可。

数据存储

管理GeoServer的数据存储

添加新的数据存储

删除选定的数据存储

<< < 1 > >> Results 1 to 12 (out of 12 items)　　Search

数据类型	工作区	数据存储名称	类型	启用?
	nurc	arcGridSample	ArcGrid	✔
	Study	catering	PostGIS	✔
	nurc	img_sample2	WorldImage	✔
	nurc	mosaic	ImageMosaic	✔
	tiger	nyc	Directory of spatial files (shapefiles)	✔
	sf	sf	Directory of spatial files (shapefiles)	✔
	sf	sfdem	GeoTIFF	✔
	topp	states_shapefile	Shapefile	✔
	topp	taz_shapes	Directory of spatial files (shapefiles)	✔
	nurc	worldImageSample	WorldImage	✔
	Study	xiamen	Shapefile	✔
	Study	yinhang	Shapefile	✔

图 7 - 35　添加数据源

新建数据源

选择你要配置的数据源的类型

s矢量数据源

- CSV - Comma delimited text file
- Directory of spatial files (shapefiles) - Takes a directory of shapefiles and exposes it as a data store
- GeoPackage - GeoPackage
- PostGIS - PostGIS Database
- PostGIS (JNDI) - PostGIS Database (JNDI)
- Properties - Allows access to Java Property files containing Feature information
- Shapefile - ESRI(tm) Shapefiles (*.shp)
- Web Feature Server (NG) - Provides access to the Features published a Web Feature Service, and the ability to perform transactions on the server (when supported / allowed).

栅格数据源

- ArcGrid - ARC/INFO ASCII GRID Coverage Format
- GeoPackage (mosaic) - GeoPackage mosaic plugin
- GeoTIFF - Tagged Image File Format with Geographic information
- ImageMosaic - Image mosaicking plugin
- WorldImage - A raster file accompanied by a spatial data file

其他数据源

- WMS - 悬挂一个远程网站地图服务
- WMTS - Cascades a remote Web Map Tile Service

图 7 - 36　新建数据源并选择 ShapeFile

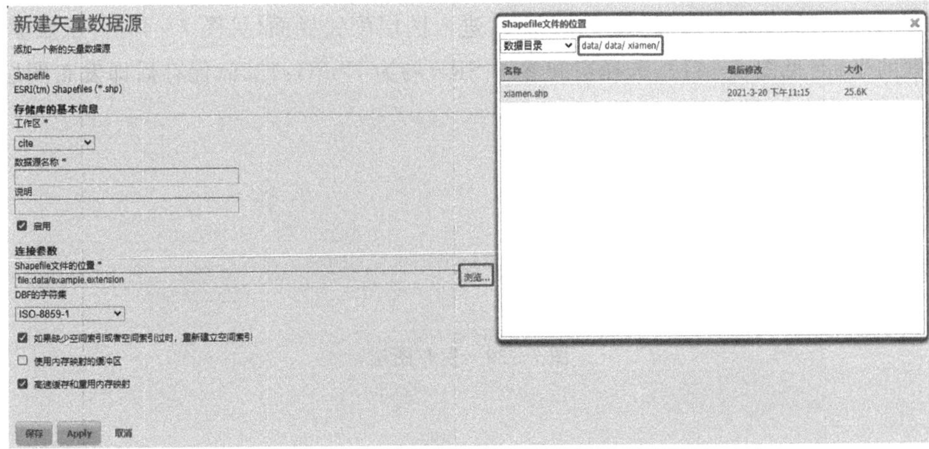

图 7 - 37　选择 ShapeFile 数据位置

新建矢量数据源

添加一个新的矢量数据源

Shapefile
ESRI(tm) Shapefiles (*.shp)

存储库的基本信息

工作区 *

cite

数据源名称 *

xiamen

说明

厦门市行政区划

☑ 启用

连接参数

Shapefile文件的位置 *

file:data/xiamen/xiamen.shp 浏览...

DBF的字符集

UTF-8

☑ 如果缺少空间索引或者空间索引过时，重新建立空间索引

☐ 使用内存映射的缓冲区

☑ 高速缓存和重用内存映射

保存 Apply 取消

图 7 - 38 修改 DBF 编码

(4)新建图层。在图层列表中选择新建图层，选择刚刚添加的 ShapeFile 数据，并将图层命名为 xiamen。点击发布图层(见图 7 - 39)，进入图层配置界面(见图 7 - 40)。从数据中计算数据边框的坐标(见图 7 - 41)，选择空间参考 SRS 均为 ESPG:4326，保存后即发布图层。

图 7 - 39 发布图层

坐标参考系统

本机SRS

EPSG:4326　GCS_WGS_1984...

定义SRS

EPSG:4326　查找...　EPSG:WGS 84...

SRS处理

强制声明

边框

Native Bounding Box

最小 X	最小 Y	最大 X	最大 Y
117.88130896879	24.42125245374	118.40787196879	24.90573847374

从数据中计算

Compute from SRS bounds

纬度/经度边框

最小 X	最小 Y	最大 X	最大 Y
117.88130896879	24.42125245374	118.40787196879	24.90573847374

Compute from native bounds

Curved geometries control

☐ Linear geometries can contain circular arcs

Linearization tolerance (useful only if your data contains curved geometries)

要素类型

属性	类型	Nillable	Min/Max Occurrences
the_geom	MultiPolygon	true	0/1
NAME	String	true	0/1
CODE	String	true	0/1

重新载入要素类型 ⚠...

Restrict the features on layer by CQL filter

保存　Apply　取消

图 7-40　图层配置界面

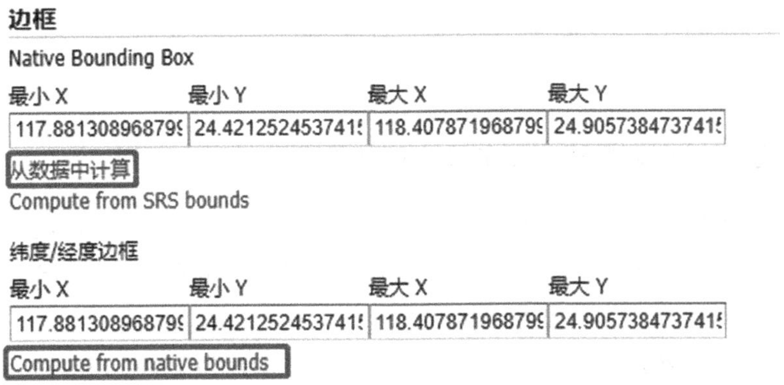

边框

Native Bounding Box

最小 X	最小 Y	最大 X	最大 Y
117.88130896879	24.42125245374	118.40787196879	24.90573847374

从数据中计算

Compute from SRS bounds

纬度/经度边框

最小 X	最小 Y	最大 X	最大 Y
117.88130896879	24.42125245374	118.40787196879	24.90573847374

Compute from native bounds

图 7-41　计算图层边框

(5)点击进入 Layer Preview 界面,选择使用 Openlayers 查看刚刚发布的图层服务(见图 7-42、图 7-43)。

Layer Preview

List of all layers configured in GeoServer and provides previews in various formats for each.

<< < 1 > >> Results 1 to 25 (out of 25 items)　　Search

Type	Title	Name	Common Formats	All Formats
	catering	Study:catering	OpenLayers GML KML	Select one
	xiamen	Study:xiamen	OpenLayers GML KML	Select one
	yinhang	Study:yinhang	OpenLayers GML KML	Select one
	A sample ArcGrid file	nurc:Arc_Sample	OpenLayers KML	Select one
	North America sample imagery	nurc:Img_Sample	OpenLayers KML	Select one
	Pk50095	nurc:Pk50095	OpenLayers KML	Select one
	mosaic	nurc:mosaic	OpenLayers KML	Select one

图 7-42　图层预览 1

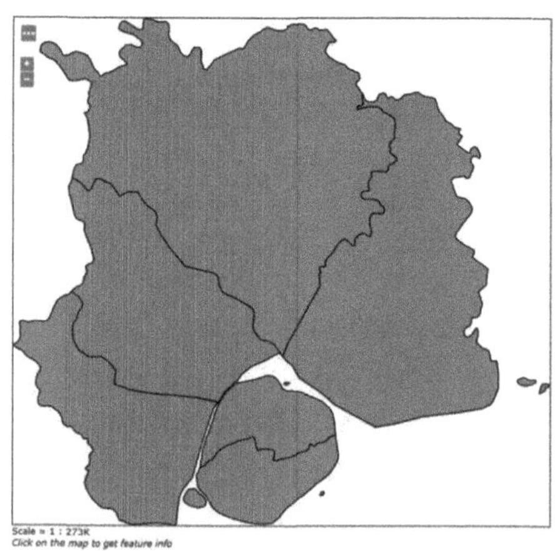

图 7-43　图层预览 2

7.4.2　使用 PostGIS 数据库发布 GIS Web 服务

发布 GIS Web 服务,除了可以使用 ShapeFile 文件作为数据源,也可以使用 PostGIS 数据库作为数据源,只是在选择数据源时,选择 PostGIS 即可进入相关的 PostGIS 数据库作为 GIS Web 服务的数据源,其他的步骤没有变化。

在选择 PostGIS 数据源之前,需要先将空间数据载入到 PostGIS 中去。下面介绍在 PostGIS数据库中载入空间数据的步骤,示例数据为厦门地区的餐饮 POI(point of interest,兴趣点)数据集。

(1)打开 PostgreSql 数据库界面,先创建一个数据库,其名称为 study,读者也可自行命名(见图 7-44、图 7-45)。

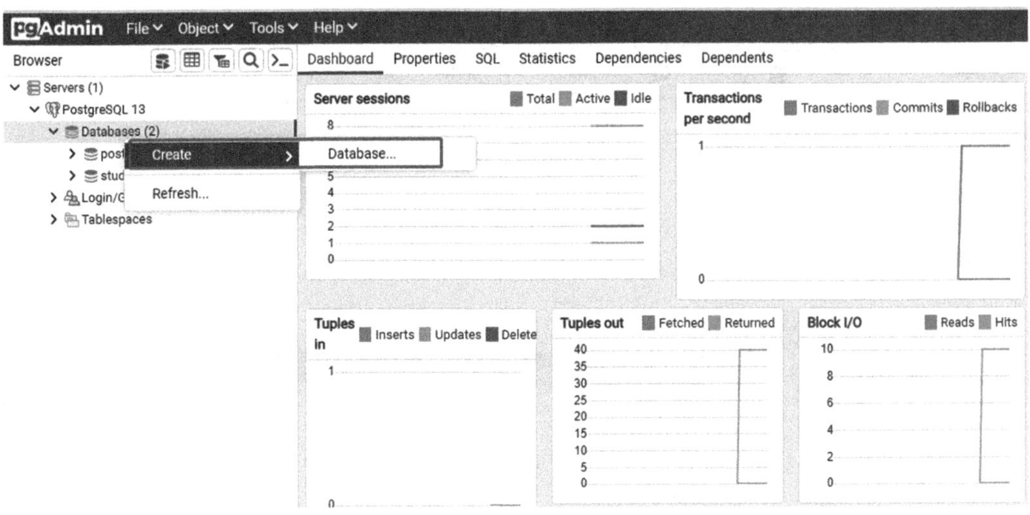

图 7-44　创建 PostgreSQL 数据库 1

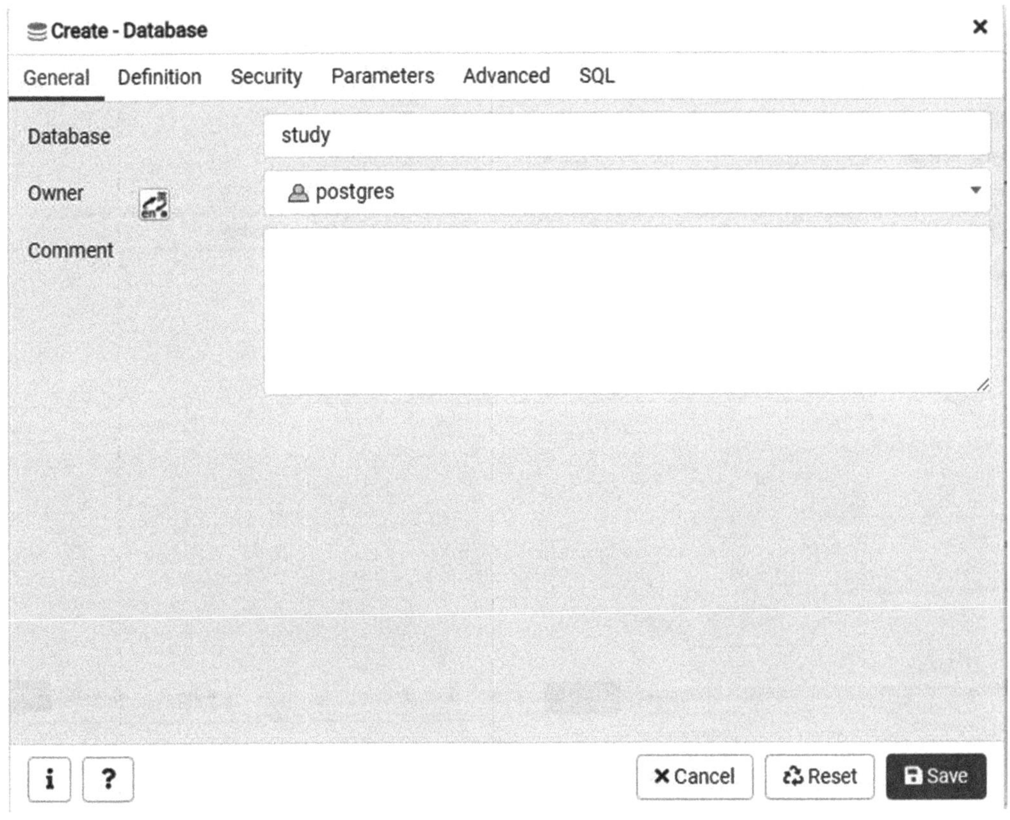

图 7-45　创建 PostgreSQL 数据库 2

(2)在新建的数据库中启用 PostGIS 扩展。通常情况下,可以启用 postgis 和 postgis_topology 两种扩展以支持空间矢量数据和拓扑数据的存储(见图 7-46、图 7-47、图 7-48)。

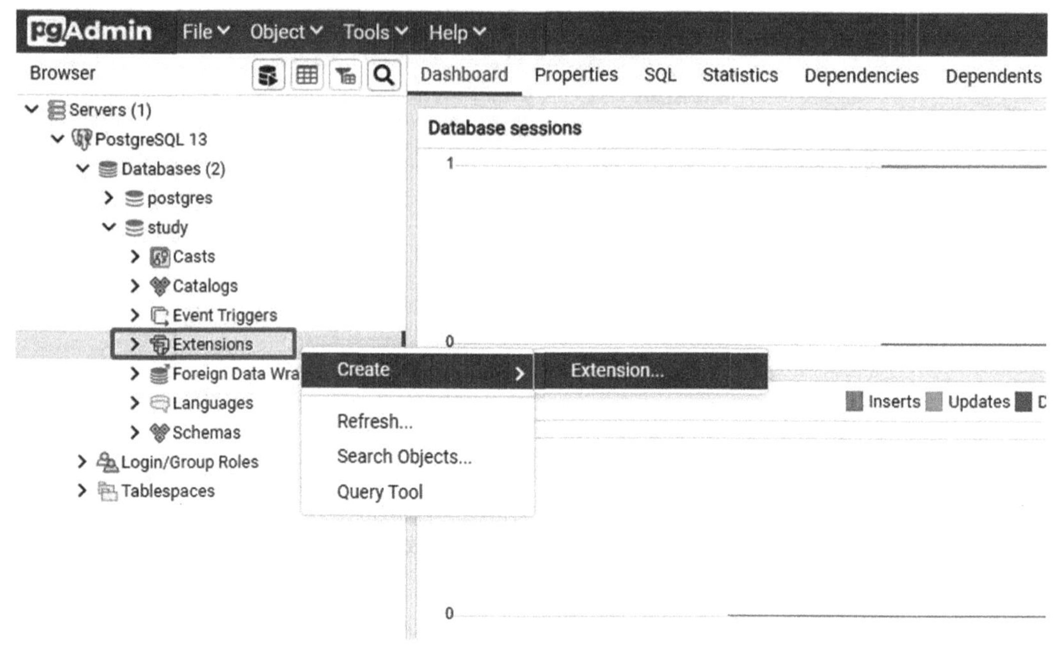

图 7-46　创建数据库扩展 1

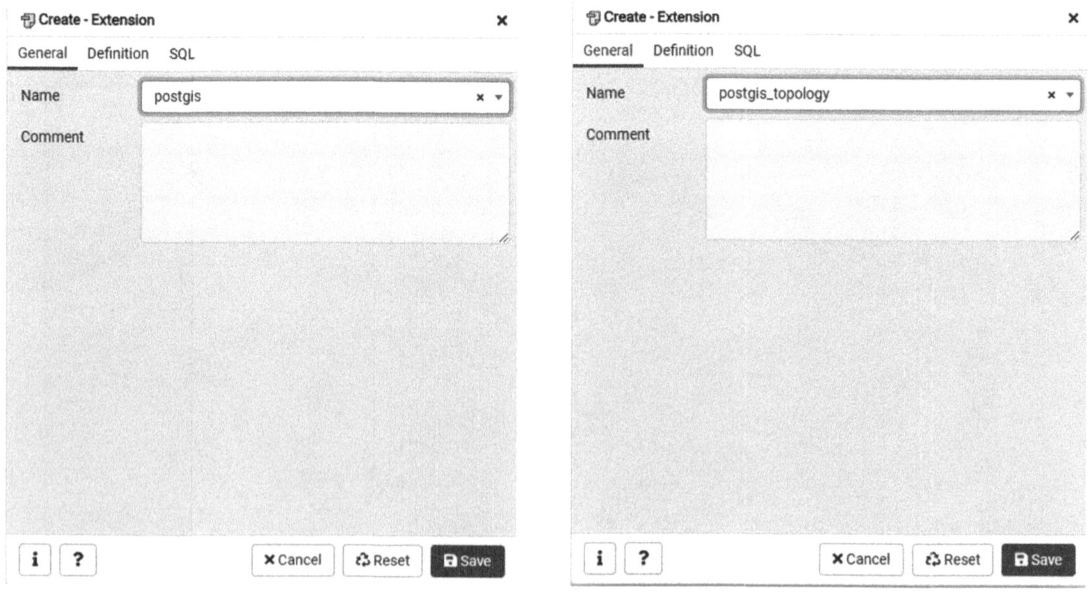

图 7-47　创建数据库的扩展 2

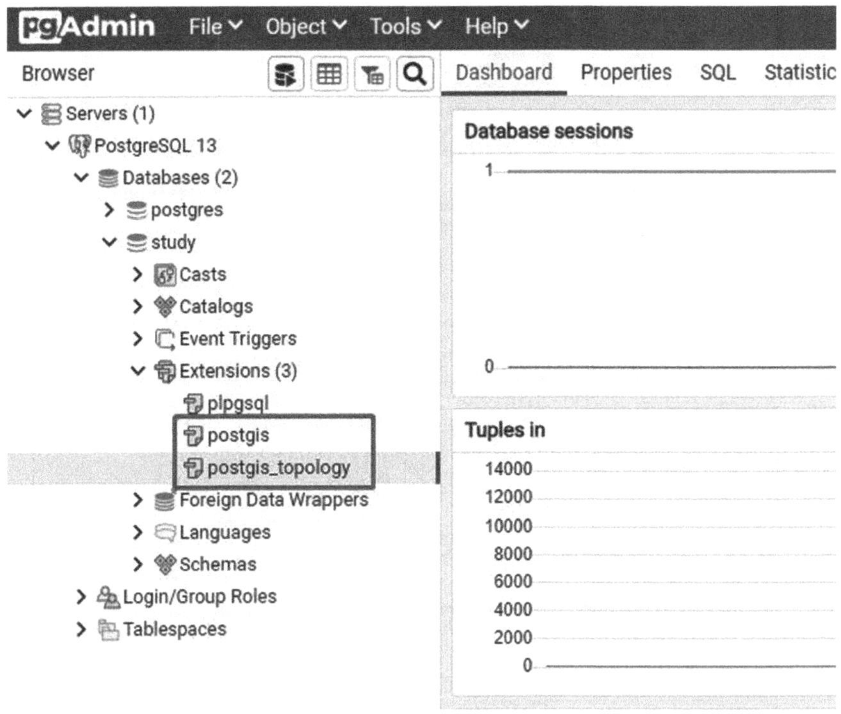

图 7－48　创建数据库扩展 3

(3)从 PostGIS 入口进入 PostGIS 操作界面，登录到 PostgreSQL 后，进入到数据库中。然后通过 Import 工具，将待载入的 ShapeFile 文件导入到 PostGIS 空间数据库中(见图7－49、图 7－50、图 7－51)。在导入文件的选项中，选择拷贝数据并同时建立空间索引(见图 7－52)。

图 7－49　进入 PostGIS 数据库

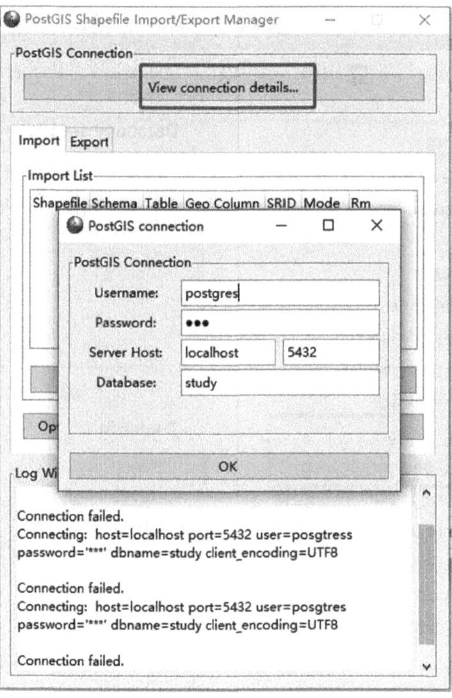

图 7-50 连接 PostgreSQL 数据库

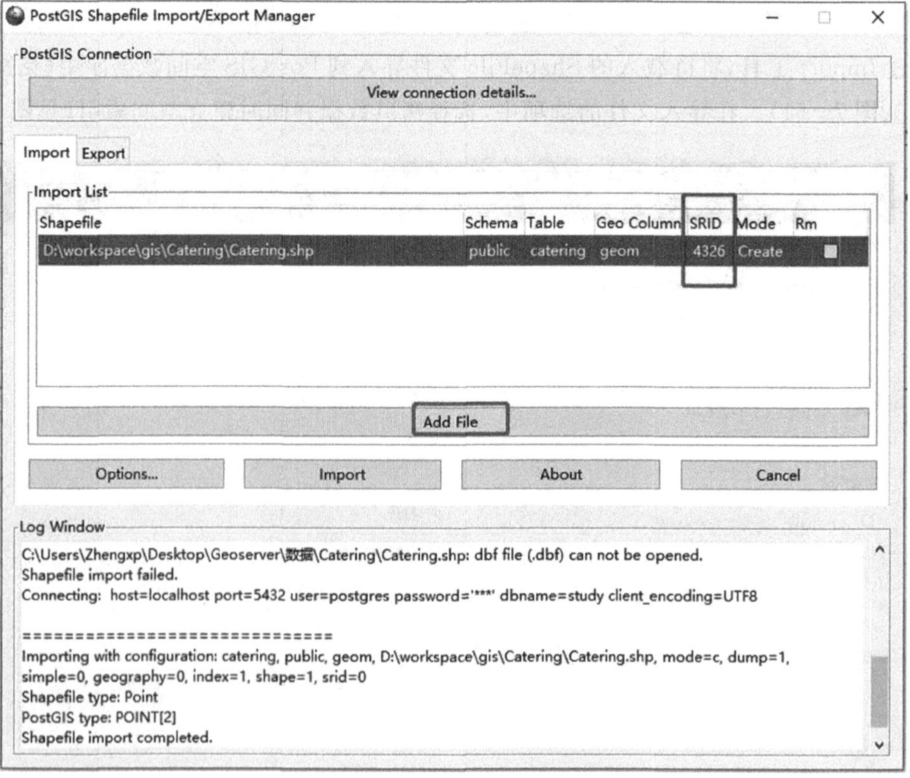

图 7-51 导入 ShapeFile 文件

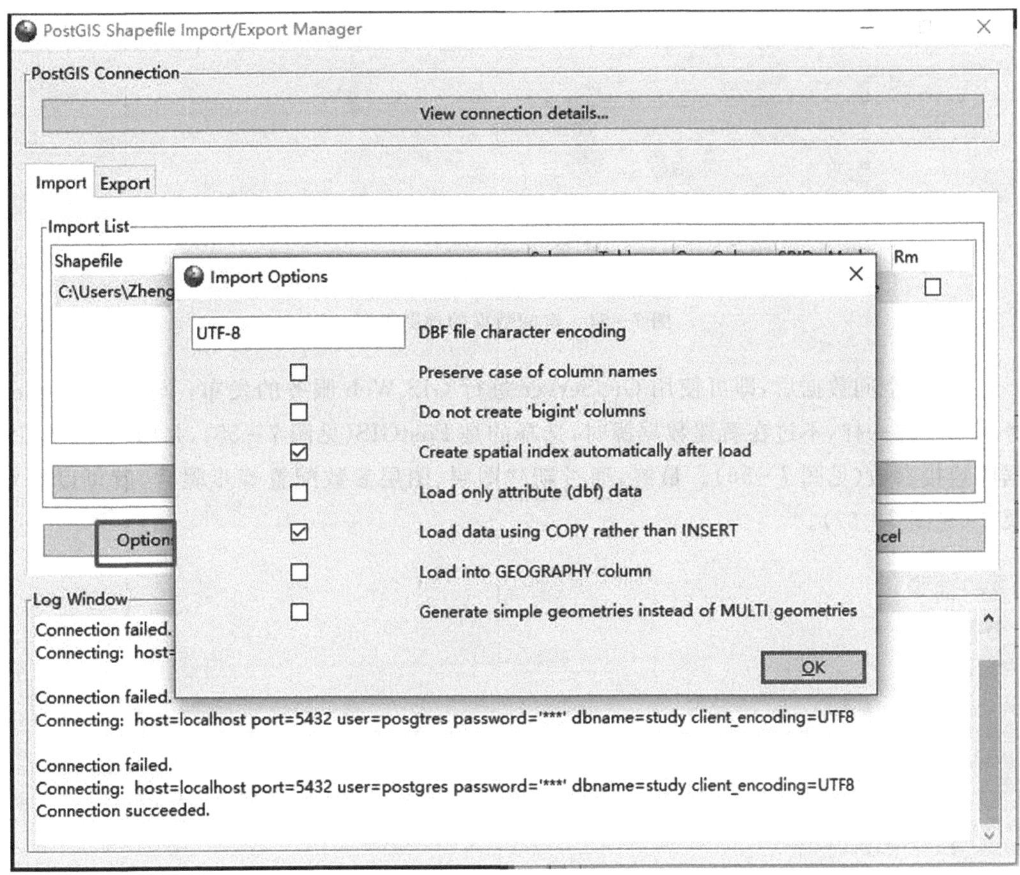

图 7－52　导入文件选项配置

(4)导入数据后，该 ShapeFile 文件就是在 PostgreSQL 数据库中的一个表。打开该表，通过 SQL 语句查询出该表的所有记录，这些记录可以通过表格的方式展现，也可以通过地图的方式展现(见图 7－53、图 7－54)。

Data Output　Explain　Messages　Notifications　Geometry Viewer

acter varying (6)	address character varying (160)	telephone character varying (54)	label character varying (160)	geom geometry
05	角嵩路与马青路交叉处	0592-6087999	海沧珍味馆	01010000004BFC87A7A87D5D40D28011154C7B3840
05	[null]	[null]	鑫味园食府	0101000000A1DE78E0A37D5D406B38A1962D7B3840
05	[null]	0592-6537889	味友面线	0101000000FA2E91740D7E5D4010B35F3F037D3840
05	新垵村中路 9 3 号附近	0592-6804637	华莱士（丰顺购物广场北）	010100000032E93E16A07F5D40CEC75C65D5863840
05	[null]	[null]	客家小吃小炒	0101000000580A25DBD7F5D40A11AAD2166863840
05	[null]	[null]	亿碗情深面馆	0101000000C300854ED57F5D40067E7FBF95863840
05	[null]	[null]	一碗倾城面馆	0101000000C57E96ABBA7F5D400D105AF8B5863840
05	[null]	[null]	蜀王川闽楼	0101000000113B603C9A7F5D40A048859ADC863840
05	新垵村东片	0592-6083673	乐益堡（丰顺购物广场西北）	0101000000905CD95D967F5D404384B27E93863840
05	[null]	0592-6089253	香思堡	0101000000F54B13CC967F5D4040A05E656A863840
05	[null]	0592-6532712|6532713	八闽快餐（新垵店）	01010000007E2AAC20BA7F5D40E70C2254C7863840
05	[null]	0592-6518324	口得福	0101000000AC4ADC06D47F5D40053F6AC2D2863840

图 7－53　空间数据的表格视图

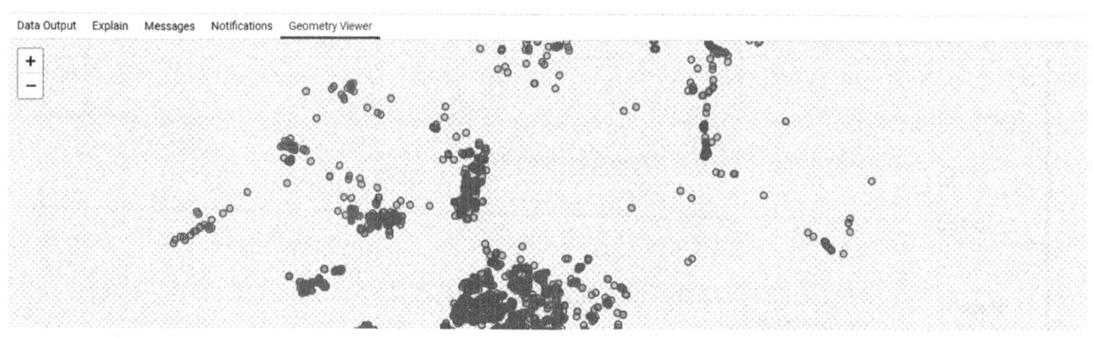

图 7－54　空间数据的地图视图

（5）载入空间数据后，即可使用 GeoServer 进行 GIS Web 服务的发布。与发布 ShapeFile 服务基本步骤一样，不过在新建数据源时，选择的是 PostGIS（见图 7－55），并填写 PostGIS 的数据库连接参数（见图 7－56）。最终，通过新建图层、图层参数配置等步骤后，就可以预览该图层了（见图 7－57）。

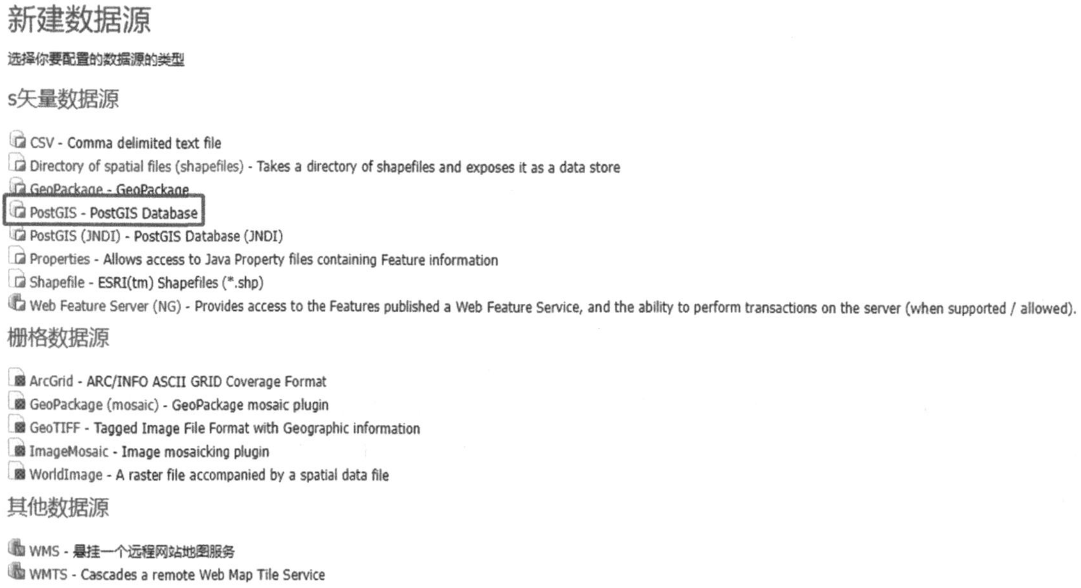

新建数据源

选择你要配置的数据源的类型

s矢量数据源

- CSV - Comma delimited text file
- Directory of spatial files (shapefiles) - Takes a directory of shapefiles and exposes it as a data store
- GeoPackage - GeoPackage
- PostGIS - PostGIS Database
- PostGIS (JNDI) - PostGIS Database (JNDI)
- Properties - Allows access to Java Property files containing Feature information
- Shapefile - ESRI(tm) Shapefiles (*.shp)
- Web Feature Server (NG) - Provides access to the Features published a Web Feature Service, and the ability to perform transactions on the server (when supported / allowed).

栅格数据源

- ArcGrid - ARC/INFO ASCII GRID Coverage Format
- GeoPackage (mosaic) - GeoPackage mosaic plugin
- GeoTIFF - Tagged Image File Format with Geographic information
- ImageMosaic - Image mosaicking plugin
- WorldImage - A raster file accompanied by a spatial data file

其他数据源

- WMS - 悬挂一个远程网站地图服务
- WMTS - Cascades a remote Web Map Tile Service

图 7－55　新建 PostGIS 数据源

图 7-56　PostGIS 连接参数配置

图 7-57　服务发布结果

7.4.3　地图样式设置

GeoServer 发布的地图样式可以通过 SLD 文档进行定义。在原理篇中已经指出，SLD 文档可以通过 QGIS 对数据进行配置并且可以导出地图样式。对于通过 QGIS 软件导出的 SLD 文档，可以用于定义地图的展示样式。本节将介绍在 GeoServer 中引入 SLD 文档改变发布的地图样式的操作步骤。

(1)进入 GeoServer 后台后，点击 Styles 图表，在地图样式列表中点击新增一个样式(见图 7-58)，在新样式界面中选择样式文件的格式为 SLD，并将从 QGIS 上定义好的 SLD 文件上传到 QGIS 上(见图 7-59)，验证无误后，应用并保存后即可生效。

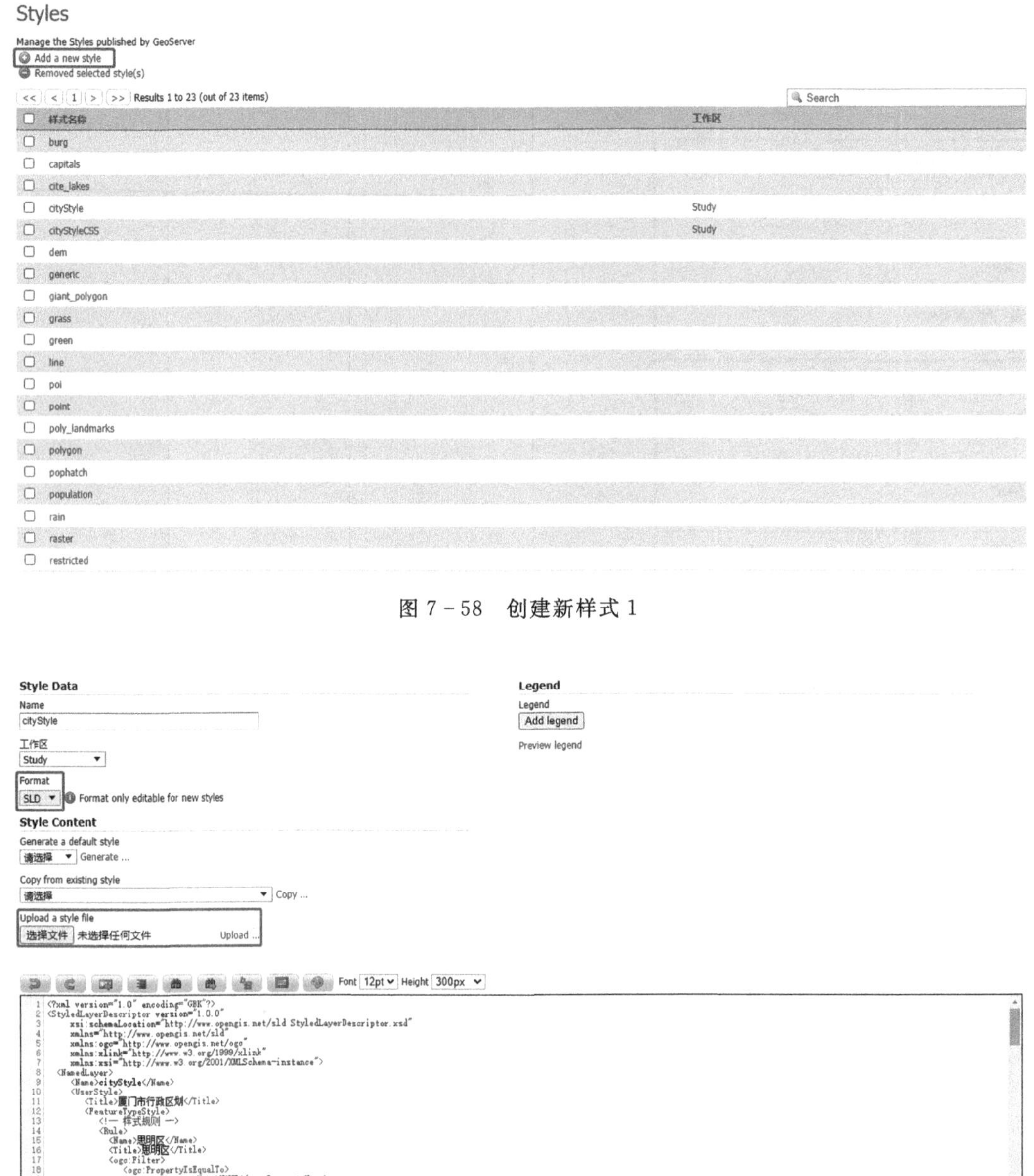

图 7-58　创建新样式 1

图 7-59　创建新样式 2

(2)创建样式后即可在图层中引用该样式。点击图层，进入图层列表，找到需要定义样式的图层，进入图层设置界面(见图 7-60)。在样式设置界面设置该图层的默认样式为刚才定义的样式，保存后样式即生效(见图 7-61)。

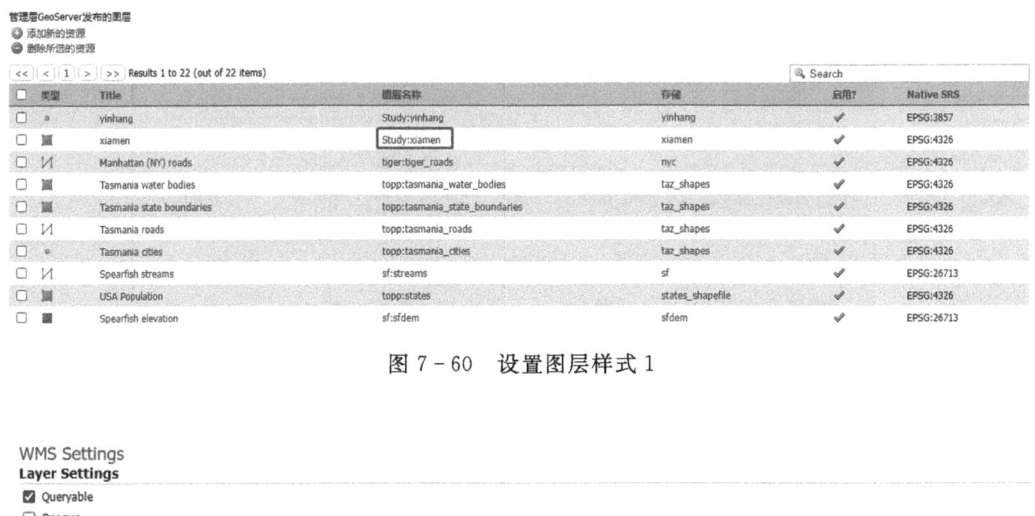

图 7－60　设置图层样式 1

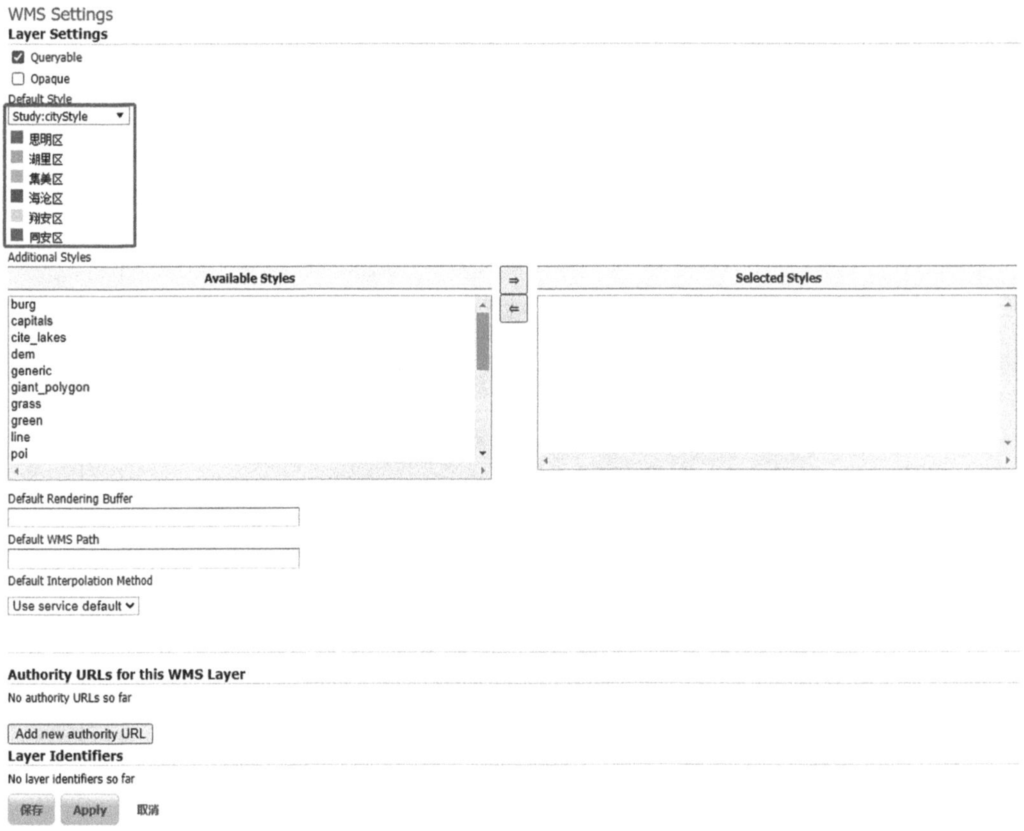

WMS Settings
Layer Settings
Queryable
Opaque
Default Style
Study:cityStyle
思明区
湖里区
集美区
海沧区
翔安区
同安区
Additional Styles
Available Styles
Selected Styles
burg
capitals
cite_lakes
dem
generic
giant_polygon
grass
green
line
poi
Default Rendering Buffer
Default WMS Path
Default Interpolation Method
Use service default
Authority URLs for this WMS Layer
No authority URLs so far
Add new authority URL
Layer Identifiers
No layer identifiers so far
保存　Apply　取消

图 7－61　设置图层样式 2

(3)从图层预览界面找到该图层，使用 OpenLayers 进行预览(见图 7－62)，即可以看到图层样式化后的表现效果(见图 7－63)。

除了使用 SLD 进行地图样式定制之外，也可以使用层叠样式表完成地图样式的定制。这需要安装一个 GeoServer 的扩展才能实现，具体的做法读者可以自行查询 GeoServer 的操作手册。

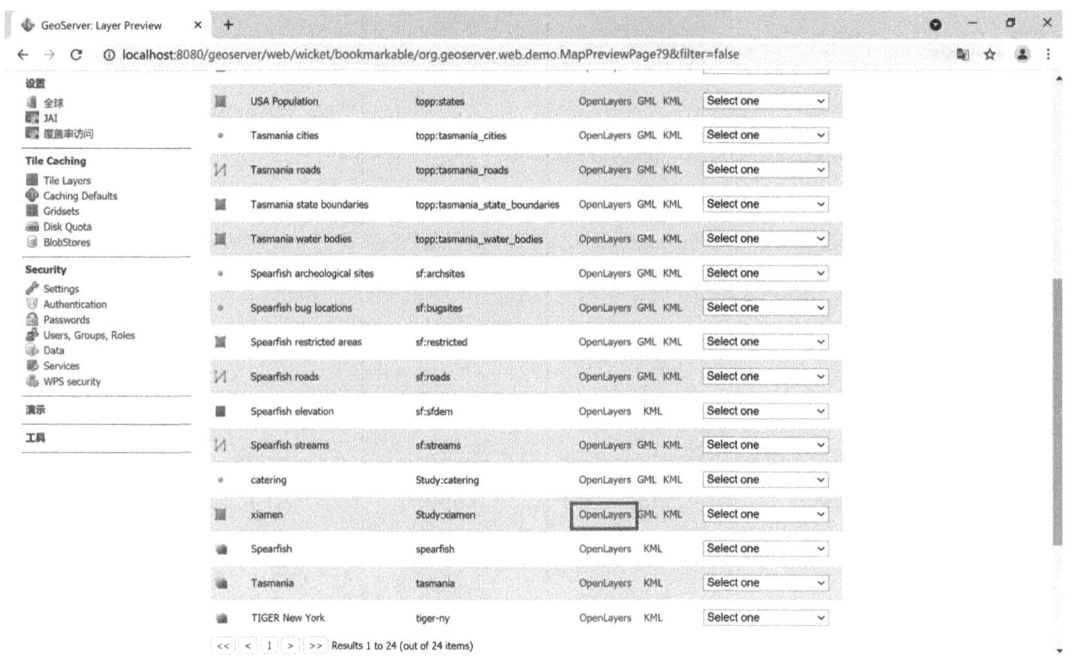

图 7-62　预览样式图层 1

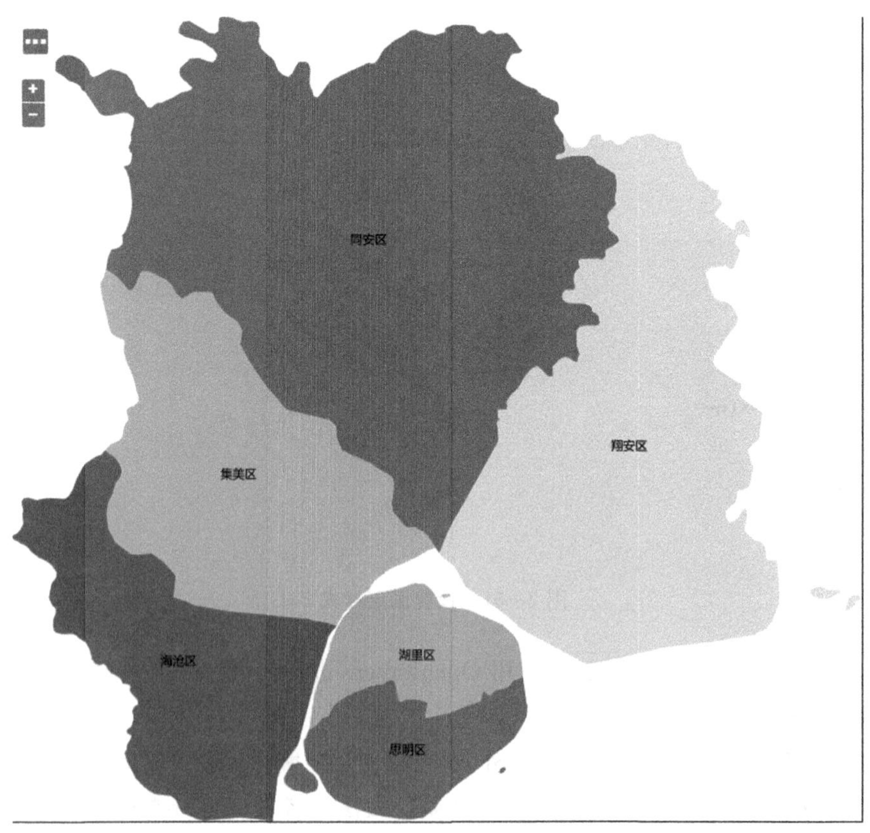

图 7-63　预览样式图层 2

7.5 JavaScript 的开发环境安装与配置

OpenLayers 的开发主要使用 JavaScript 语言，故需要预先安装并配置好 OpenLayers 的开发环境。在开发 OpenLayers 的过程中，主要使用 visual studio code(简称 VSCode)作为 JavaScript 的开发环境，同时使用 Node. js 的包管理器(node package manager，npm)作为 JavaScript 开发的包管理工具。安装配置 OpenLayers 的开发环境需要先后安装和配置 VSCode 和 Node. js 软件。

7.5.1 VSCode 安装与配置

(1)到 VSCode 的官网上下载 Windows 版的最新版 VSCode 安装包，然后按照提示安装即可(见图 7-64、图 7-65)。

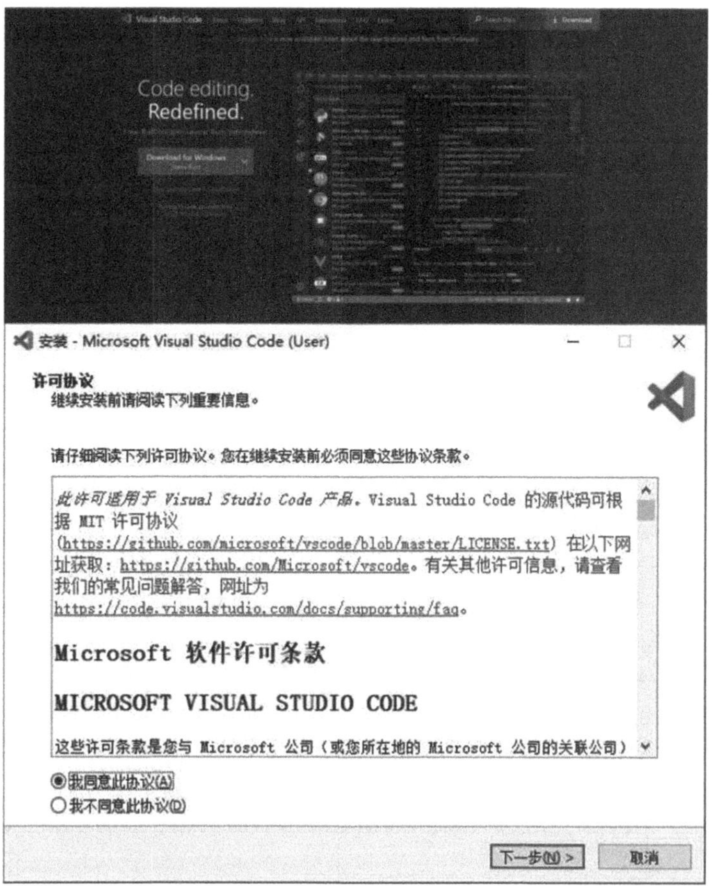

图 7-64　VSCode 下载安装 1

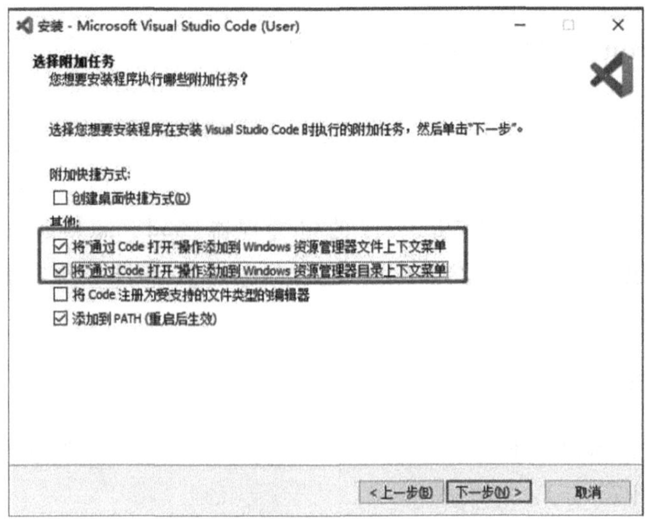

图 7-65　VSCode 下载安装 2

(2)配置 VSCode 常用设置及插件。打开 VSCode，通过 File→Preferences→Settings 打开设置页面，依据自己的习惯进行修改，如图 7-66 所示。主要修改的内容有：

①editor. fontsize：设置字体大小；

②files. autoSave：设置为 onFocusChange，失去焦点自动保存文件。

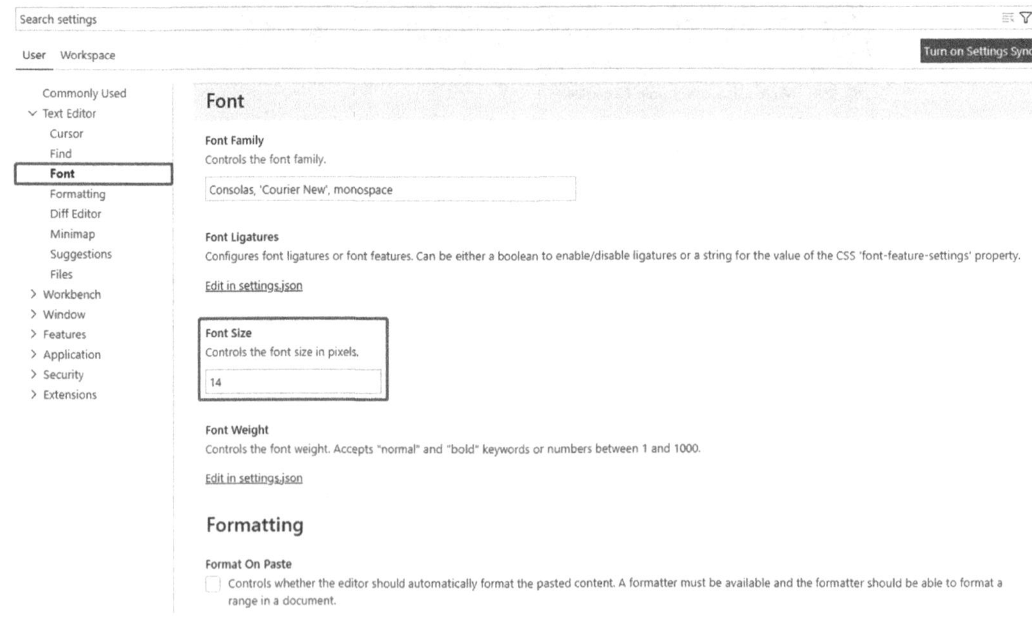

(a)

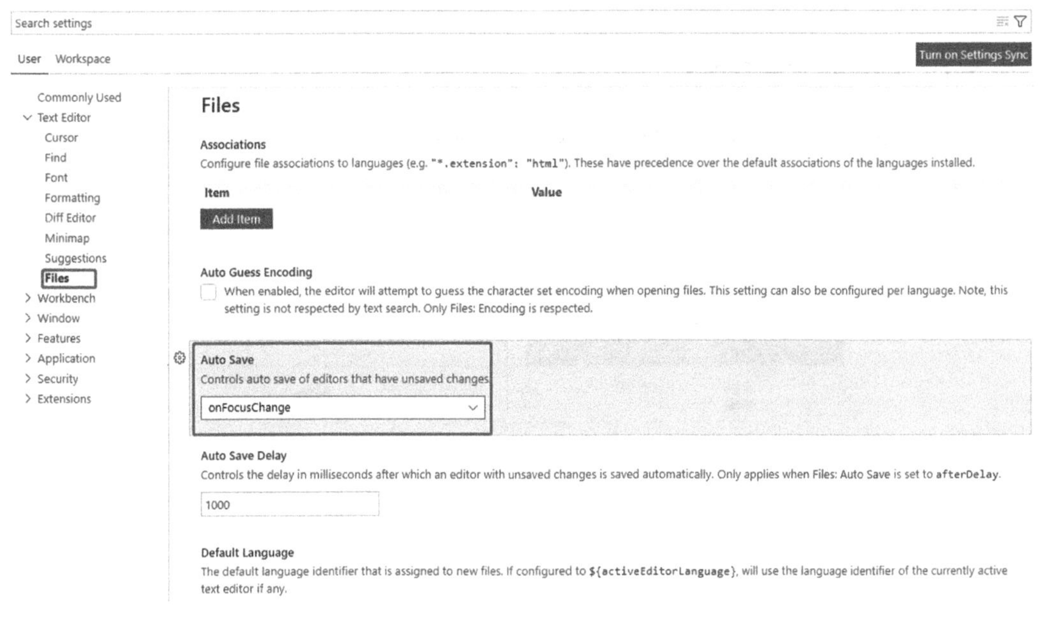

(b)

图 7－66　设置 VSCode 配置

(3)切换到扩展选项卡搜索插件名称，点击安装以下几个插件(见图 7－67、图 7－68)，方便进行编码工作。

①Auto Rename Tag(自动重命名标签)：会在第一个标签更新时重命名配对第二个标签。

②Bracket Pair Colorizer：将相应的方括号与相同的颜色匹配。

③Prettier：格式化代码。

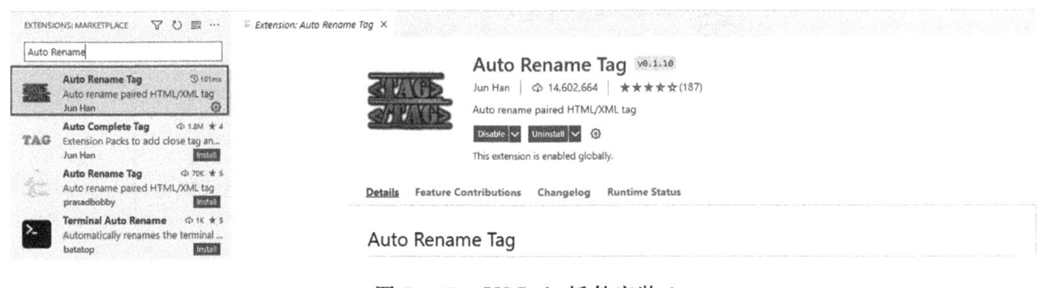

图 7－67　VSCode 插件安装 1

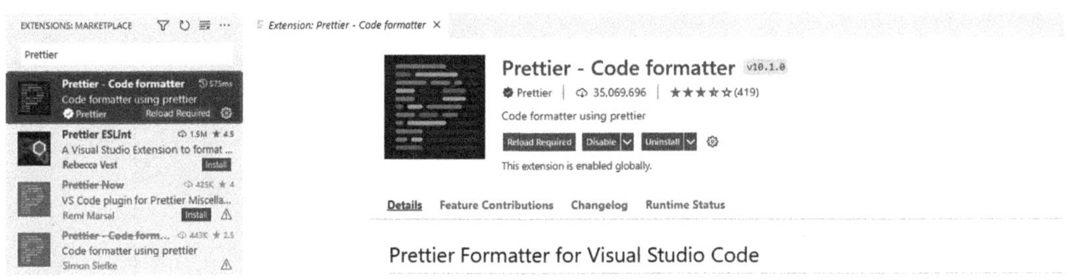

图 7－68　VSCode 插件安装 2

7.5.2 Node.js 安装与配置

(1)安装 Node.js。在 Node 官网上下载对应版本的 node 并按照提示安装(见图 7-69 到图 7-72)。

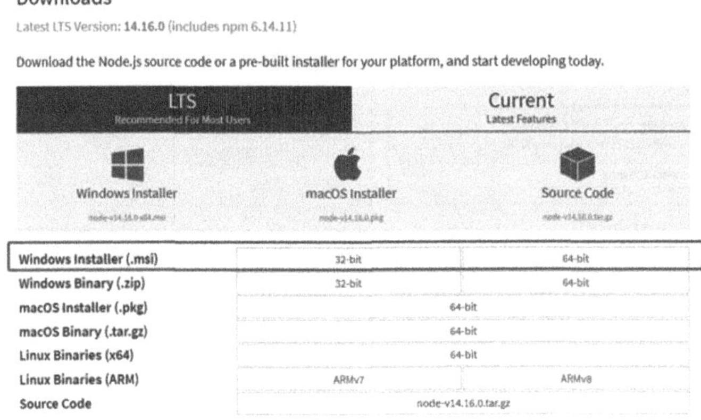

图 7-69 Nodejs 下载

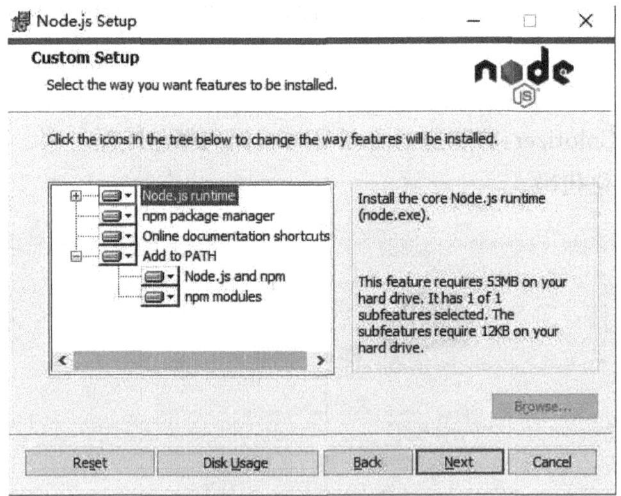

图 7-70 Nodejs 安装 1

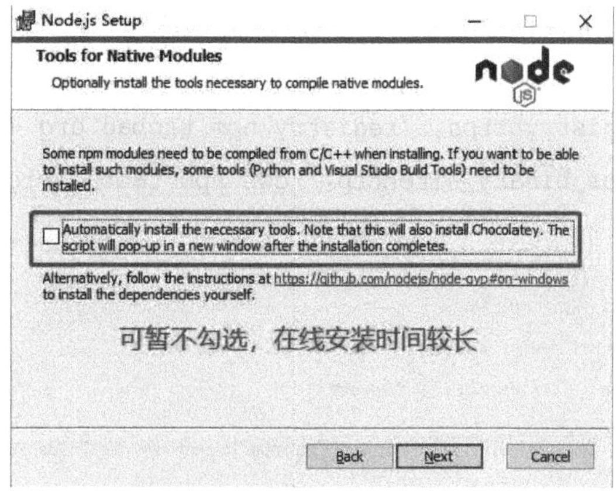

图 7－71　Nodejs 安装 2

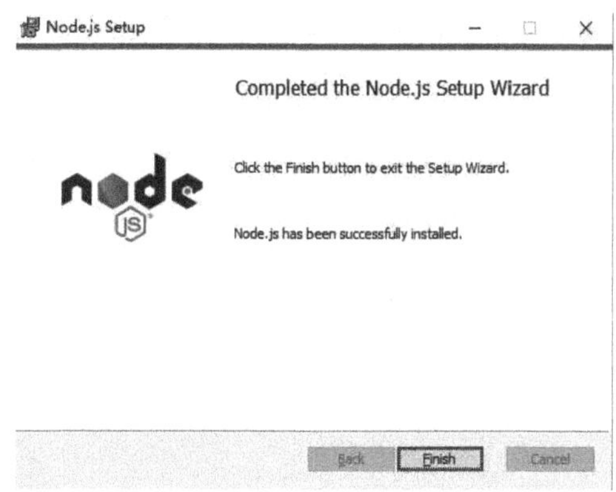

图 7－72　Nodejs 安装 3

（2）因为现代 JavaScript 开发工作会涉及很多第三方的包的使用，在这里使用了一些新的包管理工具。如 npm 是 Nodejs 的官方管理工具；cnpm 是淘宝的 npm 镜像，有更快的访问速度；yarn 是 Facebook 公司开发的用于管理 nodejs 包的一款软件，可以弥补 npm 的一些缺陷。安装好 Nodejs 后，在 cmd 窗口下使用以下命令用 npm 安装 yarn：

```
npm install -g yarn
```

安装完成 yarn 后，使用 yarn -v 命令确认 yarn 已经正常安装，如图 7－33 所示。

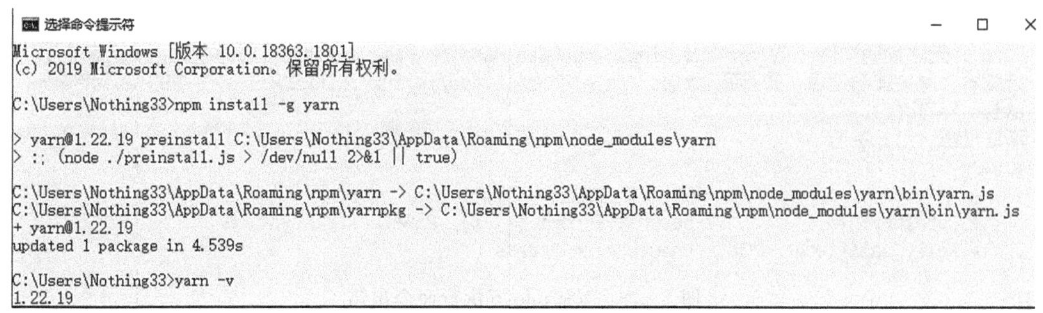

图 7－73　npm 安装 yarn

(3)设置 yarn 使用淘宝镜像(见图 7-74),使得下载依赖包时更快、更稳定,可使用以下命令:

```
yarn config set registryhttps://registry.npm.taobao.org -g
yarn config set sass_binary_sitehttp://cdn.npm.taobao.org/dist/node-sass/ -g
```

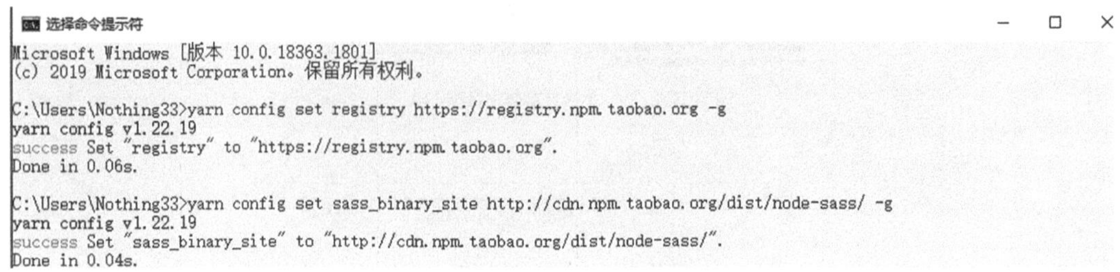

图 7-74 设置 yarn 使用淘宝镜像

(4)以管理员权限运行 VSCode,如图 7-75 所示,在 VSCode 环境中,设置 yarn 的运行参数。在 VSCode 中的终端运行 yarn 命令时会出现一些错误,如图 7-76 所示,主要是因为 powershell 对于脚本的执行有着严格的安全限制。可以通过以下方法解决:

①在终端执行 get-ExecutionPolicy,打印显示出 Restricted,表示禁止状态;

②在终端执行 set-ExecutionPolicy RemoteSigned,如图 7-77 所示。

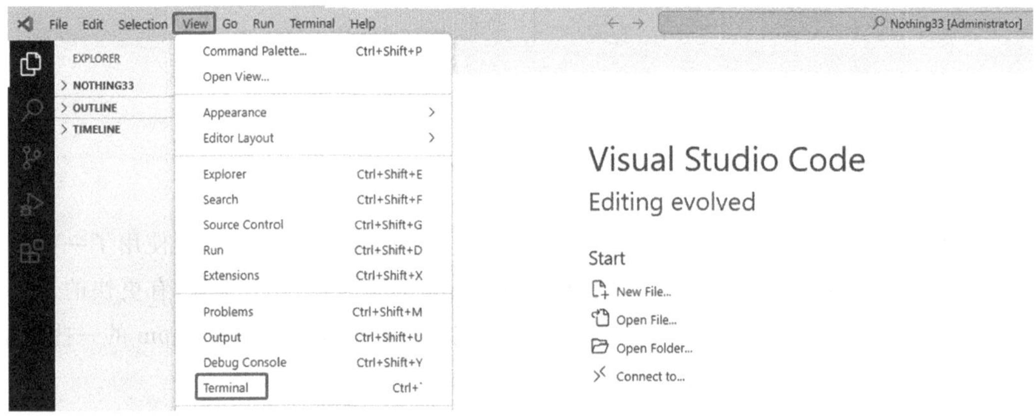

图 7-75 打开 VSCode 下的终端

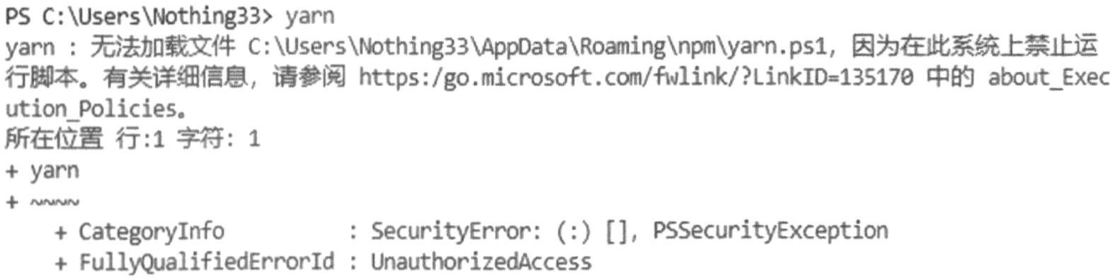

```
PS C:\Users\Nothing33> yarn
yarn : 无法加载文件 C:\Users\Nothing33\AppData\Roaming\npm\yarn.ps1, 因为在此系统上禁止运
行脚本。有关详细信息, 请参阅 https:/go.microsoft.com/fwlink/?LinkID=135170 中的 about_Exec
ution_Policies。
所在位置 行:1 字符: 1
+ yarn
+ ~~~~
    + CategoryInfo          : SecurityError: (:) [], PSSecurityException
    + FullyQualifiedErrorId : UnauthorizedAccess
```

图 7-76 VSCode 下执行命令出错

```
PS C:\Users\Nothing33> get-ExecutionPolicy
Restricted
PS C:\Users\Nothing33> set-ExecutionPolicy RemoteSigned
PS C:\Users\Nothing33> yarn -v
1.22.19
```

图 7 - 77　设置 yarn 运行权限

到此,Web GIS 的开发环境就全部搭建完成了。

第 8 章　Web GIS 开发热身——JavaScript 基础

8.1　概述

在服务端发布好了地图服务的情况下，大多数 Web GIS 应用的开发都是通过JavaScript API 对地图服务进行调用同时对网页进行操作，因此掌握基础的 JavaScript 编程语言非常重要。JavaScript 语言进化更新较快，本章从 JavaScript 基础功能出发，介绍 JavaScript 的一些基础概念，为后面使用 JavaScript 语言进行 OpenLayers 开发打下基础。考虑到本书的读者基本都学过编程语言，故对一些最基本的编程概念(如数据类型、函数、对象等)不进行系统介绍，只说明 JavaScript 语言的一些特殊之处。关于 JavaScript 的最新具体内容可参考网上其他资料。

8.2　JavaScript 基础

8.2.1 变量和常量

8.2.1.1　变量

变量是数据的“命名存储”，可以使用变量来保存商品、访客和其他信息。在 JavaScript 中创建一个变量需要用到 let 关键字。let 是新的 JavaScript 中声明变量的关键字。在旧的 JavaScript 脚本中，我们使用 var 关键字对变量进行声明，代码如下。

[let 变量声明代码]

```
let message;
message = 'hello';
let age = 25;
console.log(message);  //输出 hello!
console.log(age);      //输出  25 %
```

8.2.1.2　常量

声明一个常数(不变)变量，需要使用 const 而非 let。使用 const 声明的变量称为“常量”，它们不能被修改，如果尝试修改就会报错。当程序员能确定这个变量永远不会改变的时候，就可以使用 const 来确保这种行为，并且清楚地向别人传递这一事实。代码如下。

[const 常量声明代码]

```
const myBirthday = '18.04.1982';
myBirthday = '01.01.2001';        //报错,不能对常量重新赋值
```

例外的是,对于复合类型的常量,是可以改变其值的,数组常量 COLORS 中的元素值是可以改变的,代码如下。

[复合常量可以修改代码]

```
const COLORS = ['RED','GREEN','BLUE'];
COLORS[0] = '红色';
console.log(COLORS.toLocaleString());   //数组内的值允许修改
```

8.2.1.3　var 变量

var 声明和 let 相似,大多数情况下,使用 let 和 var 相互替代都能达到预期效果。但实际上,两者在块级作用域、重复声明和变量提升等方面有一些细微的差别。

1."var"没有块级作用域

用 var 声明变量,不是函数作用域就是全局作用域,它们在代码块外都是可见的;用 let 声明变量,则变量只能在代码块内起作用,在代码块外则不可见。使用 var 声明的变量 aBlock 在代码块外可见,使用 let 声明的变量 bBlock 则在代码外不可见,报错,代码如下。

[块级作用域示例代码 1]

```
{
    var aBlock = 2;
    let bBlock = 2;
}
console.log(aBlock);  //输出 2
console.log(bBlock);  //let 定义的变量在块级作用域外无效,报错
```

对于循环也是这样的,用 var 声明的变量没有块级作用域也没有循环的局部作用域,代码如下。

[块级作用域示例代码 2]

```
for(var i=0;i<=3;i++){
    console.log(i);
}
console.log(i);   //输出 3,循环内变量 i 在循环外仍然可见
```

可以看到,var 变量可以穿透 if、for 和其他代码块。这是因为在早期的 JavaScript 中,块没有词法环境,而 var 就是这个时期的代表之一。

如果一个代码块位于函数内部,那么 var 声明的变量的作用域将为函数作用域,在函数外,该变量是不可见的,代码如下。

[var 的函数级作用域代码]

```
functionsayHi(){
```

```
    if(true){
        var phrase = "Hello";
    }
    console.log(phrase); //能正常工作
}

sayHi();
console.log(phrase);    //报错,phrase 变量在函数外不可见
```

2."var" 允许重新声明

使用 var 可以重复声明一个变量,不管多少次都行。如果我们对一个已经声明的变量使用 var,这条新的声明语句会被忽略,代码如下。

[var 允许重复声明代码]

```
var user = "Pete";
var user = "Jhon"; //这个 var 无效(变量已经声明过了)

//不会触发错误
console.log(user); //输出 Jhon
```

使用 let 则不能够对对象进行重复声明。如果我们用 let 在同一作用域下将同一个变量声明两次,则会出现错误,代码如下。

[let 不允许重复声明代码]

```
let user;
let user;    //语法错误:user 已经被声明过了
```

3."var"允许变量提升

当函数开始时就会处理 var 声明,换言之,就是说 var 声明的变量会在函数开头被定义,与它在代码中定义的位置无关。人们将这种行为称为"提升",因为所有的 var 都被"提升"到了函数的顶部。而 let 则不允许变量提升,必须先定义,后使用,否则会报错,代码如下。

[变量提升代码]

```
console.log(a);  //变量提升,输出 undefined,不报错;
var a = 1;

console.log(b);  //不允许变量提升,报错
let b =1;
```

表 8-1 从变量提升、块级作用域、重复声明和允许修改 4 个维度比较了 var、let 和 const 变量类型的属性。

表 8-1　var、let 和 const 的比较

维度	变量类型		
	var	let	const
变量提升	允许	不允许	不允许
块级作用域	不存在	存在	存在
重复声明	允许	不允许	不允许
允许修改	允许	允许	不允许(复合类型可修改其属性)

8.2.2　数据类型

JavaScript 中的值都具有特定的类型,如字符串或数字。在 JavaScript 中有 10 种数据类型,包括 7 种基本数据类型和 3 种引用数据类型,见表 8-2。

表 8-2　JavaScript 数据类型

基本数据类型	引用数据类型
string、number、bigint、boolean、symbol、null 和 undefined	object、array 和 function

JavaScript 是一种动态类型的编程语言,所以我们可以将任何类型的值存入变量,即我们定义的变量并不会在定义后被限制为某一数据类型,代码如下。message 变量既可以是字符型变量,又可以变为数字型变量。

[动态类型编程语言代码]

```
let message = "hello";
message = 123456;
```

8.2.2.1　number 类型

number 类型代表整数和浮点数。数字可以有很多操作,如乘法、除法、加法、减法等。其使用方法相当简单,代码如下。

[number 的用法代码]

```
let n = 123;
n=12.345
```

除了常规的数字外,所谓的"特殊数值"也属于 number 类型,这里主要包括 Infinity、-Infinity和 NaN。

Infinity 代表数学概念中的无穷大,它是一个比任何数字都大的特殊值。我们可以通过除以 0 来得到,也可以直接使用它,代码如下。

[Infinity 的用法代码]

```
console.log(1/0);            //Infinity
console.log(Infinity);       //直接使用
```

NaN 代表一个计算错误，它是一个不正确的或者一个未定义的数学操作所得到的结果。NaN 是黏性的，任何对 NaN 的进一步操作都会返回 NaN，代码如下。

[NAN 的用法代码]

```
console.log("not a number"/2);        //输出 NaN
console.log("not a number"/2+5);      //输出 NaN
```

8.2.2.2 BigInt 类型

在 JavaScript 中，“number”类型无法表示大于($2^{53}-1$)或小于$-(2^{53}-1)$的整数。这是其内部表示形式导致的技术限制。在大多数情况下这个范围足够了，但有时我们需要很大的数字，如用于加密或微秒精度的时间戳。

BigInt 类型是最近被添加到 JavaScript 语言中的，用于表示任意长度的整数。我们可以通过 n 附加到整数字段的末尾来创建 BigInt 值，代码如下。

[BigInt 类型的使用代码]

```
//尾部的"n"表示这是一个 BigInt 类型
const BigInt = 1234567890123456789012345678901234567890n;
```

8.2.2.3 String 类型

JavaScript 的字符串必须被括在引号里。在 JavaScript 中，有三种包含字符串的方式，分别是双引号、单引号和反引号。双引号和单引号都是简单引用，而反引号是功能扩展引用。反引号允许我们通过将变量和表达式包装在 ${…}中，将其嵌入字符串，从而让字符串具备动态功能。${…} 内的表达式会被计算，计算结果会成为字符串的一部分。可以在 ${…} 内放置任何东西，如名为 name 的变量或 1+2 的算数表达式等，JavaScript 中的 string 类型代码如下。

[JavaScript 中的 String 类型代码]

```
let a = "hello";      //双引号字符串
let b = 'hello';      //单引号字符串
let c = `hello`;      //反引号字符串


//反引号功能扩展示例
let name = "John";
//嵌入一个变量
console.log(`Hello, ${name}! `);             //输出 Hello,John!
console.log(`the result is ${1+2}`);         //输出 the result is 3
```

8.2.2.4 boolean 类型

与其他语言中的 boolean 类型一样，boolean 仅仅包含 true 和 false 两个值，用于存储标识 yes 或 no 的值，boolean 值还可以存储比较的结果，代码如下。

[boolean 类型用法代码]

```
let isClose = true;                  //是，关闭状态
```

```
let isCallable = false;              //否,不能被调用


//boolean 值也可以存储比较的结果
let isGreater = 4 > 1;
console.log(isGreater);              //输出 true
```

8.2.2.5 null 值

特殊的 null 值不属于以上任何一种类型,它构成一个独立的类型,只包含 null 值,代码如下。相比较于其他编程语言,JavaScript 中的 null 不是一个“对不存在的对象的引用”或者“null 指针”。

[null 值代码]

```
let age = null;
```

8.2.2.6 undefined 值

特殊值 undefined 和 null 一样自成类型。undefined 的含义是未被赋值。如果一个变量已被声明,但未被赋值,那么它的值就是 undefined,代码如下。通常使用 null 将一个“空”或者“未知”的值写入变量中,而 undefined 则保留作为未进行初始化的事物的默认初始值。

[undefined 值代码]

```
//undefined 值
let age;
console.log(age);          //输出 undefined
```

8.2.2.7 Symbol 类型

Symbol 值表示唯一的标识符,可以使用 Symbol()来创建这种类型,代码如下。Symbol 保证是唯一的,即使我们创建了许多具有相同描述的 Symbol,它们的值也不同。描述只是一个标签,不影响任何东西。关于 Symbol 的高级用法,请读者自行查阅相关资料。

[Symbol 类型代码]

```
let id =Symbol();


//相同描述的 Symbol
let id1 = Symbol("id");
let id2 = Symbol("id");
console.log(id1==id2);          //输出 false
```

8.2.2.8 引用数据类型

引用数据类型主要包含 Object、Array 和 function 等。这些引用数据类型能够表达复杂的数据结果,如对象、数组和函数。

对象用来存储键值对和更复杂的实体。在 JavaScript 中,对象几乎渗透到了这门编程语言的方方面面。JavaScript 对象的基本操作代码如下。关于 Object 对象的细节可以参考本书

提供的参考材料。

[JavaScript 对象的基本操作代码]

```
//对象的创建——使用两种方法创建 JavaScript 对象
let user1 = new Object();          //"构造函数"语法
let user2 = {};                    //"字面量"语法

//创建对象时顺便赋予属性
let user3={
    name:"John",
    age:30,
}
console.log(user3.name);
console.log(user3.age);

//可以通过.操作添加属性
user3.isAdmin = true;
//可以移除属性
delete user3.age;
```

在 JavaScript 中,将函数看成是一个值,可以被创建和赋值,我们可以像如下代码中的 sayHi()函数这样使用它。

[函数是一种特殊的值代码]

```
//函数创建
let sayHi = function(){
     console.log("Hello");
};
sayHi();                        //输出 Hello

//函数的赋值操作
function sayHi(){              //创建
     console.log("Hello");
};
let func = sayHi;              //赋值
func();                            //运行赋值的函数
sayHi();                           //同样正常运行
```

对象可以存储键值集合,但除了键值集合外,有时候还需要有序集合,此集合里面的元素都是按顺序排列的。例如我们要存储一些列表,如用户、商品及 HTML 元素等,这时数组

Array就派上用场了,它能够存储有序的集合。以下是数组的两种方法代码。

[数组的两种定义方法代码]

```
let arr1 = new Array();      //"构造函数"语法
let arr2 = [];                //"字面量"语法

//大多数情况下使用第二种方法,并顺便在方括弧中添加数组元素
let fruits = ["Apple","Orange","Plum"];

//数组元素从 0 开始编号,通过方括号中的数字访问元素
console.log(fruits[0]);      //输出 Apple
console.log(fruits[1]);      //输出 Orange
console.log(fruits[2]);      //输出 Plum

//可以动态添加,或修改元素
fruits[3] = "Lemon";
fruits[2] = "Pear";

//JavaScript 数组中可以存储任意类型的元素
letarr = ['Apple',{name:'John'}, true, funciton() { console.log('Hello'); }];
console.log(arr[1].name);                    //输出 John
arr[3]();                                    //执行函数,输出 Hello
```

在 Javascript 中,Array 数组被认为是一种混合的集合,它同时拥有数组、集合、栈、队列等操作,也提供了针对 Array 的一系默认的内建方法。Array 的常用属性和方法见表 8-3。

表 8-3　Array 的常用属性和方法

方法/属性名称	描述
length	返回数组长度
push	将 Array 当做栈,末端添加一个元素
pop	将 Array 当做栈,末端移除一个元素
shift	将 Array 当做队列,取出第一个元素并返回它
unshift	在 Array 的首端添加元素

8.2.3　几种常见 JavaScript 操作

与大多数读者之前学习的强类型语言(C、C++、C#、Java 等)不同,JavaScript 是一种动态类型语言,其编程习惯与强类型语言有所不同,以下就将几种常见的 JavaScript 操作介绍给

读者。

8.2.3.1 类型转换

JavaScript 中的变量类型在 number 和 string 之间可以通过显式或隐式的方法实现类型的转换，这些转换是自动完成的，比较方便。同时，可以使用 typeof 函数对变量类型进行判断。如下代码展示了在 string 和 number 之间的类型转换。

[JavaScript 中的类型转换代码]

```
let str = "18";
let num1 = Number(str);        //显式的强制类型转换
let num2 = str * 1;            //隐式的类型自动转换
//输出变量的值和类型
console.log(str,typeof(str));         //输出 18 string
console.log(num1,typeof(num1));       //输出 18 number
console.log(num2,typeof(num2));       //输出 18 number
```

8.2.3.2 相等性比较

在 JavaScript 中，两个变量之间的比较可以使用抽象比较(==)或严格比较(===)模式进行，这和类 C 的语言有所不同。

在 JavaScript 中，对于基础数据类型，严格比较(===)在不允许强制转型的情况下检查两个值是否相等；抽象比较(==)在允许强制转型的情况下检查两个值是否相等。JavaScript 相等性比较代码如下。

对于两个非原始值，比如两个对象(包括函数和数组)，抽象比较(==)和严格比较(===)都只是检查它们的引用是否匹配，并不会检查实际引用的内容。

[JavaScript 相等性比较代码]

```
let str = "18";
let num = 18;
console.log(str == num);        //将 str 转换成 number 类型后与 num 比较，输出 true;
console.log(str === num);        //不能转换，两个变量类型不同，输出 false


let arr1 = [1,2,3];
let str1 = "1,2,3";
let arr2 = [1,2,3];
console.log(arr1 == str1);      //数组 arr 被转换为字符串并连接后与 str 相比，输出 true
console.log(arr1 === str);      //不能转换，两个变量类型不同，输出 false
console.log(arr1 == arr2);     //两个对象变量地址不同，输出 fasle
```

8.2.3.3 循环遍历

与类 C 的语言相似，JavaScript 的循环操作也可以使用 while{}、do{} while 或者 for 语句进行，其语法极为相似。但对于对象或者集合的遍历，可以使用新的语法进行，如 in、forEach、map 等，代码如下。

[JavaScript 循环遍历代码]

```
//while 循环
leti = 0;
while(i<10){
    console.log(i++);
}                                //循环输出 0 到 9
//do while 循环
i = 0;
do{
    console.log(i++);
}while(i<10)                     //循环输出 0 到 9
//for 循环
for(i=0;i<10;i++){
    console.log(i);              //循环输出 0 到 9
}
```

[JavaScript 遍历代码]

```
let obj = {a:1,b:2,c:3};
//in 遍历
for(i in obj){
    console.log(i,obj[i]);
}                                              //输出 a 1 b 2 c 3
//forEach 遍历
[1,2,3].forEach(function(item){
    console.log(item);
});                                            //输出 1 2 3
//map 遍历
[1,2,3].map(function(item){
    console.log(item);
});                                            //输出 1 2 3
```

8.2.3.4　this 对象

在 JavaScript 中，this 是指正在执行的函数的"所有者"，更确切地说，指将当前函数作为方法的对象。下面代码例子说明编程者需要明确将函数作为方法的对象是谁。

[JavaScript 中的 this 对象代码]

```
functionfoo(){
    console.log(this.bar);
}
var bar = "globe";
var obj1 = {
    bar:"obj1",foo:foo
};
var obj2 = {bar:"obj2"};
foo();                          //全局运行第一个函数 foo(),输出 globe
obj1.foo();                     //对象 obj1 执行函数 foo(),输出 obj1
foo.call(obj2);                 //obj2 在此是 this.bar,输出 obj2
new foo();                      //新的全局对象,没有 bar 变量,输出 undfined
```

8.2.3.5 JSON 对象的操作

1. JSON 字符串与 JavaScript 对象的转换

JSON 格式和 JavaScript 的字面量对象基本一致,JSON 字符串和 JavaScript 对象可以互相转换,代码如下。

[JSON 字符串与 JavaScript 对象的转换代码]

```
//JSON 操作
let json = {
      "type":"FeatureCollection",
      "crs":{
            "type":"name",
            "properties":{
                "name":"EPSG:4326"
            }
      }
}
//JavaScript 对象转为 JSON 字符串
console.log(JSON.stringify(JSON));
//JSON 字符串转为 JavaScript 对象
letjsonstr = "{\"geometry\":[\"type\":\"point\",\"coordinates\":[118.07,
24.49]}]";
console.log(JSON.parse(jsonstr));
```

2. JavaScript 对象的解析

由 JSON 字符串构建的 JavaScript 对象可以由 JavaScript 语言轻松地解析,这也是 Web

GIS 程序设计过程中获得由服务端返回的以 JSON 格式构成结果的常规操作。对 JavaScript 对象的解析操作是进行 Web GIS 开发必须熟练掌握的技巧。下面两段代码描述了 JavaScript 数据源和解析。

[JSON 数据源代码]

```
//JSON 对象的遍历解析
let points = {
     "type":"FeatureCollection",
     "crs":{
            "type":"name",
            "properties":{
                "name":"EPSG:4326"
            }
    },
    "features":[{
            "type":"Feature",
            "id": 0,
            "geometry":{
            "type":"point",
            "coordinates":[
                118.0281140887991,
                24.487448353741573
            ]
        },
        "properties":{
            "FID":0,
            "Name":"海沧区",
            "code":"350205"
        }
    },{
        "type":"Feature",
        "id":1,
        "geometry":{
            "type": "point",
            "coordinates":[
                118.07795428879909,
                24.448512373741575
            ]
```

```
        },
        "properties":{
            "FID":1,
            "Name":"思明区",
            "Code":"350203"
        }
    }]
};
```

[JSON 解析代码]

```
for(let attr in points){
  console.log(attr,points[attr]);
      if(attr == features){
        let features = points[attr];
        for(let index in features){
           let point = features[index];
           let name =point.properties.Name;
           letcoord = point.geometry.coordinates;
              console.log("name",name,"coordinate",coord);
        }
    }
}
```

8.2.3.6　JavaScript 与模块

随着 JavaScript 的代码逻辑越来越复杂，我们需要将其拆分为多个文件，即构成了所谓的模块。

一个模块就是一个文件，模块之间可以相互加载，并可以使用特殊的指令 export 和 import来交换功能，从另一个模块调用本模块的函数。

Javascript 的模块的导入与引用代码如下。export 关键字标记了可以从当前模块外部访问的变量和函数，import 关键字允许从其他模块导入功能。

[JavaScript 的模块的导入与引用代码]

```
//sayHi.js
export functionsayHi(user){
  console.log(`Hello, $ {user}! `);
}
//main.js
```

```
import {sayHi} from './sayHi.js';

console.log(sayHi);                //function...
sayHi('John');                    //Hello,John!
```

8.3　JavaScript 与 DOM 解析

每个 HTML 文档都可以内建为一个文档对象模型(DOM),JavaScript 能够对 DOM 进行解析和操作,即通过 DOM,JavaScript 能够对 DOM 内的每个元素、属性进行访问和操作。

8.3.1　获取 DOM 对象

DOM 提供了一系列的方法供 JavaScript 进行调用,访问每个需要访问的 DOM 对象。如表 8-4 所示,可以通过 DOM 对象的 id、class 名称、标签名称、name 等属性获得 DOM 对象的访问地址,也可以通过定义 CSS 选择器的方式获得更准确地访问 DOM 对象的方法。关于 CSS 选择器,在第 3 章中已经讨论过。

表 8-4　DOM 对象主要访问方法

方法	描述
getElementById	通过 id 获得 DOM 元素
getElementsByClassName	通过 class 获得 DOM 元素集合
getElementsByTagName	通过标签名获得 DOM 元素集合
getElementsByName	通过 name 属性获取元素
querySelector	通过选择器获得元素,是选取匹配的第一个
querySelectorAll	通过选择器获得元素匹配项集合

下面以实现一个简单的登录界面为例,说明 JavaScript 如何访问 DOM 对象。如下代码是 html 页面,该页面就是一个 DOM 对象。

[Login.html 代码]

```
<! DOCTYPE html>
<html lang="zh-ch" class="no-js">
    <head>
        <meta charset="utf-8">
        <title>登录(Login)</title>
        <meta name -"viewport" content="width=device-width, initial-scale
=1.0">
        <meta name="description" content="">
```

```
        <meta name="author " content="">
        <! -- C55 -->
        <linkrel="stylesheet" href="assets/css/style.css">
    </head>
<body>
    <div class="page-container">
        <hl id="title">登录(Login)</hl>
            <form action="Modest/index htm]" method="post">
                <input type="text" name="username" class="username" place
holder="请输入您的用户名!"/>
                <input type="password"name="password" class="password" pla
ceholder="请输入您的用户密码!"/>
                <input type="Captcha" class="Captcha" name="Captcha" place
holder="请输入验证码!" />
                <input type="button" id="code" onclick="createode()" style
="height:40px;width:120px" title="点击更换验证码"/>
                <button type="submit" class="submit_button">登录</button>
                <div class="error"><span>+</span></div>
            </form>
    </div>
</body>
</html>
```

如下代码所示，使用 JavaScript 语言，分别通过 id、class、表单(form)元素的名称(name)和标签名(TagName)，在 Login. html 文档中，分别获取了相关的 DOM 对象，获得这些对象后，即可进行下一节的操作。

[JavaScript 访问 DOM 对象代码]

```
<script type="text/javascript">
    console.log(document.getElementById("title"));
    console.log(document.getElementByClassName("username"));
    console.log(document.getElementByName("password"));
    console.log(document.getElementByTagName("button"));
    console.log(document.querySelector("#title"));
</script>
```

8.3.2 操作 DOM 对象

JavaScript 可以对获得的 DOM 对象进行操作，以下代码对将验证码表单元素的值设置为“ABCD”，并将验证码的字体颜色改为黑色。同时，通过 error 元素的 innerHTML 元素将其内容进行修改。

[操作 DOM 对象代码]

```
let captcha =document.getElementsByClassName("Captcha")[0];
captcha.setAttribute("value","ABCD");                    //修改验证码为 ABCD
captcha.style.color = "#000000";                          //修改字体颜色为黑色

let error =document.getElementsByClassName("error")[0];
error.innerHTML = "<span>请输入密码</span>";              //修改 error 元素的 html
内容
```

8.3.3 DOM 事件

下面将通过在 DOM 对象上绑定"Click"事件的监听函数 createCode()，生成一些随机的验证码，并将验证码显示在按钮上，代码如下。关于 JavaScript 的事件机制，读者可以自行查阅的相关论述。

[验证码函数的事件绑定代码]

```
function createCode(){
    let code = "";
    let codeLength = 4;
    let checkCode = document.getElementById("code");
    let random = newArray(0,1,2,3,4,5,6,7,8,9,'A','B','C','D','E','F','G','H','J',
                 'K','L','M','N','O','P','Q','R','S','T','U','V','W','X','Y','Z');  //待选随机数
    for(let i=0;i<codeLength;i++){
        let index =Math.floor(Math.random() * 36);
        code += random[index];
    }
    checkCode.value = code;
    //点击更换验证码
    document.getElementById("code").addEventListener('click',createCode);
    //页面加载完成调用，生成验证码
    window.onload = function(){
      createCode();
    }
}
```

第 9 章　OpenLayers 开发——Hello World!

9.1　概述

本章将阐述了使用 VSCode 开发环境和 yarn 包管理工具开发第一个简单的 OpenLayers 应用程序的过程。在本实验中，读者主要需要掌握如何安装依赖包，如何进行程序编译，如何进行程序运行测试等过程，并向读者展示了如何加载基本的天地图服务。

关于 OpenLayers 的开发文档，读者可以去 OpenLayers.org 网站获得全套的最新 API 介绍和案例介绍。

9.2　创建项目

创建任意一个文件夹，如图 9－1 所示使用 VSCode 打开后，即是项目文件夹。进入到 VSCode 界面后，使用 yarn init 命令初始化项目，如图 9－2 所示填写项目信息，如果使用默认内容，按回车键即可。

图 9－1　创建项目文件夹

```
PROBLEMS    OUTPUT    TERMINAL    DEBUG CONSOLE

● PS C:\WebGIS\openlayers\HelloWorld> yarn init
  yarn init v1.22.19
  question name (HelloWorld):
  question version (1.0.0):
  question description:
  question entry point (index.js):
  question repository url:
  question author:
  question license (MIT):
  question private:
  success Saved package.json
  Done in 10.32s.
```

图 9 - 2　yarn 项目初始化

9.3　添加依赖包

9.3.1　yarn 添加 OpenLayers 依赖

通过 yarn 工具，直接下载 OpenLayers 的最新依赖包到工程中，在 VSCode 的终端下运行 yarn add ol @6.5.0 命令，即可完成该操作，如图 9 - 3 所示。

```
PS C:\WebGIS\openlayers\HelloWorld> yarn add ol@^6.5.0
```

图 9 - 3　添加 OpenLayers 依赖

9.3.2　添加 parcel

parcel 是 Web 应用打包工具，适用于经验不同的开发者，它利用多核提供了极快的速度，并且不需要其他任何配置。parcel 内置了一个开发服务器，该开发服务器支持热模块替换，可以在我们改变文件时自动重新构建应用，是我们在 Web GIS 开发过程中进行运行调试的工具。通过 yarn 工具即可完成 parcel 的安装，如图 9 - 4 所示。添加完成后，我们可以在工程的 package. json 文件中查看到相应的包名。

```
PS C:\WebGIS\openlayers\HelloWorld> yarn add parcel-bundler --dev
```

图 9 - 4　添加 parcel

从图 9 - 5 中可以看到一个典型的 JavaScript 前端应用的目录架构。node_modules 文件夹保存了从网络上下载的各种依赖包；package. json 文件保存了项目的元数据，包括项目主程序、项目依赖情况、开发依赖环境等。yarn. lock 文件由 yarn 自动生成，完全由 yarn 来管理，用来记录工程中使用的依赖项，我们在开发时可以忽略该文件。

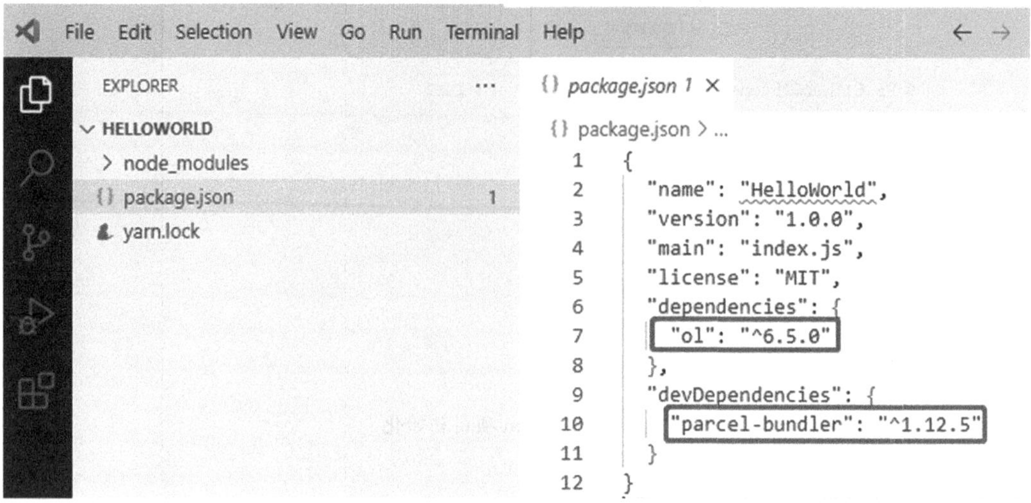

图 9-5 项目架构

9.4 编码

在项目目录下直接新建 index. html 和 index. js 文件，这里的 html 文件和 js 文件是相互独立的，在 html 文件中通过引用 js 文件的方式将两者结合在一起。

index. html 文件内容非常简单，<body>标签部分只定义了一个地图容器<div>和一个脚本文件的引入标签，代码如下。

```
<!--index.html-->
<!DOCTYPE html>
<html lang="en">
    <head>
        <meta charset="UTF-8">
        <meta http-equiv="X-UA-Compatible" content="IE=edge">
        <meta name="viewport" content="width=device-width, initial-scale=1.0">
        <title>Hello World</title>
        <style>
        html,body{
          width: 100%;
          height: 100%;
        }
        #map{
          width: 100%;
```

```
            height: 100%;
        }
        </style>
    </head>
    <body>
        <!--地图容器-->
        <div id="map"></div>
        <!--引入 js 文件-->
        <script src="index.js"></script>
    </body>
</html>
```

index.js 文件使用最少的代码创建了一个来自于 OpenStreetMap 的切片地图服务的地图对象 map。在这段代码里，通过 JavaScript 的 import 语句分别引入了来自 OpenLayers 的 Map 和 View 对象用于展示地图，引入了 OSM 和 TileLayer 这两个数据源与和数据源对应的展示图层对象，代码如下。

```
/** index.js **/
import "ol/ol.css";
import { Map, View } from "ol";
import TileLayer from "ol/layer/Tile";
import OSM from "ol/source/OSM";
const map = new Map({
    // 指定 html 容器 id
    target: "map",
    // 图层
    layers: [
        // 瓦片地图
        new TileLayer({
            source: new OSM(), // OpenStreetMap 图层
        }), ],
    // 定义地图的 2d 视图
    view: new View({
        center: [0, 0], // 中心点
        zoom: 0, // 缩放级别 }),
    })
});
```

9.5　测试运行

因为我们使用 Parcel 作为开发测试运行工具，故需要先做好相关配置。配置的方法为对 package. json 文件进行编辑，添加一个 scripts 结点，该结点定义了启动脚本，表示该应用程序从 index. html 页面开始启动，如图 9－6 所示。

```
"scripts": {
    "start": "parcel index.html"
}
```

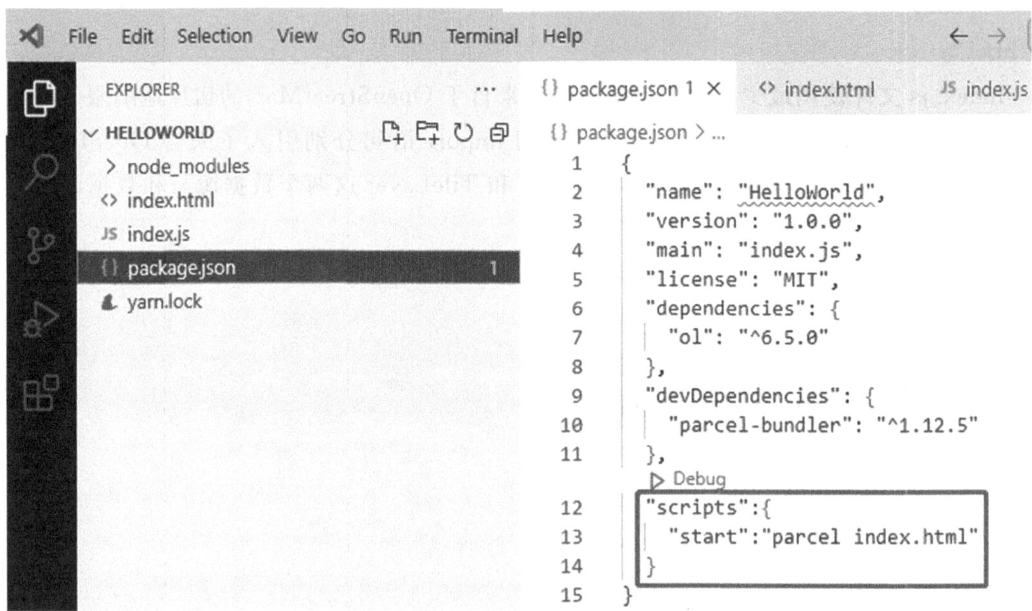

图 9－6　添加启动脚本

在终端输入 yarn start 命令，启动程序并查看运行结果，如图 9－7 所示。

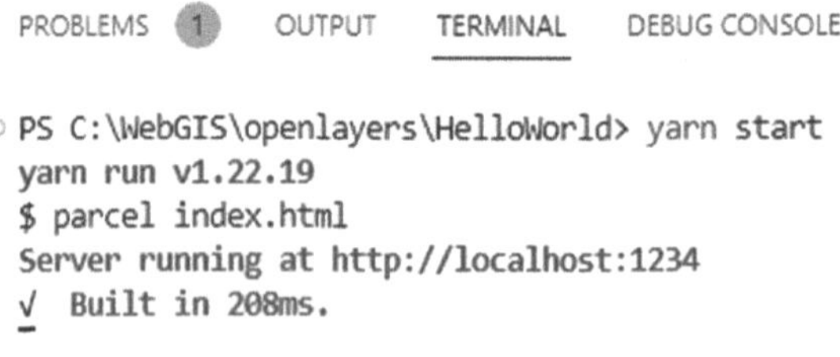

图 9－7　启动程序

打开浏览器，输入 http://localhost:1234 就可以看到基础的 OSM 地图了，如图 9-8 所示。

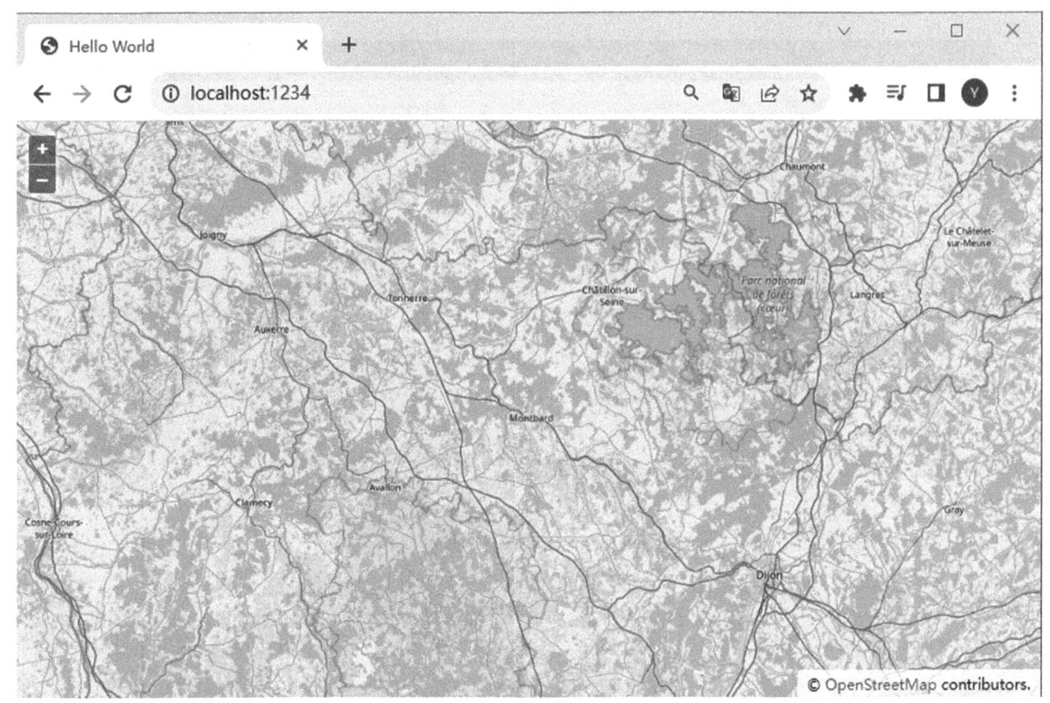

图 9-8　Hello World 运行结果

9.6　加载天地图

天地图国家地理信息公共服务平台是国家自然资源部主办，由国家基础地理信息中心承办和维护公共地图服务。天地图主要采用 OGC WMTS 的方式，对外提供相关地图服务。在完成第一个地图服务后，本节介绍如何使用天地图的地图服务，作为读者参考使用公共地图服务的方法。

9.6.1　天地图 Key 的申请和准备

访问天地图官网(tianditu. gov. cn)，完成开发者注册(作为练习，注册个人开发者即可，免费使用，如图 9-9、图 9-10 所示)，在开发者控制台中完成新应用创建，获得天地图应用的密钥，如图 9-11 所示。该密钥是用户访问天地图资源的钥匙，必须在开发前完成秘钥的申请。

图 9-9　天地图注册入口

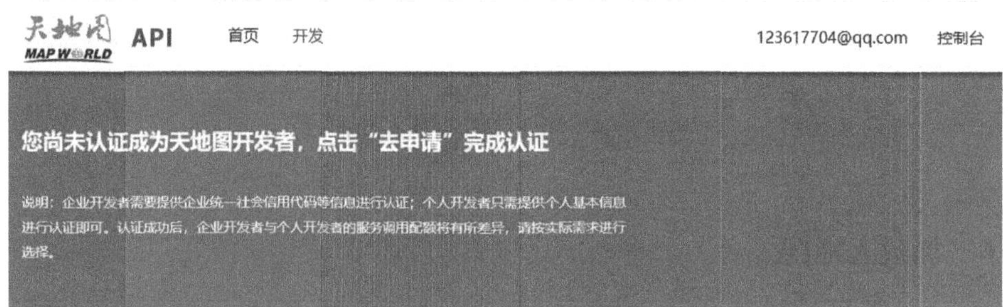

申请成为企业开发者

适用于有运营资质的或对服务调用量有较高要求的企事业单位或团体。企业开发者需要提供企业统一社会信用代码等信息，认证审核期为3-5个工作日，期间将可以进行服务试用。

认证通过后具备较高的服务调用配额，认证不通过的用户可以选择重新提交企业认证申请或认证成为个人开发者（由个人开发者升级认证企业开发者的用户，如审核不通过，自动恢复到个人开发者身份）。

如暂时无法提供企业认证相关信息，可先申请个人开发者，后续在账号身份中升级。

去申请 >>

申请成为个人开发者

适用于个人、无企业资质的社会团体或对服务调用量要求不高的团体。

天地图注册用户可直接认证成为个人开发者。

去申请 >>

图 9-10　天地图申请称为个人开发者

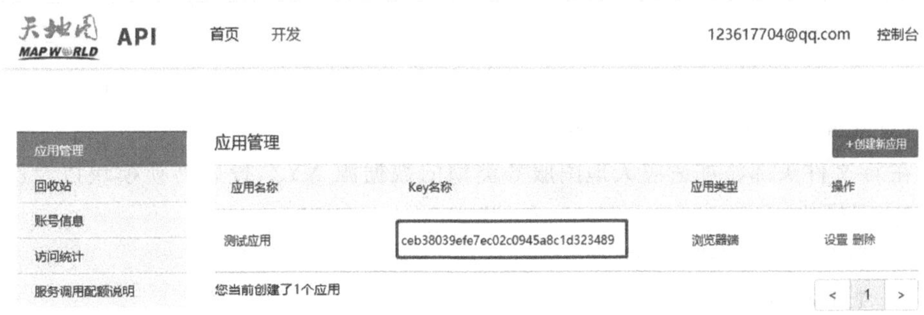

图 9-11　获得应用开发的密钥字符串

9.6.2　天地图地图服务的准备

查找天地图的地图服务 API，在地图服务列表中(见图 9-12)使用矢量底图服务和矢量注记服务作为所需要的地图资源，并选择经纬度投影作为投影类型(见图 9-13)，开始将此类地图服务载入到 OpenLayers 中。

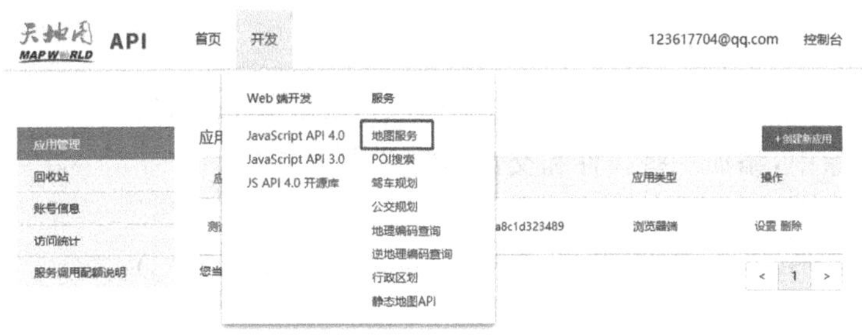

图 9-12　地图服务入口

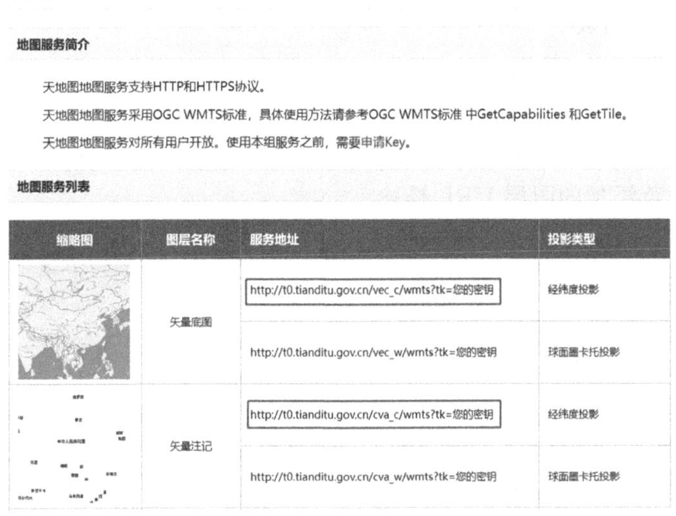

地图API

地图服务简介

天地图地图服务支持HTTP和HTTPS协议。

天地图地图服务采用OGC WMTS标准，具体使用方法请参考OGC WMTS标准 中GetCapabilities 和GetTile。

天地图地图服务对所有用户开放。使用本组服务之前，需要申请Key。

地图服务列表

缩略图	图层名称	服务地址	投影类型
	矢量底图	http://t0.tianditu.gov.cn/vec_c/wmts?tk=您的密钥	经纬度投影
		http://t0.tianditu.gov.cn/vec_w/wmts?tk=您的密钥	球面墨卡托投影
	矢量注记	http://t0.tianditu.gov.cn/cva_c/wmts?tk=您的密钥	经纬度投影
		http://t0.tianditu.gov.cn/cva_w/wmts?tk=您的密钥	球面墨卡托投影

图 9-13　选择地图服务

9.6.3 天地图地图服务的加载

下面对相关 index 代码进行改造，使其能够引入天地图服务资源。对 index.html 可以不用改造。对 index.js 进行改造，改造的主要步骤如下：

(1)在 js 文件头部添加适应天地图服务类型的数据源 XYZ，投影转换模块以及所需的控件模块和交互模块。

```
import "ol/ol.css";
import TileLayer from "ol/layer/Tile";
import XYZ from "ol/source/XYZ";
import { get as getProjection } from "ol/proj";
import { Map, View } from "ol";
import { FullScreen, defaults as defaultControls } from "ol/control";
import { defaults as defaultInteractions } from "ol/interaction";
```

(2)得到所需的天地图的坐标系参数，引入天地图秘钥。

```
// WGS84 坐标系
const projection = getProjection("EPSG:4326");
// 天地图 key7910db3b7c2a5a9c787ca5252cb7ce77
const tiandituKey = "ed7b18567e81ca1978ef2ca23d55a5a6";
```

(3)在地图对象中，添加一些控件和交互的定义。

```
// 添加全屏控件
  controls: defaultControls().extend([new FullScreen()]),
  //修改默认交互
  interactions: defaultInteractions({
    // 禁用双击缩放
    doubleClickZoom: flase,
    // 禁用滚轮缩放
    mouseWheelZoom: flase,
  }),
```

(4)在地图对象中，添加所需要的天地图的图层定义。添加的地图图层定义中，按照 WMTS 的 XYZ 规范添加的图层 URL 描述。

```
layers: [
    // 天地图-矢量底图-经纬度投影
    new TileLayer({
      source: new XYZ({
        url:
          "http://t{0-6}.tianditu.gov.cn/vec_c/wmts? SERVICE=WMTS&REQUEST=
GetTile&VERSION=1.0.0&LAYER=vec" +
           "&STYLE = default&TILEMATRIXSET = c&FORMAT = tiles&TILEMATRIX = {z}
```

```
&TILEROW={y}&TILECOL={x}" +
          "&tk=" +
          tiandituKey,
        projection: projection,
      }),
    }),
    // 天地图-矢量注记-经纬度投影
    new TileLayer({
      source: new XYZ({
        url:
          "http://t{0-6}.tianditu.gov.cn/cva_c/wmts? SERVICE=WMTS&REQUEST=
GetTile&VERSION=1.0.0&LAYER=cva" +
          "&STYLE=default&TILEMATRIXSET=c&FORMAT=tiles&TILEMATRIX={z}
&TILEROW={y}&TILECOL={x}" +
          "&tk=" +
          tiandituKey,
        projection: projection,
      }),
    }),
  ],
```

(5)进一步设置显示范围、中心点坐标和缩放级别、投影类型等。

```
// 设置显示范围
  view: new View({
    // 显示范围中心点坐标
    center: [118.132896, 24.488398],
    // 地图缩放级别
    zoom: 12,
    // 使用投影类型
    projection: projection,
  }),
```

(6)保存后，运行 yarn start，编译运行后，在浏览器中输入 http://localhost:1234 即可完成天地图资源的加载，如图 9-14 所示。

现代大多数 Web 浏览器都集成了开发者工具，开发者工具可以对浏览器和服务器之间的请求和响应进行监控记录，记录每一个操作过程中浏览器和服务器之间所产生的请求和响应过程。在该案例中，我们能够通过浏览器的开发者工具(在浏览器下使用 F12 快捷键即可打开)查看 Web 浏览器和天地图浏览器之间产生的请求和响应记录。如图 9-15、图 9-16 所示，对天地图的两个底图的局部请求和响应过程被记录在浏览器开发者工具的后台，对天地图的每个地图的请求由数十个对单个瓦片的请求构成，一部分请求矢量底图，一部分请求注记底图，最后再由浏览器将请求的结果完成拼接和叠加，得到最终效果。

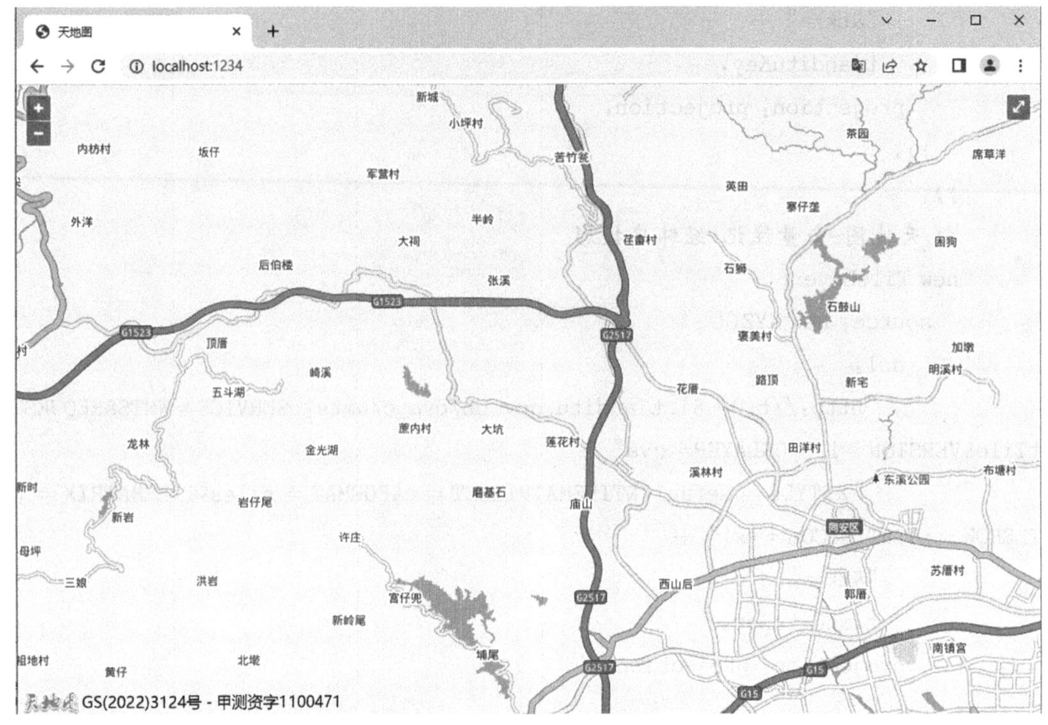

图 9－14　天地图服务加载效果

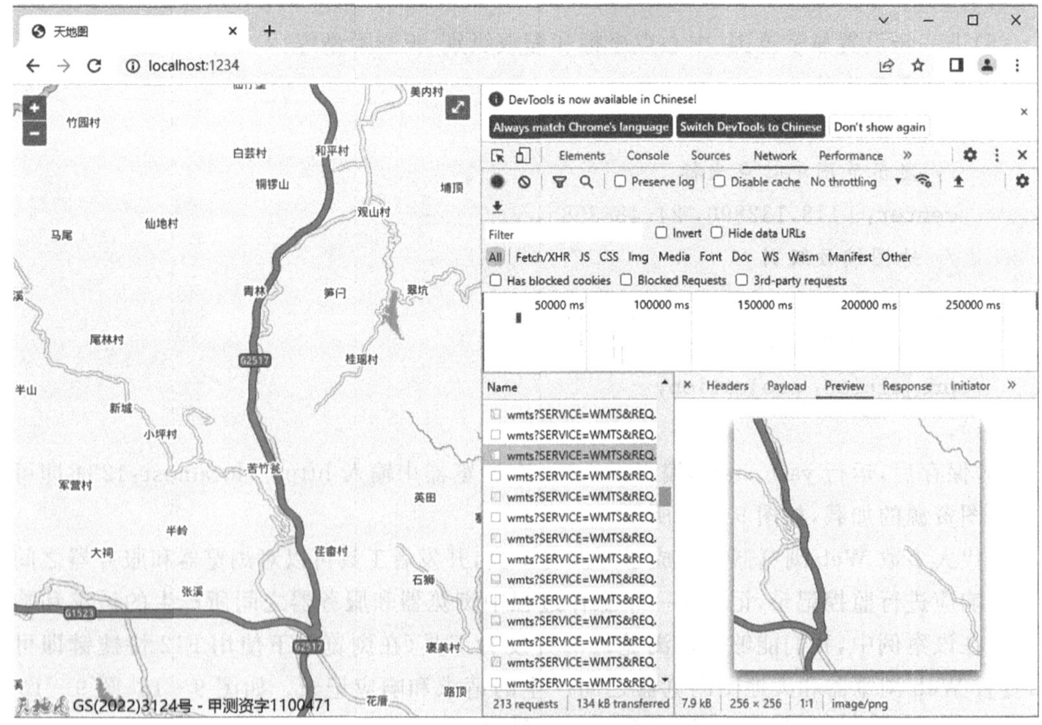

图 9－15　对矢量底图的请求和响应

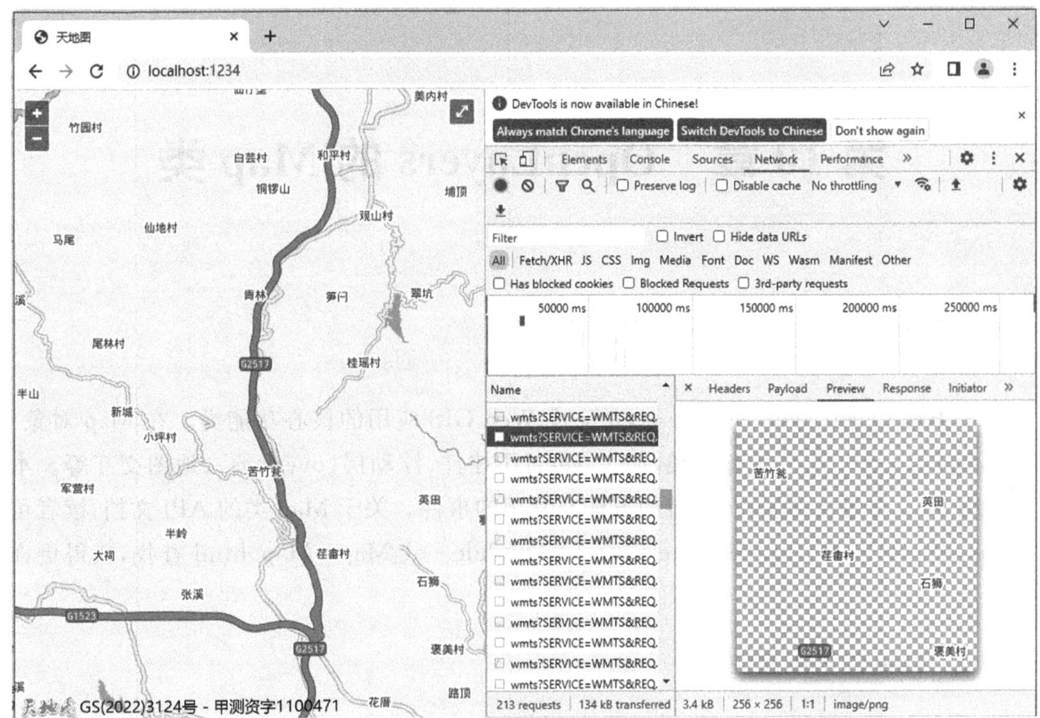

图 9-16　对注记底图的请求和响应

在上面例子中，综合使用了 Map、Layers、View、Source、Projection 等对象，在后面的章节中会对这些组件的使用方法做详细介绍。

第 10 章　OpenLayers 的 Map 类

10.1　概述

Map 类是 OpenLayers 的核心类，是完成 Web GIS 应用的核心功能类。在 Map 对象中，关联了 OpenLayers 几乎所有的类，如 Layer、UI 控件、浮动层(overlays)、地图交互等。本章主要介绍 Map 类包含的属性、支持的方法及常用的事件。关于 Map 类的 API 文档，读者可以去 https://openlayers.org/en/latest/apidoc/module-ol_Map-Map.html 查找，获得更详细的信息。

10.2　Map 的常用属性

Map 作为 OpenLayers 的核心类，位于 OpenLayers 库的核心模块 Map 中。使用 Map 类的 JavaScript 导入语句为：

```
import Map form 'ol/Map';
```

在 Map 类中，其构造函数为：

```
Map(options)
```

该函数中的参数 Options 是一个常用的 JavaScript 对象，可以使用 JavaScript 的“字面量”方式进行表达。Map 类的常用属性见表 10-1。

表 10-1　Map 类的常用属性

名称	描述
controls	地图初始化时添加的控件，默认添加 Zoom、Rotate 和 Attribution
layers	图层列表
target	Map 容器的 HTML 对象或 id
view	控制当前地图的显示范围和投影
overlays	浮动层，常用于显示弹窗、点标记、图片等

结合上一章的加载天地图部分的代码，用户会对 Map 类下的各个属性项如何配置有一个直观的认知。

10.3　Map的常用方法

对于 Map 的常用属性，OpenLayers 设计了一系列的常用方法对这些属性进行管理(见表 10-2)，以保障这些属性能够被灵活地配置，并在程序运行过程中根据需求灵活搭配。

表 10-2　Map 对象的常用方法

属性名称	相关方法	描述
controls	getControls()	获得 Map 对象下的所有 Control 控件
	addControl(control)	往 Map 对象中增加控件
	removeControl(control)	移除 Map 对象中的控件
layers	getLayerGroup()	获取 Map 的图层组对象
	getLayers()	获取 Map 中的图层的集合
	addLayer(layer)	添加图层
	removeLayer(layer)	移除图层
view	getView()	获取 Map 的 view 对象
	setView(view)	设置 view 对象，控制显示范围
overlays	getOverlays()	获取所有的 overlay 对象
	getOverlayById()	通过 id 获取 overlay 对象
	addOverlay(overlay)	添加 overlay
interaction	getInteractions()	获取所有与 Map 对象关联的交互
	addInteraction(interaction)	添加新的交互
	removeInteraction(interaction)	移除交互
forEachFeatureAtPixel(pixel,callback,opt_option)		通过像素点遍历与像素点相交的要素
forEachLayerAtPixel(pixel,callback,opt_option)		通过像素点遍历与像素点有交集的图层
getCoordinateFromPixel(pixel)		通过像素点获取坐标，用于坐标拾取
on(type,listener)		添加事件监听
updateSize()		更新 viewPort 大小，当地图容器大小改变时刷新地图大小

10.4　Map的常用事件

对于 Map 对象，有以下常用的监听事件，见表 10-3。对于这些事件监听，实现相对应的监听函数即可完成与业务相关的地图功能的扩展。

表 10 - 3　常用地图监听事件

事件名称	描述
change	任何 Map 事件的属性的改变
click	Map 点击事件,包括单击和双击
dbclick	Map 双击事件
singleclick	唯一的单击事件,不包括拖拽和双击
movestart	移动开始事件
moveend	移动结束事件

10.5　Map 对象的运用

在了解了 Map 对象的属性、方法和事件后,本书设计了一个实验,将相关的属性、方法和事件融合在一个应用程序中,分别介绍 Map 对象的使用以及和 Map 相关的组件的使用,最后还结合常用的内容新增了一个在客户端完成多边形要素的编辑的交互控件的使用。

我们创建一个名为 MapDemo 的 VSCode 工程,在该工程下除了安装了 OpenLayers 之外,还安装了一些常见的依赖,如 jQuery、layUI、bootstrap 等,如图 10 - 1 所示为需要安装的依赖。其中 layUI 和 bootStrap 是常用的界面库,jQuery 用来做一些常用的 DOM 操作或 ajax 请求。

```
"dependencies": {
  "bootstrap": "^4.6",
  "j": "^1.0.0",
  "jquery": "^3.6.0",
  "layui-src": "^2.6.8",
  "ol": "^6.5.0",
  "popper.js": "^1.16.1"
},
```

图 10 - 1　需要安装的依赖

10.5.1　全局设计

在 MapDemo 工程下分别建立 js 文件夹和 html 文件夹,用于存放本工程用到的 js 文件和 html 文件。为了分别展示 Map 下相关对象的操作,按照图 10 - 2 建立如下目录和文件。

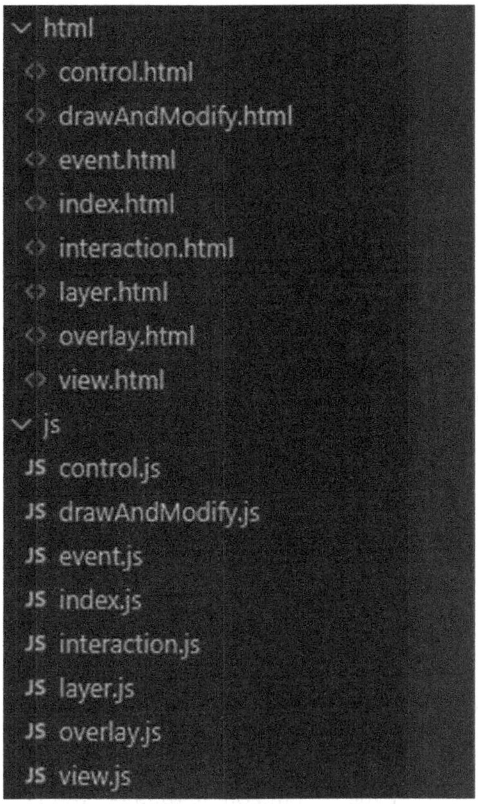

图 10-2　Map 对象代码工程示意图

index.html 是整个工程的入口，其代码主要构建了一系列的按钮，用于导航到各个子功能。请读者查看<div class="layui-btn-container control-btn"></div>部分的代码。

```
<!DOCTYPE html>
<html lang="en">
<head>
    <meta charset="UTF-8">
    <meta http-equiv="X-UA-Compatible" content="IE=edge">
    <meta name="viewport" content="width=device-width, initial-scale=
1.0">
    <title>Openlayers-Map</title>
    <style>
      html, body {
        width: 100%;
        height: 100%;
        margin:0;
        padding: 0;
```

```
        }
        #map {
          width: 100%;
          height: 100%;
        }
        .control-btn{
          position: absolute;
          top: 30px;
          right: 50px;
          z-index: 999;
        }
    </style>
</head>
<body>
    <div id="map"></div>
    <div class="layui-btn-container control-btn">
        <button id="control" type="button" class="layui-btn">Control 示例</button>
        <button id="layer" type="button" class="layui-btn">Layer 示例</button>
        <button id="view" type="button" class="layui-btn">View 示例</button>
        <button id="overlay" type="button" class="layui-btn">Overlay 示例</button>
        <button id="interaction" type="button" class="layui-btn">interaction 示例</button>
        <button id="eventBtn" type="button" class="layui-btn">Event 示例</button>
    </div>
    <script src="../js/index.js"></script>
</body>
</html>
```

在 index.js 程序中，和上一章完成天地图资源的加载程序基本相同，只是添加了导航功能，将程序导航到展示 control、layer、view、overlay、interaction 和 event 等各个示例中，代码如下。

```
import "ol/ol.css";
import "layui-src/dist/css/layui.css";
```

```
import $ from "jquery";
import "layui-src/dist/layui";
import TileLayer from "ol/layer/Tile";
import XYZ from "ol/source/XYZ";
import { get as getProjection } from "ol/proj";
import { Map, View } from "ol";
import { FullScreen, defaults as defaultControls } from "ol/control";
import { defaults as defaultInteractions } from "ol/interaction";
// WGS84 坐标系
const projection = getProjection("EPSG:4326");
// 天地图 key
const tiandituKey = "7910db3b7c2a5a9c787ca5252cb7ce77";
// 构造 map 对象
const map = new Map({
  // 指定 map 容器 id
  target: "map",
  // 添加全屏控件
  controls: defaultControls().extend([new FullScreen()]),
  // 修改默认交互
  interactions: defaultInteractions({
    // 禁用双击缩放
    doubleClickZoom: false,
    // 禁用滚轮缩放
    mouseWheelZoom: false,
  }),
  // 图层列表
  layers: [
    // 天地图-矢量底图-经纬度投影
    new TileLayer({
      source: new XYZ({
        url:
          "http://t{0-6}.tianditu.gov.cn/vec_c/wmts?SERVICE=WMTS&REQUEST=
GetTile&VERSION=1.0.0&LAYER=vec" +
          "&STYLE=default&TILEMATRIXSET=c&FORMAT=tiles&TILEMATRIX={z}&TILEROW
={y}&TILECOL={x}" +
          "&tk=" +
          tiandituKey,
```

```
        projection: projection,
      }),
    }),
    // 天地图-矢量注记-经纬度投影
    new TileLayer({
      source: new XYZ({
        url:
          "http://t{0-6}.tianditu.gov.cn/cva_c/wmts?SERVICE=WMTS&REQUEST=GetTile&VERSION=1.0.0&LAYER=cva" +
          "&STYLE=default&TILEMATRIXSET=c&FORMAT=tiles&TILEMATRIX={z}&TILEROW={y}&TILECOL={x}" +
          "&tk=" +
          tiandituKey,
        projection: projection,
      }),
    }),
  ],
  // 设置显示范围
  view: new View({
    // 显示范围中心点坐标
    center: [118.132896, 24.488398],
    // 地图缩放级别
    zoom: 12,
    // 使用投影类型
    projection: projection,
  }),
});

// 跳转到Control示例页面
$("#control").on("click", function(){
  window.open("./control.html");
});
// 跳转到Layer示例页面
$("#layer").on("click", function(){
  window.open("layer.html");
});
// 跳转到View示例页面
```

```
$("#view").on("click", function(){
  window.open("view.html");
});
// 跳转到 Overlay 示例页面
$("#overlay").on("click", function(){
  window.open("overlay.html");
});
// 跳转到 Interaction 示例页面
$("#interaction").on("click", function(){
  window.open("interaction.html");
});
// 跳转到 Event 示例页面
$("#eventBtn").on("click", function(){
  window.open("event.html");
});
```

运行后，在 http://localhost:1234/index.html 页面中除了顺利加载天地图外，还展示了一系列导航按钮，用于向各个页面导航，如图 10-3 所示。

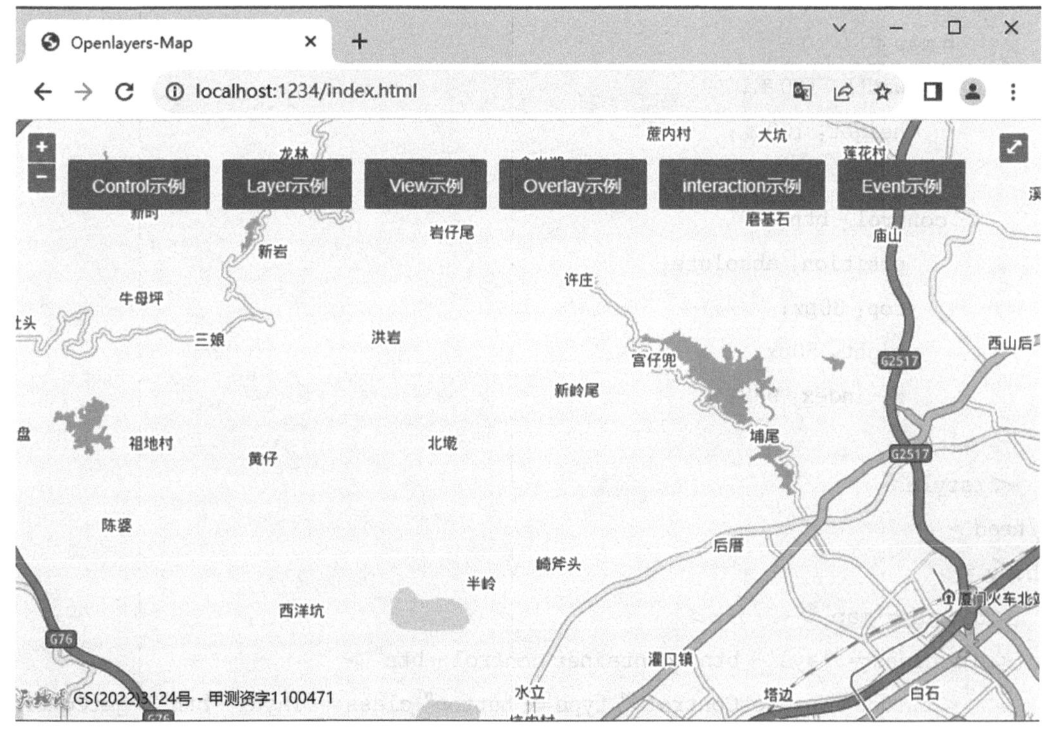

图 10-3　导航地图页面

10.5.2 Control 示例

Control 示例代码由两部分构成，一部分由 control.html 页面构成，主要是界面按钮布局，另一部分展示 control 相关的控制函数。

```
<! DOCTYPE html>
<html lang="en">
<head>
    <meta charset="UTF-8">
    <meta http-equiv="X-UA-Compatible" content="IE=edge">v    <meta name
="viewport" content="width=device-width, initial-scale=1.0">
    <title>Map-Control</title>
    <style>
        html, body {
            width: 100%;
            height: 100%;
            margin:0;
            padding: 0;
        }
        #map {
            width: 100%;
            height: 100%;
        }
        .control-btn{
            position: absolute;
            top: 30px;
            right: 50px;
            z-index: 999;
        }
    </style>
</head>
<body>
    <div id="map"></div>
    <div class="layui-btn-container control-btn">
        <button id="getControls" type="button" class="layui-btn">getControls
</button>
        <button id="addControl" type="button" class="layui-btn">addControl
</button>
```

```
        <button id="removeControl" type="button" class="layui-btn">remove-
Control</button>
    </div>
    <script src="../js/control.js"></script>
</body>
</html>
```

以上为 control.html 页面，主要在地图页面上展示 control 相关的几个按钮，相关功能统一封装在 control.js 程序文件中。在 control.js 文件中添加了两个 UI 控件，一个是全屏控件，一个是"鹰眼"控件。在三个按钮相关的事件函数中，分别完成展示了 Map 对象中的control对象，新增 control 和移除 control 的功能。其他部分的代码和加载天地图部分的代码没有区别。

```
import { FullScreen, OverviewMap, defaults as defaultControls } from "ol/control";
// 全屏
const fullScreen = new FullScreen();
// 鹰眼
const overviewMapControl = new OverviewMap({
    layers: [
        new TileLayer({
            source: new XYZ({
              url:
                "http://t{0-6}.tianditu.gov.cn/vec_c/wmts? SERVICE=WMTS&REQUEST
=GetTile&VERSION=1.0.0&LAYER=vec" +
                "&STYLE=default&TILEMATRIXSET=c&FORMAT=tiles&TILEMATRIX={z}
&TILEROW={y}&TILECOL={x}" +
                "&tk=" +
                tiandituKey,
              projection: projection,
            }),
        })
    ]
});
// 获取 Control 列表
$("#getControls").on("click", function(){
    let controls = map.getControls();
    let classNames = controls.getArray().map(control=>control.element.class-
Name.split(" ")[0]);
    layer.open({
        title: 'Map 包含以下控件'
```

```
        ,content: classNames.join(", ")
    });
});
// 添加 Control
$("#addControl").on("click", function(){
    map.addControl(fullScreen);
    map.addControl(overviewMapControl);
});
// 移除 control
$("#removeControl").on("click", function(){
    map.removeControl(fullScreen);
});
```

运行完成后，点击“getControls”能够看到默认加载的三个 control：zoom、rotate 和 attribution，如图 10-4 所示。rotate 和 attribution 是默认不展示的，但已经加载到地图中。

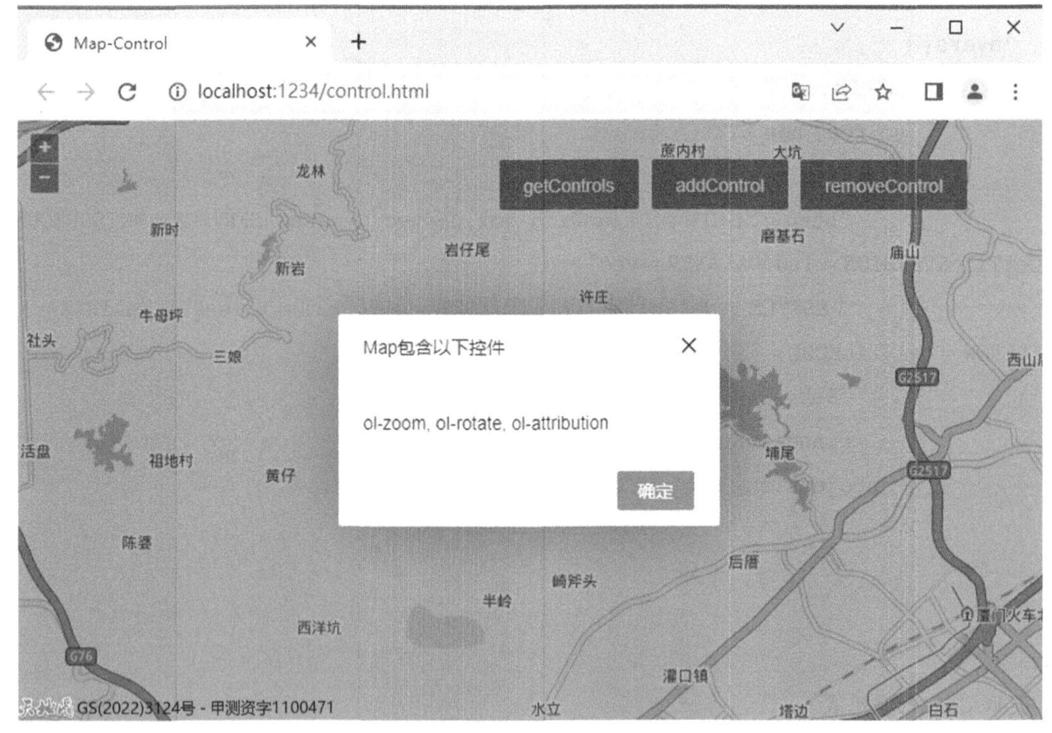

图 10-4　展示现有地图控件

点击“addControl”按钮后，发现地图的右上角和左下角分别出现了按钮，它们分别是全屏(FullScreen)和鹰眼(OverviewMap)控件。再点击 getControls 按钮，此时展示当前地图已经拥有了 5 个控件，如图 10-5 所示。

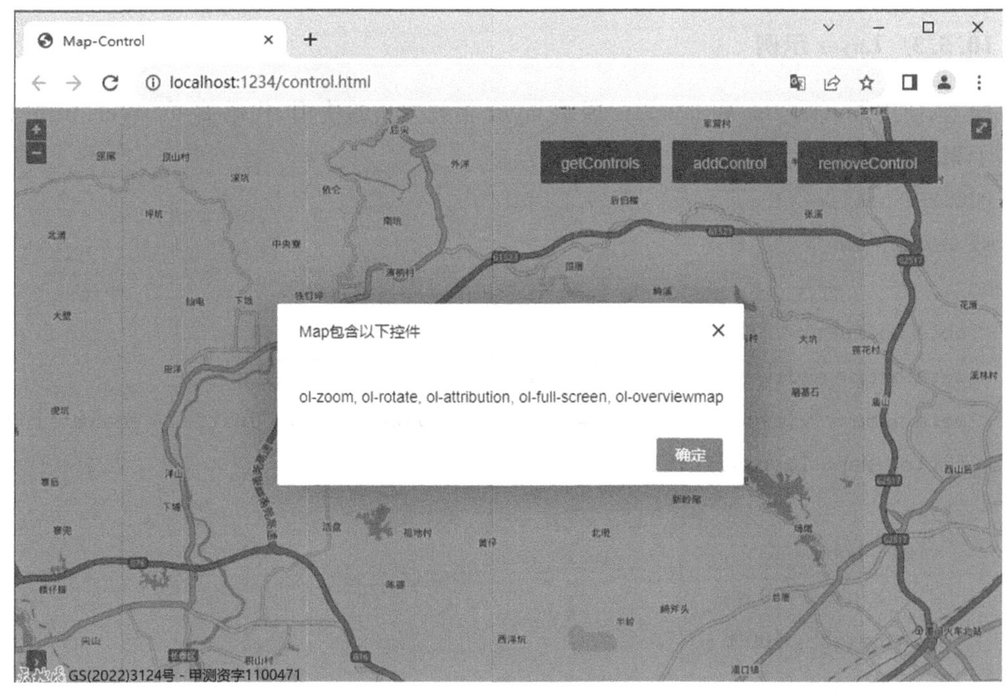

图 10－5　动态添加地图控件

再次点击 RemoveControl 按钮后，发现全屏按钮已经被移除，而此时再点击“getControls”按钮后，发现只剩下 4 个控件了，如图 10－6 所示。

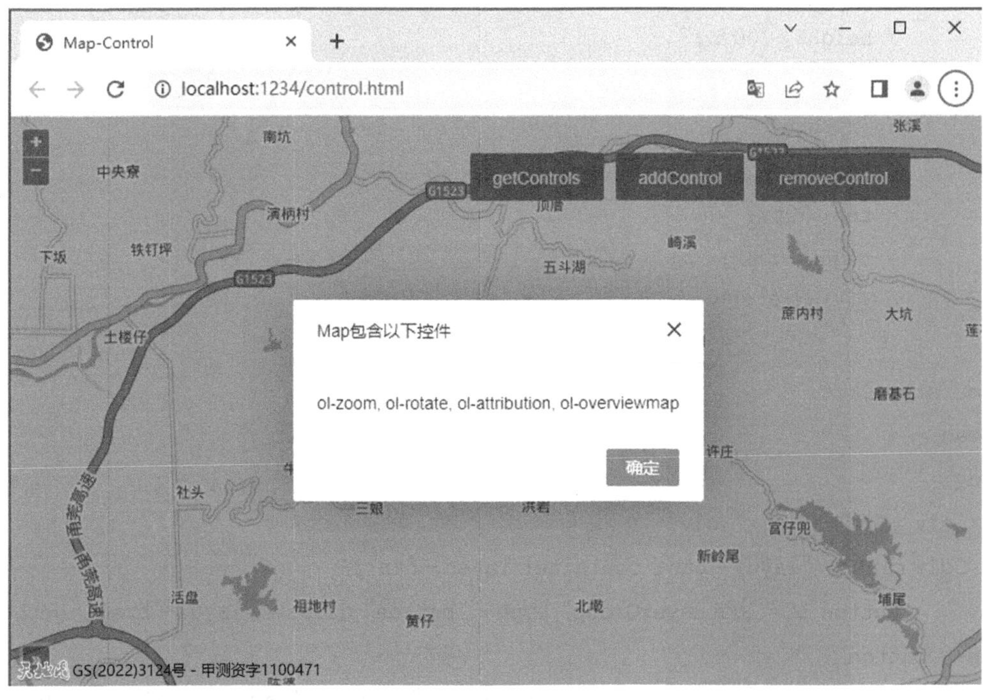

图 10－6　动态移除地图控件

10.5.3 Layer 示例

同上，使用 layer.html 和 layer.js 展示 layer 相关方法的使用，代码如下，layer.html 仅仅提供了相关按钮。

```
<!DOCTYPE html>
<html lang="en">
<head>
    <meta charset="UTF-8">
    <meta http-equiv="X-UA-Compatible" content="IE=edge">
    <meta name="viewport" content="width=device-width, initial-scale=1.0">
    <title>Map-Layer</title>
    <style>
        html, body {
            width: 100%;
            height: 100%;
            margin:0;
            padding: 0;
        }
        #map {
            width: 100%;
            height: 100%;
        }
        .layer-btn{
            position: absolute;
            top: 30px;
            right: 50px;
            z-index: 999;
        }
    </style>
</head>
<body>
    <div id="map"></div>
    <div class="layui-btn-container layer-btn">
        <button id="getLayerGroup" type="button" class="layui-btn">getLayer-
Group</button>
        <button id="getLayers" type="button" class="layui-btn">getLayers</
button>
```

```
        <button id="addLayer" type="button" class="layui-btn">addLayer</
button>
        <button id="removeLayer" type="button" class="layui-btn">removeLayer
</button>
    </div>
    <script src="../js/layer.js"></script>
</body>
</html>
```

对于 layer 的动态操作，主要在 layer.js 文件中予以体现，layer.js 文件代码如下所示，其中主要的几个方法体现在对应按钮的事件函数中。

```
import "ol/ol.css";
import "layui-src/dist/css/layui.css";
import "layui-src/dist/css/modules/layer/default/layer.css";
import $ from "jquery";
import "layui-src/dist/layui";
import TileLayer from "ol/layer/Tile";
import XYZ from "ol/source/XYZ";
import { get as getProjection } from "ol/proj";
import { Map, View } from "ol";
// WGS84 坐标系
const projection = getProjection("EPSG:4326");
// 天地图 key
const tiandituKey = "7910db3b7c2a5a9c787ca5252cb7ce77";
// 构造 map 对象
const map = new Map({
  // 指定 map 容器 id
  target: "map",
  // 图层列表
  layers: [
    // 天地图-矢量底图-经纬度投影
    new TileLayer({
      source: new XYZ({
        url:
          "http://t{0-6}.tianditu.gov.cn/vec_c/wmts? SERVICE=WMTS&REQUEST=
GetTile&VERSION=1.0.0&LAYER=vec" +
          "&STYLE=default&TILEMATRIXSET=c&FORMAT=tiles&TILEMATRIX={z}&TILEROW
={y}&TILECOL={x}" +
```

```
          "&tk=" +
          tianditulKey,
        projection: projection,
      }),
    }),
  ],
  // 设置显示范围
  view: new View({
    // 显示范围中心点坐标
    center: [118.132896, 24.488398],
    // 地图缩放级别
    zoom: 12,
    // 使用投影类型
    projection: projection,
  })
});
// 获取图层列表
$("#getLayerGroup").on("click", function(){
    let layerGroup = map.getLayerGroup();
    let layers = layerGroup.getLayers();
    // 遍历图层
    for (let i=0; i<layers.getLength(); i++){
        console.log(layers.getArray()[i]);
    }
});
// 获取图层列表
$("#getLayers").on("click", function(){
    let layers = map.getLayers();
    // 遍历图层
    for (let i=0; i<layers.getLength(); i++){
        console.log(layers.getArray()[i]);
    }
});
// 添加图层
let newLayer = null;
$("#addLayer").on("click", function(){
        // 天地图-矢量注记-经纬度投影
```

```
        newLayer = new TileLayer({
            source: new XYZ({
              url:
              "http://t{0-6}.tianditu.gov.cn/cva_c/wmts? SERVICE=WMTS&REQUEST=
GetTile&VERSION=1.0.0&LAYER=cva" +
              "&STYLE=default&TILEMATRIXSET=c&FORMAT=tiles&TILEMATRIX={z}&TIL
EROW={y}&TILECOL={x}" +
              "&tk=" +
              tiandituKey,
            projection: projection,
          }),
    });
    map.addLayer(newLayer);
});
// 移除图层
$("#removeLayer").on("click", function(){
    map.removeLayer(newLayer);
});
```

编译运行后，看到了 layer.html 页面如图 10-7 所示，主要展现了天地图的矢量底图，并未展示注记底图，且在右上角有 4 个按钮。

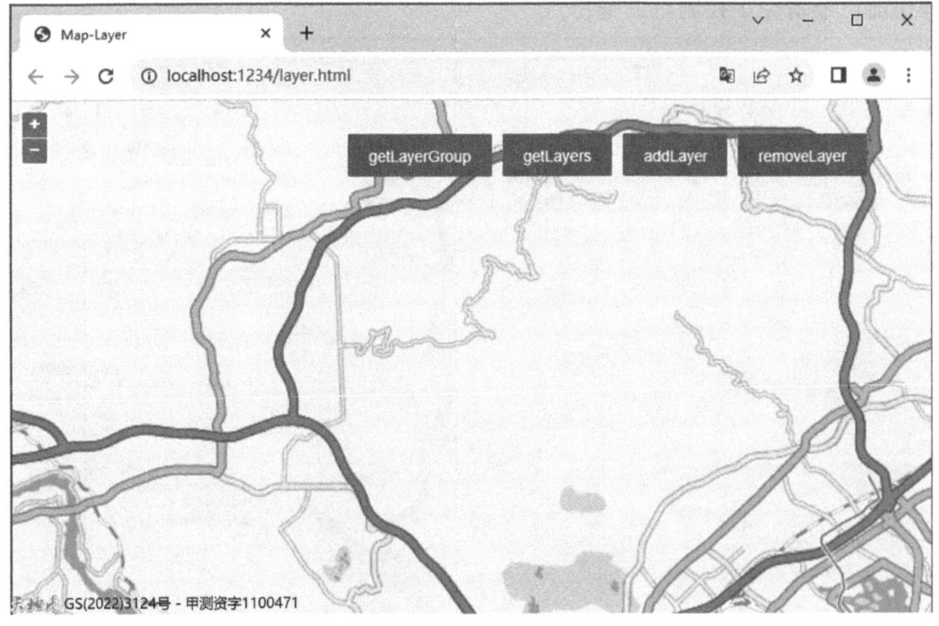

图 10-7　layer.html 页面

在开发者工具视图中，打开控制台，观察点击四个按钮后的运行结果。点击 getLayerGroup 和 GetLayers，都返回了该地图对应的地图图层。当前地图的图层只有 1 个，故在控制台上只返回了一个 TileLayer 对象，如图 10-8 所示。

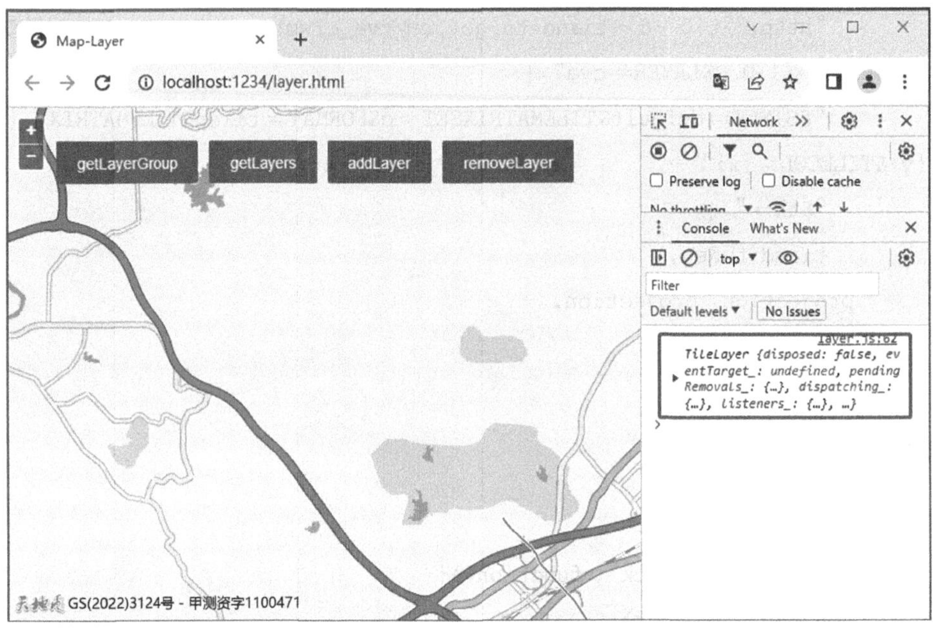

图 10-8　展示当前地图的图层列表

点击 addLayer 按钮后，再点击 getLayers 按钮，会发现注记图层已经展现在地图上，且开发者工具控制台上的图层列表输出了两个 TileLayer 对象，如图 10-9 所示。为便于观察结果，本操作前已经清空了控制台的输出。

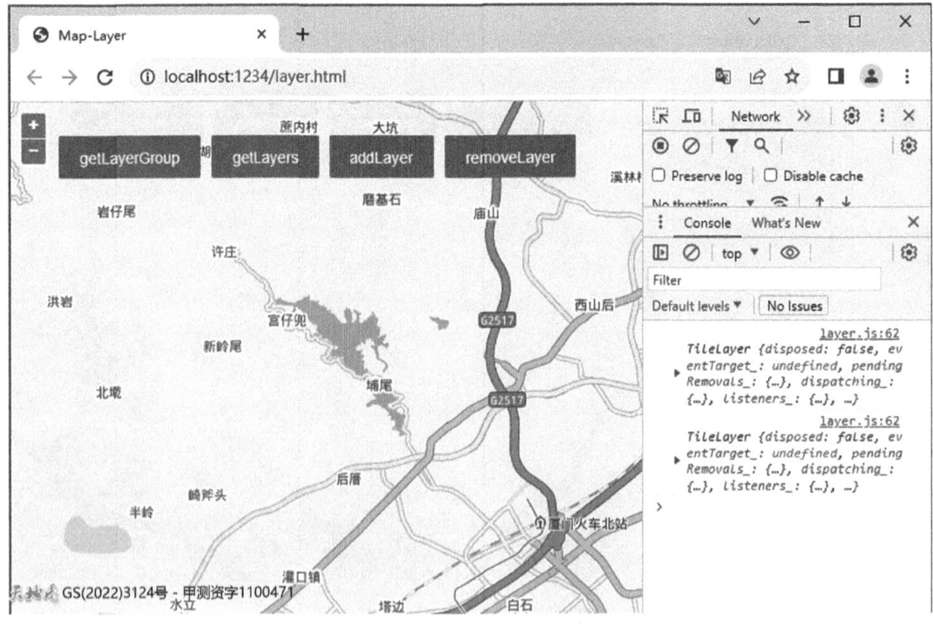

图 10-9　动态添加图层

点击 removeLayer 按钮后，将注记图层移除，此时再点击 getLayers 方法，发现开发者工具控制台又只剩下一个图层输出了，如图 10－10 所示。同上，本操作前已经清空了控制台的输出。

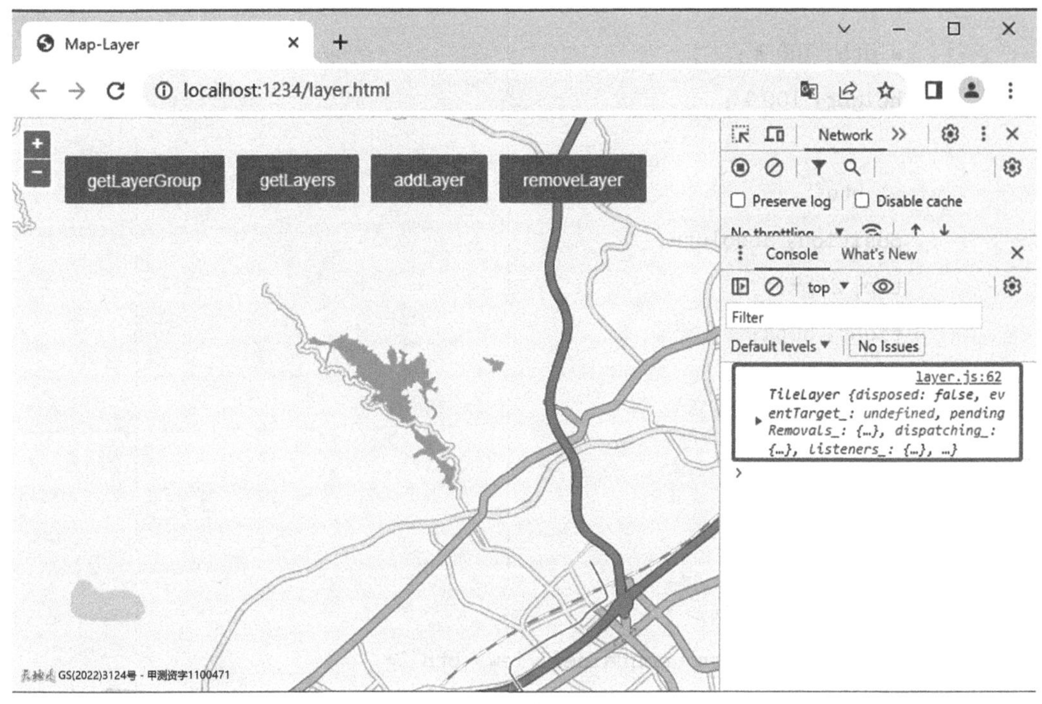

图 10－10　动态移除图层

10.5.4　view 示例

下面的程序使用 view.html 和 view.js 展示 view 相关方法的使用，view.html 仅仅提供了相关按钮。

```
<!DOCTYPE html>
<html lang="en">
<head>
    <meta charset="UTF-8">
    <meta http-equiv="X-UA-Compatible" content="IE=edge">
    <meta name="viewport" content="width=device-width, initial-scale=1.0">
    <title>Map-View</title>
    <style>
        html, body {
            width: 100%;
            height: 100%;
```

```
            margin:0;
            padding: 0;
        }
        #map {
            width: 100%;
            height: 100%;
        }
        .view-btn{
            position: absolute;
            top: 30px;
            right: 50px;
            z-index: 999;
        }
    </style>
</head>
<body>
    <div id="map"></div>
    <div class="layui-btn-container view-btn">
        <button id="getView" type="button" class="layui-btn">getView</but-
ton>
        <button id="setView" type="button" class="layui-btn">setView</but-
ton>
    </div>
    <script src="../js/view.js"></script>
</body>
</html>
```

对于 view 的动态操作,主要在 view.js 文件中予以体现,view.js 文件程序如下所示,其中主要的几个方法体现在对应按钮的事件函数中。代码的前半部分与加载天地图基本一致。

```
import { Map, View } from "ol";

// 获取显示范围
$("#getView").on("click", function(){
    let view = map.getView();
    console.log("中心点坐标:", view.getCenter());
    console.log("显示级别 Zoom:", view.getZoom());
```

```
});

// 设置显示范围
$("#setView").on("click", function(){
    let view = new View({
        center: fromLonLat([118.06924469919348, 24.617885699820935]),
        zoom: 18,
    });
    map.setView(view);
})
```

编译运行以上代码,得到以下结果。view.html 页面展示了天地图(见图 10-11)并在右上角展示了 getView 和 setView 两个按钮。点击 getView 按钮后,展示了当前的地图视图,在开发者工具的控制台输出了地图视图的中心点坐标和缩放级别。

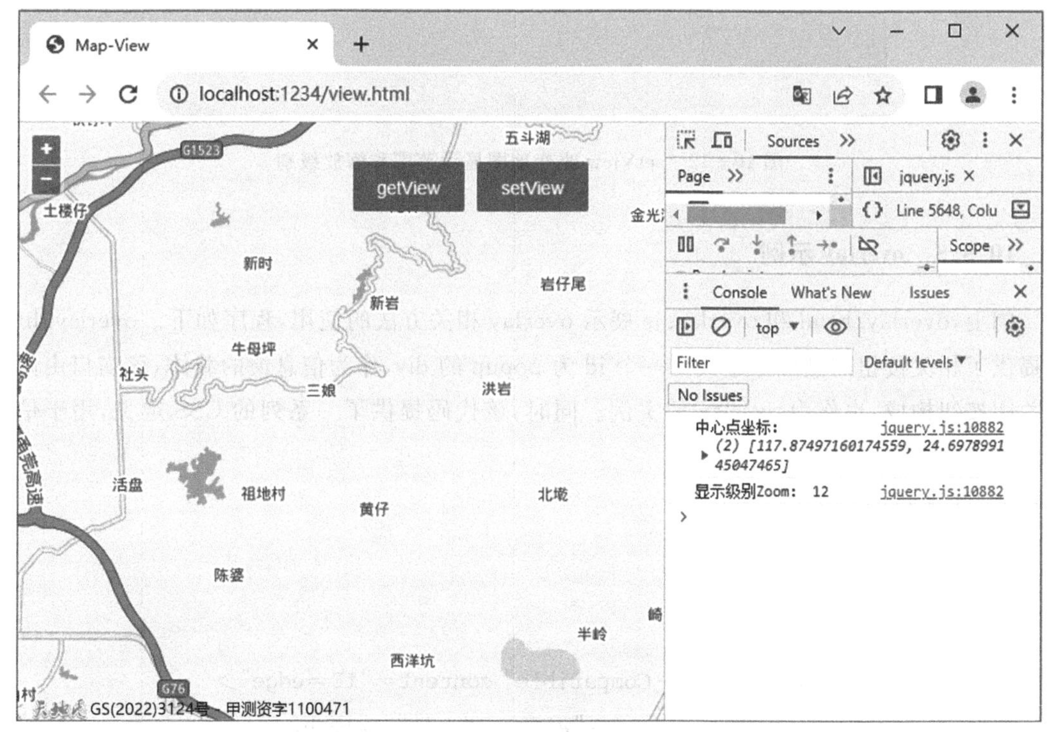

图 10-11　展示当前地图的视图信息

点击 setView 按钮,再点击 getView 按钮。地图视图切换到厦门理工学院所在的地方,且缩放级别改为 18,这在开发者工具的操作台上都展示了出来,如图 10-12 所示。

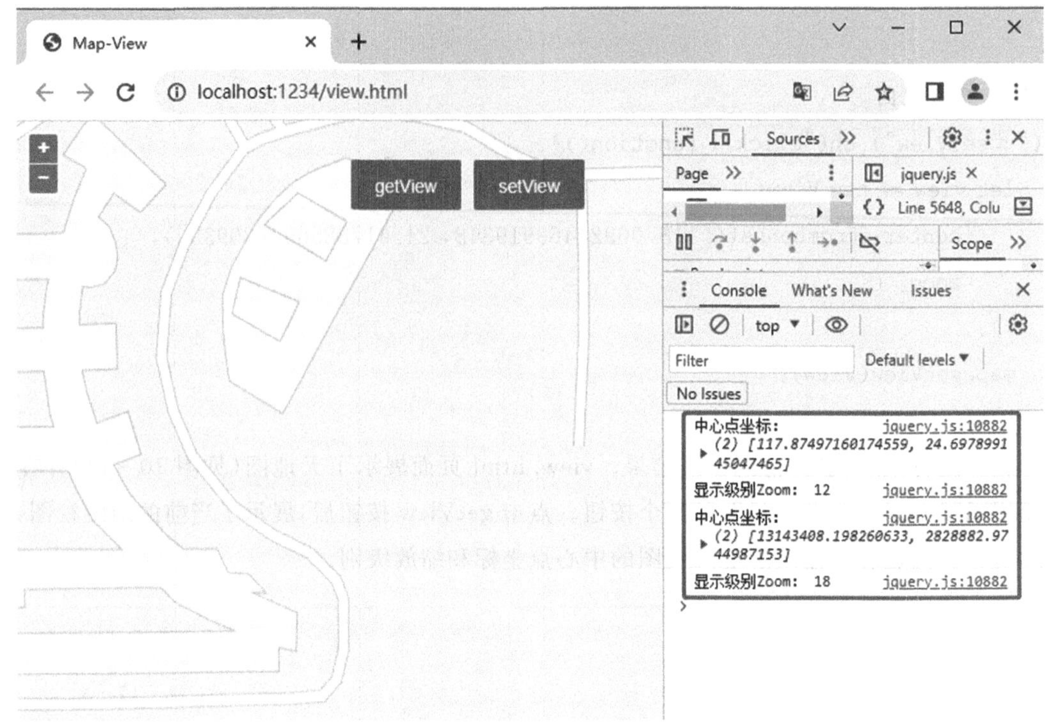

图 10 - 12　setView 改变地图显示范围和缩放级别

10.5.5　overlay 示例

同上，overlay.html 和 overlay.js 展示 overlay 相关方法的使用，程序如下。overlay.html 在提供了相关按钮的基础上定义了一个 id 为 popup 的 div，作为信息窗的载体，该窗口由内容和关闭按钮构成，也作为 overlay 的实例。同时，该代码提供了一系列的 CSS 定义，用于信息窗的格式化。

```
<!DOCTYPE html>
<html lang="en">
<head>
    <meta charset="UTF-8">
    <meta http-equiv="X-UA-Compatible" content="IE=edge">
    <meta name="viewport" content="width=device-width, initial-scale=1.0">
    <title>Map-Overlay</title>
    <style>
        html,
        body {
            width: 100%;
            height: 100%;
```

```
        margin: 0;
        padding: 0;
    }
    #map {
        width: 100%;
        height: 100%;
    }
    .popover-body {
      min-width: 276px;
    }
    .overlay-btn {
      position: absolute;
      top: 30px;
      right: 50px;
      z-index: 999;
    }
    .ol-popup {
    position: absolute;
    background-color: white;
    box-shadow: 0 1px 4px rgba(0,0,0,0.2);
    padding: 15px;
    border-radius: 10px;
    border: 1px solid #cccccc;
    bottom: 12px;
    left: -50px;
    min-width: 280px;
}
.ol-popup:after, .ol-popup:before {
    top: 100%;
    border: solid transparent;
    content: " ";
    height: 0;
    width: 0;
    position: absolute;
    pointer-events: none;
}
.ol-popup:after {
```

```
        border-top-color: white;
        border-width: 10px;
        left: 48px;
        margin-left: -10px;
      }
      .ol-popup:before {
        border-top-color: #cccccc;
        border-width: 11px;
        left: 48px;
        margin-left:-11px;
      }
      .ol-popup-closer {
        text-decoration: none;
        position: absolute;
        top: 2px;
        right: 8px;
      }
        .ol-popup-closer:after {
          content: "X";
      }
    </style>
</head>
<body>
    <div id="map"></div>
    <div id="popup" title="信息窗" class="ol-popup">
        <a href="#" id="popup-closer" class="ol-popup-closer"></a>
        <div id="popup-content"></div>V      </div>
    <div class="layui-btn-container overlay-btn">
        <button id="addOverlay" type="button" class="layui-btn">addOverlay
</button>
        <button id="getOverlays" type="button" class="layui-btn">getOverlays
</button>
        <button id="getOverlayById" type="button" class="layui-btn">getOver-
layById</button>
        <button id="removeOverlay" type="button" class="layui-btn">remove-
Overlay</button>
    </div>
```

```
  <script src="../js/overlay.js"></script>v
</html>
```

对于 overlay 的操作，主要在 overlay.js 文件中予以体现，overlay.js 文件如下所示，其中主要的几个方法体现在对应按钮的事件函数中。代码的前半部分与加载天地图基本一致。

```
import Overlay from 'ol/Overlay';

// 定义 overlayer
const popup = new Overlay({
  id: "popup",
  element: document.getElementById('popup'),
  autoPan: true
});
map.addOverlay(popup);

const container = document.getElementById('popup');
const content = document.getElementById('popup-content');
const closer = document.getElementById('popup-closer');
// 添加 overlay
$("#addOverlay").on("click", function () {
  content.innerHTML = '<p>厦门理工学院</p><p>118.06, 24.61</p>';
  popup.setPosition([118.06924469919348, 24.617885699820935]);
});

// 获取所有 overlay
$("#getOverlays").on("click", function () {
  let overlays = map.getOverlays();
  console.log(overlays.getArray());
});

// 通过 id 获取 overlay
$("#getOverlayById").on("click", function () {
  console.log(map.getOverlayById("popup"));
});
// 移除 overlay
$("#removeOverlay").on("click", function () {
  let popup = map.getOverlayById("popup");
  map.removeOverlay(popup);
})
```

编译运行后，点击 addOverlay 按钮，出现了信息窗口。点击 removeOverlay 按钮后，信息窗口消失。点击 getOverlays 按钮，则在开发者工具的控制台上输出了当前 Map 中存在的 overlay，如图 10－13 所示。点击 removeOverlay 后，overlay 数组的长度变为 0，如图 10－14 所示。

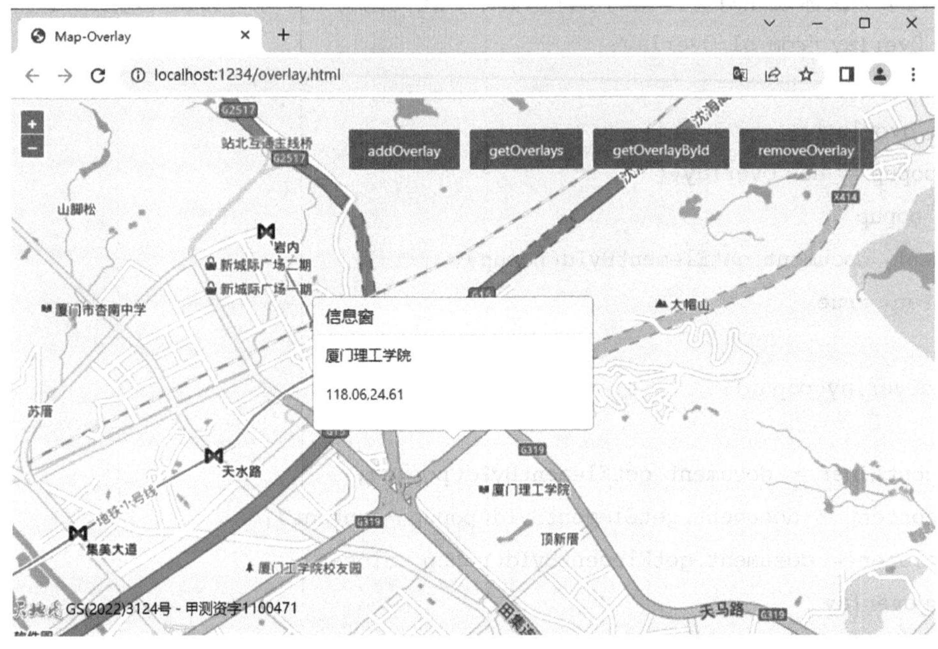

图 10－13　展示 overlay 对象

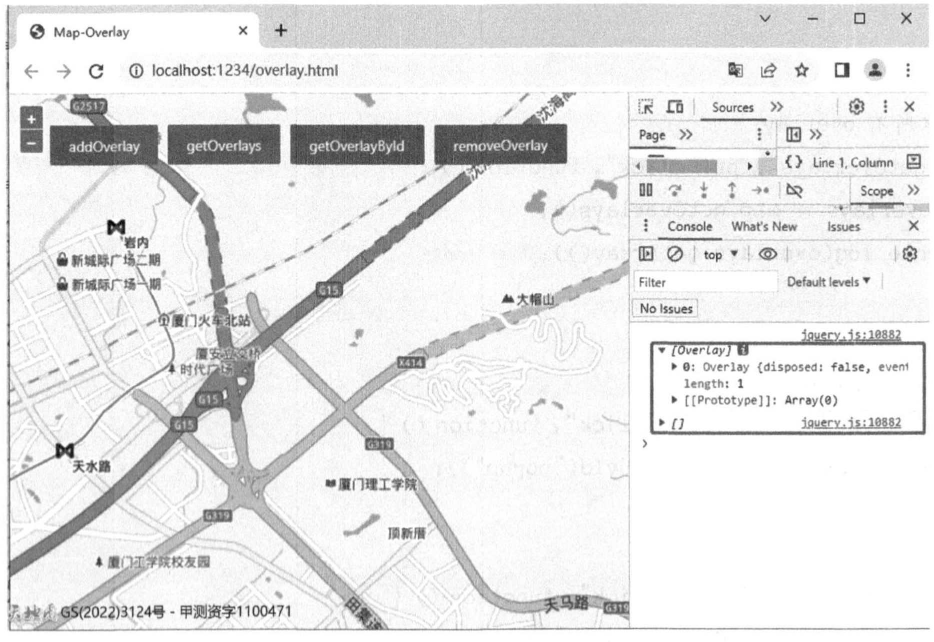

图 10－14　列举并移除 overlay 对象

10.5.6　interaction 示例

同上，使用 interaction.html 和 interaction.js 展示 interaction 相关的方法的使用，代码如下，interaction.html 仅仅提供了相关按钮。

```
<! DOCTYPE html>
<html lang="en">
<head>
    <meta charset="UTF - 8">
    <meta http - equiv="X - UA - Compatible" content="IE=edge">
    <meta name="viewport" content="width=device - width, initial - scale=1.0">
    <title>Map - Interaction</title>
    <style>
        html, body {
            width: 100%;
            height: 100%;
            margin:0;
            padding: 0;
        }
        #map {
            width: 100%;
            height: 100%;
        }
        .interaction - btn{
            position: absolute;
            top: 30px;
            right: 50px;
            z - index: 999;
        }
    </style>
</head>
<body>
    <div id="map"></div>
    <div class="layui - btn - container interaction - btn">
        <button id="getInteractions" type="button" class="layui - btn">getInt-
eractions</button>
        <button id="removeInteraction" type="button" class="layui - btn">re-
moveInteraction</button>
```

```
        <button id="addInteraction" type="button" class="layui-btn">addInteraction</button>
    </div>
    <script src="../js/interaction.js"></script>
</body>
</html>
```

对于 interaction 的操作主要在 interaction.js 文件中予以体现，interaction.js 文件如下所示，其中主要的几个方法体现在对应按钮的事件函数中。代码的前半部分与加载天地图基本一致。

```
// 获取 Map 中默认添加的 Interaction
$("#getInteractions").on("click", function(){
    let interactions = map.getInteractions();
    console.log(interactions.getArray());
});
// 移除双击放大 Interaction
$("#removeInteraction").on("click", function(){
    let interactions = map.getInteractions().getArray();
    for (let i=0; i<interactions.length; i++){
            if (interactions[i] instanceof DoubleClickZoom){
            // 移除 DoubleClickZoom
            map.removeInteraction(interactions[i]);
        }
    }
});
// 添加双击放大 Interaction
$("#addInteraction").on("click", function(){
    let doubleClickZoom = new DoubleClickZoom();
    map.addInteraction(doubleClickZoom);
});
```

编译运行后，点击运行 getInteractions，则在开发者工具的控制台上显示 Map 上默认的 8 个 Interaction（DragRotate、DragPan、PinchRotate、PinchZoom、KeyboardPan、KeyboardZoom、MousewheelZoom、DragZoom）。再点击 addInteraction，新增了一个 interaction，名为 DoubleClickZoom，如图 10-15 所示，双击地图即会产生放大的效果。

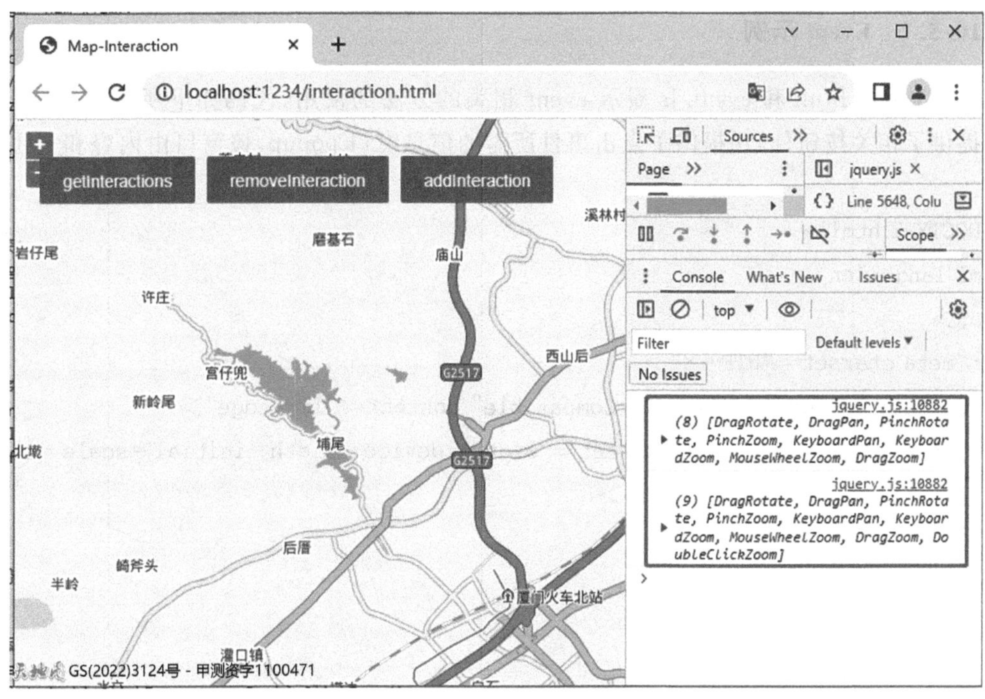

图 10-15　动态增加交互方式

点击 removeInteraction 按钮后则移除了 DoubleClickZoom 交互，如图 10-16 所示。双击地图无其余动作，且在开发者工具的控制台上输出了默认的 8 个 Interaction。

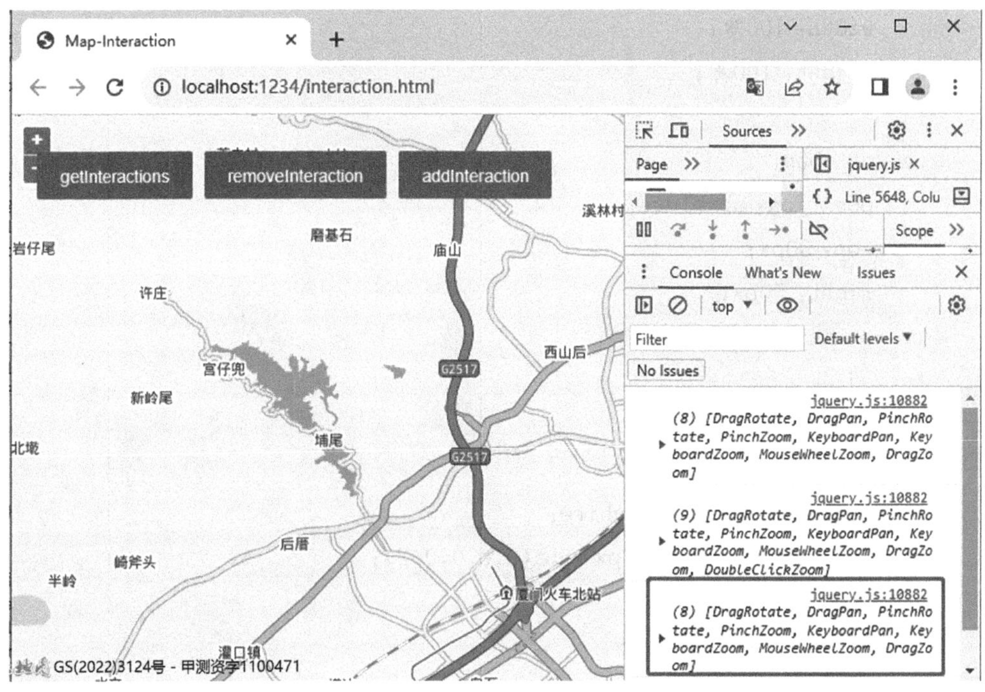

图 10-16　动态移除交互方式

10.5.7 Event 示例

使用 event. html 和 event. js 展示 event 相关的方法的使用,代码如下所示。event. html 除了提供了相关按钮外,还提供了点击事件所需的信息窗口 popup,该窗口由内容和关闭按钮构成。

```
<! DOCTYPE html>
<html lang="en">
<head>
    <meta charset="UTF-8">
    <meta http-equiv="X-UA-Compatible" content="IE=edge">
    <meta name="viewport" content="width=device-width, initial-scale=1.0">
    <title>Map-Event</title>
    <style>
        html, body {
            width: 100%;
            height: 100%;
            margin:0;
            padding: 0;
        }
        #map {
            width: 100%;
            height: 100%;
        }
        .event-btn{
            position: absolute;
            top: 30px;
            right: 50px;
            z-index: 999;
        }
        .ol-popup {
            position: absolute;
            background-color: white;
            box-shadow: 0 1px 4px rgba(0,0,0,0.2);
            padding: 15px;
            border-radius: 10px;
            border: 1px solid #cccccc;
            bottom: 12px;
```

```
            left: -50px;
            min-width: 280px;
        }
        .ol-popup:after, .ol-popup:before {
            top: 100%;
            border: solid transparent;
            content: " ";
            height: 0;
            width: 0;
            position: absolute;
            pointer-events: none;
        }
        .ol-popup:after {
            border-top-color: white;
            border-width: 10px;
            left: 48px;
            margin-left: -10px;
        }
        .ol-popup:before {
            border-top-color: #cccccc;
            border-width: 11px;
            left: 48px;
            margin-left: -11px;
        }
        .ol-popup-closer {
            text-decoration: none;
            position: absolute;
            top: 2px;
            right: 8px;
        }
        .ol-popup-closer:after {
            content: "X";
        }
    </style>
</head>
<body>
    <div id="map"></div>
```

```
    <div class="layui-btn-container event-btn">
        <div id="popup" class="ol-popup" title="坐标拾取">
            <a href="#" id="popup-closer" class="ol-popup-closer"></a>
            <div id="popup-content"></div>
        </div>
        <button id="addEvent" type="button" class="layui-btn">addEvent</
button>
        <button id="removeEvent" type="button" class="layui-btn">removeEvent
</button>
    </div>
    <script src="../js/event.js"></script>
</body>
</html>
```

对 event 的操作主要在 event.js 文件中予以体现，event.js 文件代码如下所示，其中主要的几个方法体现在对应按钮的事件函数中，通过 addEvent 方法添加了点击响应事件，通过 removeEvent方法移除了 Map 对象上的事件监听。代码的前半部分与加载天地图基本一致。

```
import "ol/ol.css";
import "layui-src/dist/css/layui.css";
import "layui-src/dist/css/modules/layer/default/layer.css";
import $ from "jquery";
import "layui-src/dist/layui";
import TileLayer from "ol/layer/Tile";
import XYZ from "ol/source/XYZ";
import { get as getProjection, fromLonLat } from "ol/proj";
import { Map, View } from "ol";
import Overlay from 'ol/Overlay';
import {unByKey} from 'ol/Observable';
import "bootstrap/dist/js/bootstrap.bundle.js";
import "bootstrap/dist/css/bootstrap.css";

// WGS84 坐标系
const projection = getProjection("EPSG:4326");
// 天地图 key
const tiandituKey = "7910db3b7c2a5a9c787ca5252cb7ce77";
// 构造 map 对象
const map = new Map({
  // 指定 map 容器 id
```

```
  target: "map",
  // 图层列表
  layers: [
    // 天地图-矢量底图-经纬度投影
    new TileLayer({
      source: new XYZ({
        url:
          "http://t{0-6}.tianditu.gov.cn/vec_c/wmts? SERVICE=WMTS&REQUEST=
GetTile&VERSION=1.0.0&LAYER=vec" +
          "&STYLE=default&TILEMATRIXSET=c&FORMAT=tiles&TILEMATRIX={z}&TILEROW
={y}&TILECOL={x}" +
          "&tk=" +
          tiandituKey,
        projection: projection,
      }),
    }),
    // 天地图-矢量注记-经纬度投影
    new TileLayer({
      source: new XYZ({
        url:
          "http://t{0-6}.tianditu.gov.cn/cva_c/wmts? SERVICE=WMTS&REQUEST=
GetTile&VERSION=1.0.0&LAYER=cva" +
          "&STYLE=default&TILEMATRIXSET=c&FORMAT=tiles&TILEMATRIX={z}&TILEROW
={y}&TILECOL={x}" +
          "&tk=" +
          tiandituKey,
        projection: projection,
      }),
    }),
  ],
  // 设置显示范围
  view: new View({
    // 显示范围中心点坐标
    center: [118.132896, 24.488398],
    // 地图缩放级别
    zoom: 12,
    // 使用投影类型
```

```
    projection: projection,
  })
});

let container = document.getElementById('popup');
let content = document.getElementById('popup-content');
let closer = document.getElementById('popup-closer');
let singleClickEvent = null;
let overlay = new Overlay({
    element: container,
    autoPan: true,
    autoPanAnimation: {
      duration: 250,
    },
});
map.addOverlay(overlay);
closer.onclick = function () {
    overlay.setPosition(undefined);
    closer.blur();
    return false;
};
// 添加事件
$("#addEvent").on("click", function(){
    singleClickEvent = map.on('singleclick', function (evt) {
        var coordinate = evt.coordinate;
        content.innerHTML = '<p>点击位置的坐标为:</p><code>' + coordinate.
toLocaleString() + '</code>';
        overlay.setPosition(coordinate);
    });
});
// 移除事件
$("#removeEvent").on("click", function(){
    unByKey(singleClickEvent);
})
```

编译运行后，点击 addEvent 按钮，即向地图添加了单击事件的监听，点击地图，则弹出鼠标点击所在地方的坐标串，如图 10-17 所示。点击 removeEvent 按钮后，则移除了监听事件，点击地图后不再有事件响应。

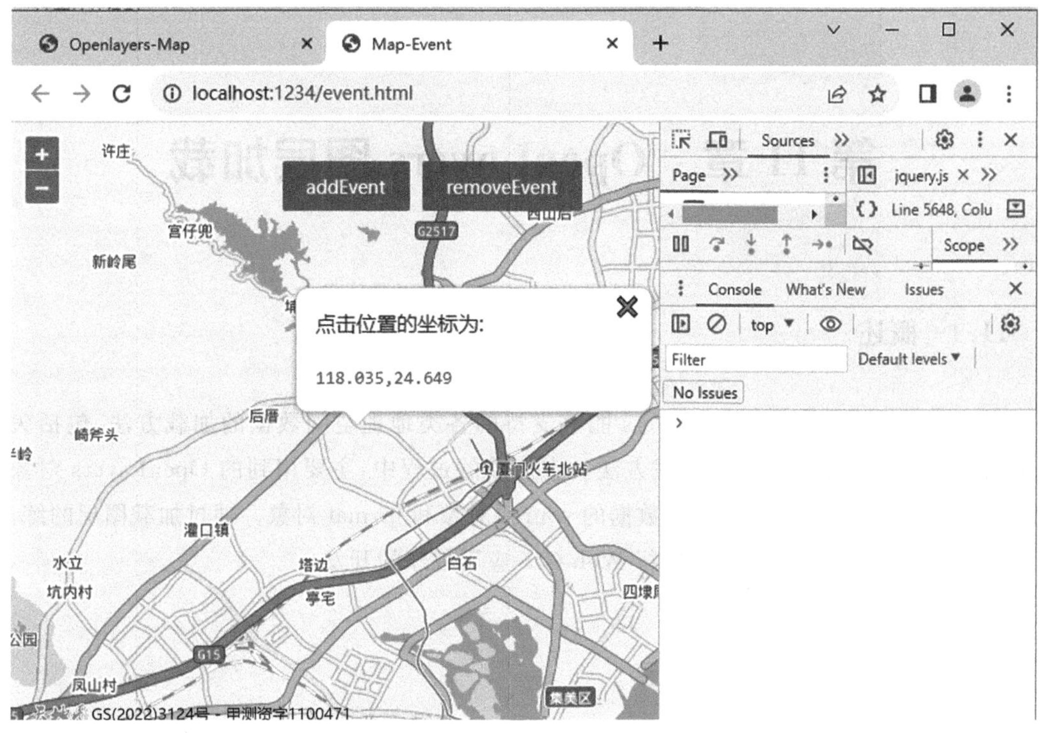

图 10－17　添加/移除事件监听

第 11 章　OpenLayers 图层加载

11.1　概述

本章主要向读者介绍 OpenLayers 能够支持的各类地理空间数据的加载方法，包括矢量图层的加载方法和栅格图层的加载方法。在加载的过程中，主要用到的 OpenLayers 对象有 View 对象和 Layer 对象，还有关于数据的 source 对象和 format 对象。通过加载图层的练习，读者可以熟练使用各类空间数据进行 Web GIS 应用程序的开发。

11.2　View 对象

View 对象的主要作用是用于设置地图的可视范围和可视方式，可以设置地图的缩放级别，使用投影、展示旋转角度等，其常用属性见表 11－1。

表 11－1　View 对象常用属性

名称	描述
center	view 设置的地图中心点坐标
zoom	缩放级别，在 resolution 未定义时使用
projection	投影，默认值“EPSG:3857”，Web 墨卡托投影
extent	限制显示范围
maxZoom	最大缩放级别
minZoom	最小缩放级别
rotation	初始旋转角度（默认为 0，表示正北）
zoomfactor	缩放因子
resolution	分辨率
padding	内填充边距

对于 View 对象，除了以上属性外还有一些常用的方法用于对地图显示范围进行调整，控制显示范围、定位、控制缩放级别等。下面对这些 View 使用方法进行一一介绍。

(1)创建 View 对象,代码如下。

```
let view1 = new view({
    // 显示范围中心点坐标
    center:[118.132896, 24.488398],
    // 地图缩放级别
    zoom:12,
    // 使用投影类型
    projection:projection,
});
```

(2)控制显示范围,通过设置 extent 控制显示范围后,地图的漫游不能超过 extent 参数所控制的区域,一旦超出也会返回原区域,代码如下。

```
let view2 = new view({
    // 显示范围中心点坐标
    center:[118.132896, 24.488398],
    // 地图缩放级别
    zoom:12,
    // 控制显示范围
    extent:[117.882218, 24.422482, 118.454164, 24.907263],
    // 使用投影类型
    projection:projection,
})
```

(3)定位,通过 View 的 setCenter 方法、animate 方法或者 fit 方法,可以完成定位功能。animate 方法以动画方式完成缩放功能,fit 方法直接定位到要素或范围所在的位置,代码如下。

```
// 设置中心点坐标
view3.setCenter([118.073823,24.498249]);
//使用 animate 方法设置中心点坐标和缩放级别完成定位
view3.animate({center:[118.06924469919348, 24.617885699820935]}, {zoom: 18});
// 定位到要素或者范围
view3.fit([118.058885,24.44654, 118.086966,24.458053]);
```

(4)控制缩放级别:通过 View 下的 setMaxzoom 方法和 setMinzoom 方法,控制地图的缩放级别。对缩放级别的控制应能够适应不同切片方案下的瓦片地图服务,代码如下。

```
let view4 = new view({
    // 显示范围中心点坐标
    center:[118.132896, 24.488398],
```

```
    // 地图缩放级别
    zoom: 12,
    // 使用投影类型
    projection: projection,
    // 添加缩放控制条
    controls: defaultControls().extend([new ZoomSlider()]),
    // 限制最大显示级别
    maxZoom: 14,
    // 限制最小显示级别
    minZoom: 10
});

// 设置或者取消缩放级别范围
    $ ("#setZoomBtn").on("click", function(){
        let btnText = $ ("#setZoomBtn")[0].innerHTML;
        if ("设置缩放级别范围" == btnText){
            view4.setMaxZoom(14);
            view4.setMinZoom(10);
            $ ("#setZoomBtn")[0].innerHTML = "恢复默认缩放级别";
        }else{
            view4.setMaxZoom(28);
            view4.setMinZoom(0);
            $ ("#setZoomBtn")[0].innerHTML = "设置缩放级别范围";
        }
    });
```

11.3 Layer 对象

OpenLayers 中的 Layer 类是所有图层类型的父类。在 OpenLayers 中,有各种不同类型的 Layer 子类对象,包括切片、影像、矢量、矢量切片、热力图等不同类型的图层。

Layer 对象的常用属性见表 11-2,主要涵盖了图层的范围、透明度、分辨率、数据源、缩放级别、图层顺序等内容。

表 11-2　Layer 对象的常用属性

名称	描述
extent	图层范围
maxResolution	最大分辨率
maxZoom	最大缩放级别
minResolution	最小缩放级别
minZoom	最小缩放级别
opactiy	透明度，设置为 0～1
source	图层的数据源
visiable	图层是否可见
z-index	图层的 z-index 值，值大的出现在地图的上方

可以使用这些属性的 get 和 set 方法获取和设置图层的状态。

(1)显示隐藏图层。

```
layerXiamen.setVisible(visible);
```

(2)设置图层透明度。

```
layerXiamen.setOpacity(0.5);
```

(3)修改图层 z-index 值。

```
// 图层显示时 z-index 值大的显示在上面，当 z-index 值相同时，后添加的图层显示在上面
layerXiamen.setz-index(value);
```

(4)限制图层显示的缩放级别。

```
// 当 zoom 值小于 value[0]时，layerXiamen 图层不显示
layerXiamen.setMinZoom(value[0]);
// 当 zoom 值大于 value[1]时，layerXiamen 图层不显示
layerXiamen.setMaxZoom(value[1]);
```

对于 View 对象和 Layer 对象的使用，参照上一章的方式，书中构建了两个具有图形界面的工程，会同本书的代码同步给出，供读者研究学习。两个工程运行的效果如图 11-1 和图 11-2 所示。

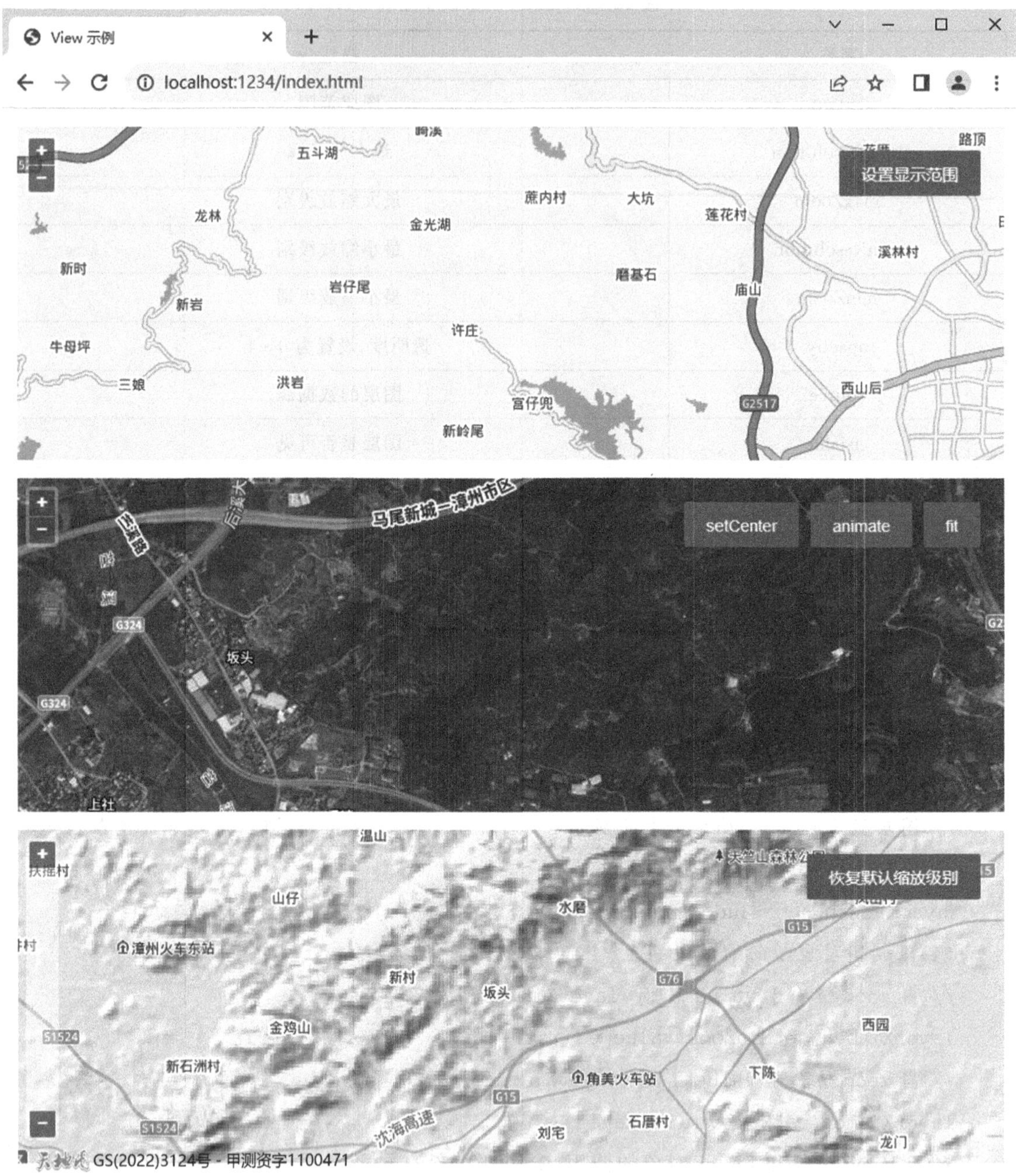

图 11-1　View 常用操作

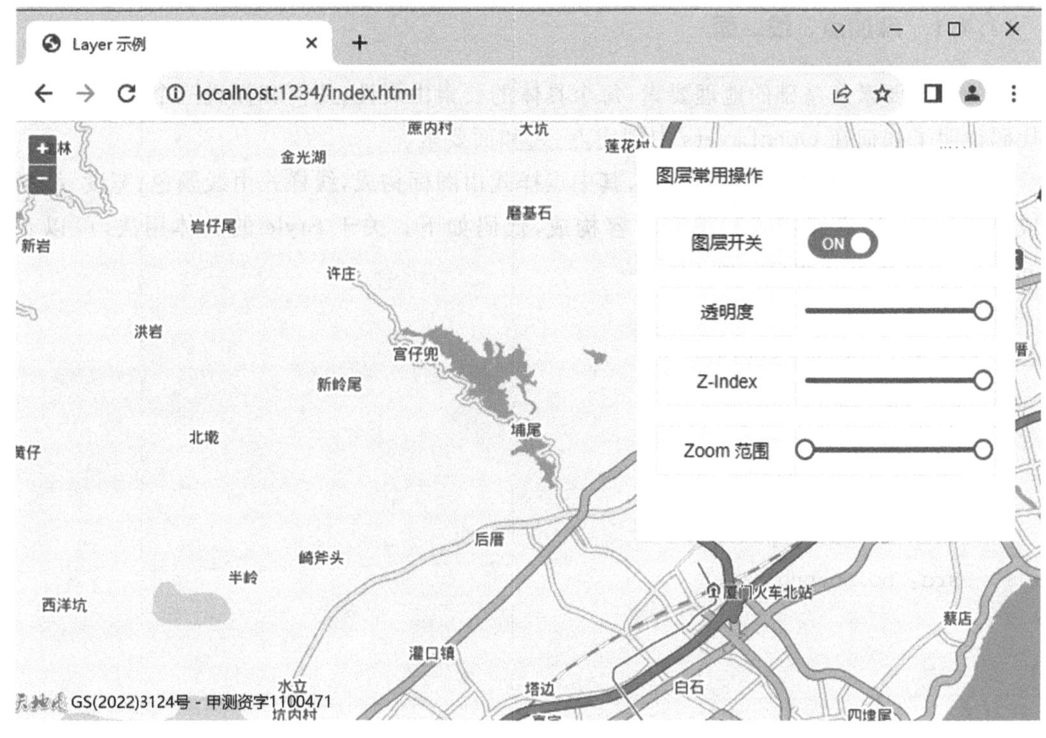

图 11 - 2　Layer 常用操作

11.4　矢量图层加载

矢量图层指使用数据构成的图层，具体有别于由图片构成的图层。矢量图层传输数据到浏览器端，由浏览器端进行渲染。下面就原始的点、线、面、JSON 和 WFS 服务返回的数据为例，说明如何在 OpenLayers 地图中加载矢量图层。

在开始代码之前，从 OpenLayers 库中引入相关的资源，主要包括样式(style)、几何要素(geom)、矢量数据源(source/Vector)、数据格式(GeoJSON)、矢量图层(Vector)和加载策略(loadingstrategy)等，示例代码如下。

```
import Feature from 'ol/Feature';
import {Point, LineString, Polygon} from 'ol/geom';
import VectorSource from 'ol/source/Vector';
import GeoJSON from 'ol/format/GeoJSON';
import {Icon, Style, Stroke, Fill, Circle as CircleStyle} from 'ol/style';
import {Vector as VectorLayer} from 'ol/layer';
import {bbox as bboxStrategy} from 'ol/loadingstrategy';
```

11.4.1 添加点、线、面

点、线、面要素是基础的地理要素，每个具体的要素由属性、几何和样式三个要素构成。以下代码说明了如何在 OpenLayers 中创建点、线和面要素。

应针对点、线、面创建不同的样式，其中点样式由图标构成，线样式由线颜色、宽度、线型等构成，面样式由边界线样式和填充内容构成，代码如下。关于 Style 的具体用法，可以查询 OpenLayers 文档获得更多的细节。

```
// 点样式
const iconStyle = new Style({
    image: new Icon({
        anchor: [0.5, 24],
        anchorXUnits: 'fraction',
        anchorYUnits: 'pixels',
        src: 'point.png',
    }),
});
// 线样式
const lineStyle = new Style({
    stroke: new Stroke({
        color: 'red',
        width: 3
    })
});
// 面样式
const polygonStyle = new Style({
    stroke: new Stroke({
      color: 'blue',
      lineDash: [4],
      width: 3,
    }),
    fill: new Fill({
    color: 'rgba(0, 0, 255, 0.1)',
  }),
});
```

下面的函数用于创建各种不同的点、线、面要素。在此需要提供类型、坐标串和要素名称三个不同的参数。每执行一次该函数，即返回一个地理要素，代码如下。这些要素都是使用上面代码定义的样式进行改变的，如果需要用其他样式展现，就需要对样式进行相应修改。

```
/**
 * 创建要素
 * @param {string} type 类型
 * @param {array} points 点坐标
 * @param {string} name 名称
 */
function createFeature(type, points, name){
    let feature = null;
    switch (type) {
      case 'point':
          // 创建点要素
          feature = new Feature({
              geometry: new Point(points),
              name: name
          });
          feature.setStyle(iconStyle);
          break;
      case 'line':
          // 创建线要素
          feature = new Feature({
              geometry: new LineString(points),
              name: name
          });
          feature.setStyle(lineStyle);
          break;
      case 'polygon':
          // 创建面要素
          feature = new Feature({
              geometry: new Polygon(points),
              name: name
          });
          feature.setStyle(polygonStyle);
          break;
      default:
          break;
      }
      return feature;
}
```

11.4.2 构造 GeoJSON 文件的矢量图层

GeoJSON 格式文件可以通过一些转换工具得到，这些文件主要记录要素的坐标、属性、样式等信息。加载完毕 GeoJSON 文件后，将构建一个矢量图层（VectorLayer）在 Map 对象中加载。

下面的代码说明了加载 JSON 文件并返回了一个矢量图层的方法。函数的输入参数为 JSON 文件所在的 URL，在第一句代码部分，主要构建了一个矢量数据源（VectorSource），并在 format 对象中使用 new GeoJSON()格式，说明了该数据源的格式。在第二句的返回语句中，将数据源绑定到图层的 Source 属性中，并根据集合要素类型组装图层的样式，将图层的可见性设置为 false 返回。

```
/**
 * 加载 JSON 文件
 * @param {string} jsonUrl json 文件 url
 */
function loadJSON(jsonUrl){
    let vectorSource = new VectorSource({
        projection: 'EPSG:4326',
        url: jsonUrl,
        format: new GeoJSON()
    });
    return new VectorLayer({
        source: vectorSource,
        style: function(feature){
            switch (feature.getGeometry().getType()) {
                case 'Point':
                case 'MultiPoint':
                    return iconStyle;
                case 'LineString':
                case 'MultiLineString':
                    return lineStyle;
                case 'Polygon':
                case 'MultiPolygon':
                case 'GeometryCollection':
                case 'Circle':
                    return polygonStyle;
            }
        },
```

```
        visible: false
    })
}
```

11.4.3 加载 WFS 服务的矢量图层

除了使用点、线、面要素和 GeoJSON 文件构建数据源，还可以用在线 WFS 服务的方式加载矢量数据到 OpenLayers 的应用中。下面代码说明了将一个在 GeoServer 中发布的 WFS 服务图层加载到 OpenLayers 中的方法。

从 URL 即可发现该 WFS 返回的是 GeoJSON 格式的空间数据，使用这些空间数据并结合地图范围，构建了矢量数据源的 URL，同时将其坐标系转换为 EPSG:4326。并将 WFS 图层加载模式设置为按需加载的模式，即 bboxStrategy，WFS 服务只输出指定空间范围内的要素。

构建好 VectorSource 后，返回该数据源构建的矢量图层，并将其可见性设置为 false，留待其他程序调用。

```
/**
 * 加载 WFS 服务图层
 * @param {string} url
WFS 服务地址:
http://localhost:8080/geoserver/Study/ows?service=WFS&version=1.0.0&request=GetFeature&typeName=Study%3Acatering&maxFeatures=50&outputFormat=application%2Fjson
 */
function loadWFSService(url){
    let vectorSource = new VectorSource({
        format: new GeoJSON(),
        url: function (extent) {
          return (
            url+
            '&bbox=' +
            extent.join(',') +
            ',EPSG:4326'
          );
        },
        strategy: bboxStrategy,
    });
    return new VectorLayer({
        source: vectorSource,
```

```
        style: new Style({
            image: new CircleStyle({
                radius: 7,
                fill: new Fill({
                color: '#ffcc33',
                }),
            }),
        }),
        visible: false
    });
}
```

为方便复用，将以上三个方法作为 vectorUtil 工具导出，供上层应用程序调用。

```
const vectorUtil = {
    createFeature: createFeature,
    loadJSON: loadJSON,
    loadWFSService: loadWFSService
};

export default vectorUtil;
```

11.5 栅格图层加载

栅格图层主要是指使用图像数据构建的地图图层，最常用的两类栅格图层是 WMS 图层和 WMTS 图层。对 WMTS 的请求可以使用传统的 WMTS 方式进行请求调用，也可以使用现在更方便的 XYZ 方式进行请求调用。

11.5.1 加载 WMS 图层

以下代码将发布在 GeoServer 上的 xiamen 图层加载到了地图中。WMS 图层的请求可以用 OpenLayers 中的 ImageLayer 参数进行请求构建，其数据源为 ImageWMS，主要的 ImageWMS参数为 URL 和 params，指明了请求 WMS 服务的返回格式，图层名称、版本等信息。

```
import {Image as ImageLayer} from 'ol/layer';
import ImageWMS from 'ol/source/ImageWMS';
//WMS 图层
let wmsLayer = new ImageLayer({
    source: new ImageWMS({
      ratio: 1,
```

```
      //WMS 图层地址
      url: 'http://localhost:8080/geoserver/Study/wms',
      params: {
        'FORMAT': 'image/png',
        'VERSION': '1.1.1',
        "STYLES": '',
        "LAYERS": 'Study:xiamen',
        "exceptions": 'application/vnd.ogc.se_inimage',
      }
    }),
  visible: false
});
```

11.5.2 加载 WMTS 图层

以下代码将天地图图层加载到地图中。这些图层来自天地图，故 URL 中附加了需要的天地图秘钥参数。天地图图层是瓦片图层的一种，其格式为已经发布的天地图 WMTS 图层。天地图图层的参数包括投影、矩阵集和瓦片网格信息，其中瓦片网格说明了该服务的瓦片分割的策略。

需要构建 WMTS 图层时，按照 tiandituVecOptions 变量的构建方法构建配置变量，即可将其作为 createTiandituWMTSLayer 方法的参数用于返回 WMTS 调用的天地图 WMTS 图层。

```
// 返回天地图图层,WMTS 方式调用
function createTiandituWMTSLayer(options) {
  return new TileLayer({
    source: new WMTS({
      url: options.url + `? tk= ${tiandituKey}`,
      projection: projection,
      layer: options.layer,
      style: "default",
      format: "tiles",
      matrixSet: options.matrixSet,
      tileGrid: new WMTSTileGrid({
        resolutions: resolutions.slice(0, 18),
        matrixIds: matrixIds,
        origin: olExtent.getTopLeft(projection.getExtent()),
      }),
      wrapX: true,
    })
```

```
  });
}
const tiandituVecOptions = {
  url: "http://t{0-6}.tianditu.gov.cn/vec_c/wmts",
  layer: "vec",
  matrixSet: "c",
};
```

11.5.3 加载 XYZ 图层

XYZ 图层是 WMTS 服务的简易访问方法，只需要按照天地图 XYZ 访问方式配置好 URL 即可加载 XYZ 图层。以下代码就使用 XYZ 参数创建了一个简单的使用 XYZ 参数的 WMTS 图层。

关于其 URL 的具体参数，可见 tiandituVecUrl 变量的构造方法，使用该参数即可构造 XYZ 图层。

```
// 创建 XYZ 图层
function createXYZLayer(url) {
  return new TileLayer({
    source: new XYZ({
      url: url,
      projection: projection,
    })
  });
}
// 天地图矢量
const tiandituVecUrl =
  "http://t{0-6}.tianditu.gov.cn/vec_c/wmts?SERVICE=WMTS&REQUEST=GetTile&VERSION=1.0.0&LAYER=vec" +
  "&STYLE=default&TILEMATRIXSET=c&FORMAT=tiles&TILEMATRIX={z}&TILEROW={y}&TILECOL={x}" +
  "&tk=" +
  tiandituKey;
```

11.6 跨域问题的解决

因为 GeoServer 发布的地图服务和开发时的前端代码运行在不同的 Web 应用中，如 GeoServer运行在 Tomcat 中，而我们开发的代码是运行在 Parcel 环境中的，在实际运行中，这会因为安全策略产生跨域问题，即我们开发的代码无法访问 GeoServer 发布的服务，产生如图

11 - 3 所示的错误信息。

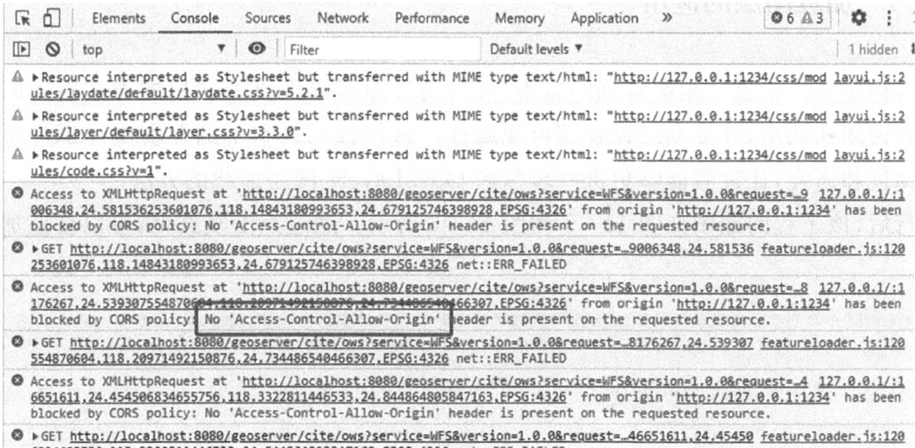

图 11 - 3　跨域错误信息

要解决该问题，需要对运行 GeoServer 的 Tomcat 服务器进行重新配置，使其能够支持跨域访问，具体操作步骤如下：

(1)停止 Tomcat 服务器。

(2)修改 Tomcat 目录下的\webapps\geoserver\WEB - INF\web. xml 文件，添加其允许跨域访问的过滤器配置，具体修改方式如图 11 - 4 所示。

(3)重新启动 Tomcat 即可。

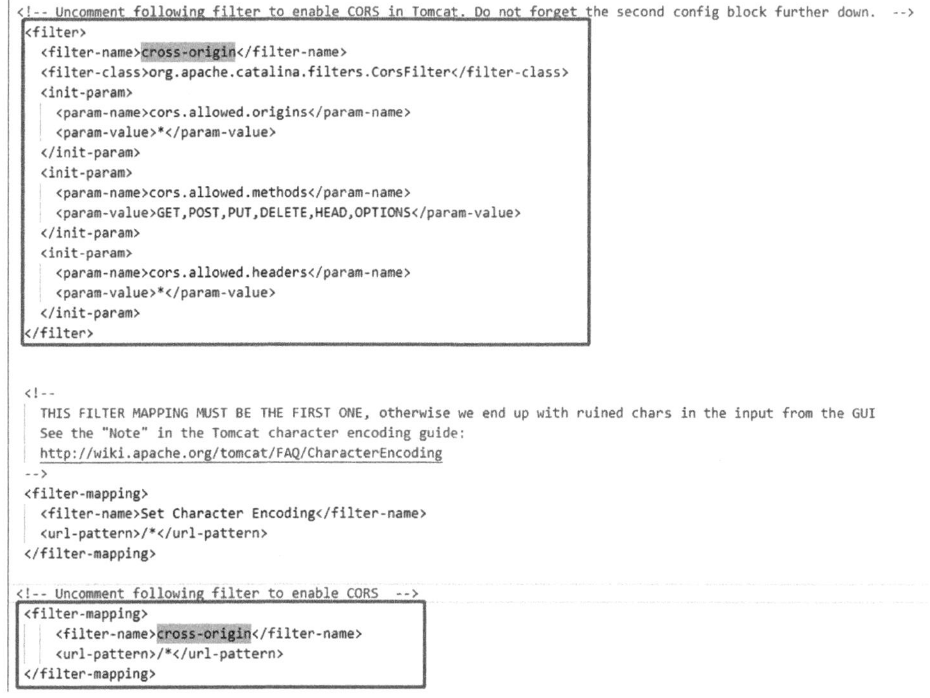

```
<!-- Uncomment following filter to enable CORS in Tomcat. Do not forget the second config block further down.  -->
<filter>
  <filter-name>cross-origin</filter-name>
  <filter-class>org.apache.catalina.filters.CorsFilter</filter-class>
  <init-param>
    <param-name>cors.allowed.origins</param-name>
    <param-value>*</param-value>
  </init-param>
  <init-param>
    <param-name>cors.allowed.methods</param-name>
    <param-value>GET,POST,PUT,DELETE,HEAD,OPTIONS</param-value>
  </init-param>
  <init-param>
    <param-name>cors.allowed.headers</param-name>
    <param-value>*</param-value>
  </init-param>
</filter>

<!--
  THIS FILTER MAPPING MUST BE THE FIRST ONE, otherwise we end up with ruined chars in the input from the GUI
  See the "Note" in the Tomcat character encoding guide:
  http://wiki.apache.org/tomcat/FAQ/CharacterEncoding
-->
<filter-mapping>
  <filter-name>Set Character Encoding</filter-name>
  <url-pattern>/*</url-pattern>
</filter-mapping>

<!-- Uncomment following filter to enable CORS  -->
<filter-mapping>
    <filter-name>cross-origin</filter-name>
    <url-pattern>/*</url-pattern>
</filter-mapping>
```

图 11 - 4　重新配置 Tomcat

11.7 加载图层的应用

本节构建了一个进行图层管理的应用，可以通过图形界面以图层树的方式对不同类型的图层进行访问和调用，并能动态设置其可视属性。这些代码在本书的配套电子课件中供读者进一步阅读和研究，让读者能够更进一步掌握 OpenLayers 图层加载的方法。

运行后，该工程的截图如图 11-5 和图 11-6 所示。通过点击复选框，可以任意加载已知的图层。

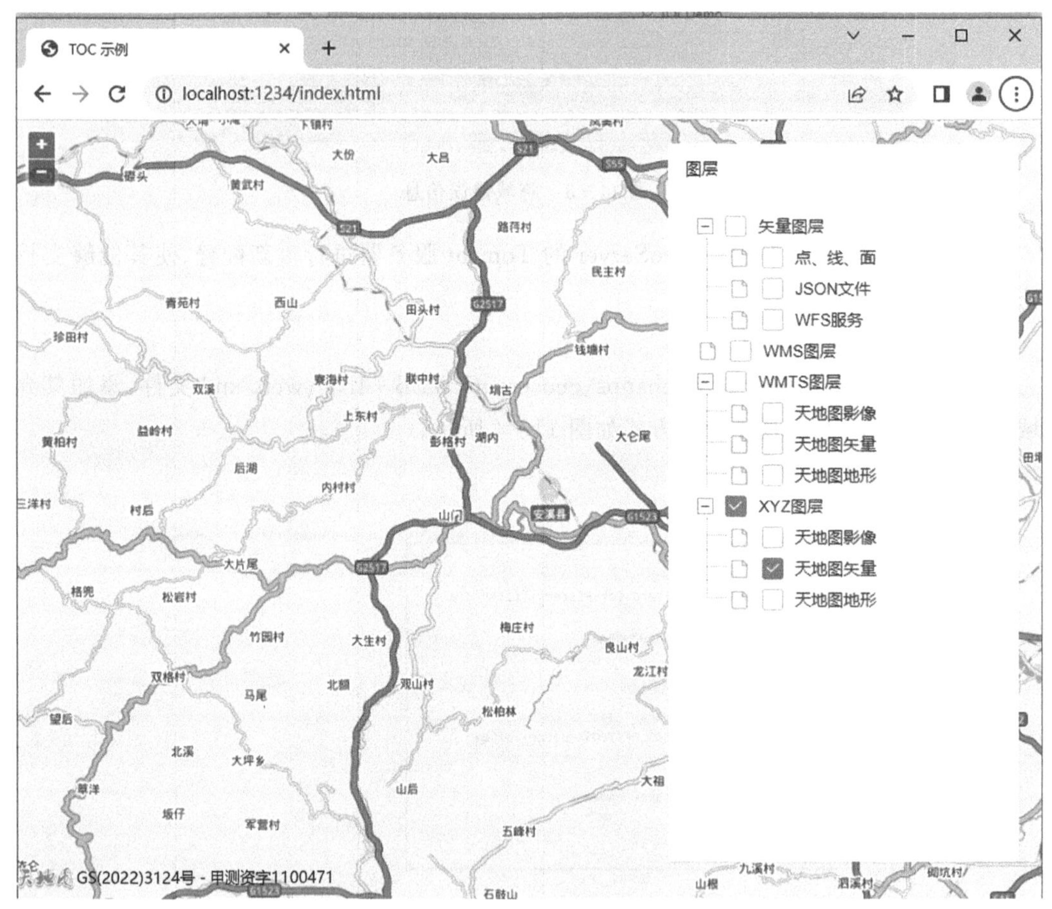

图 11-5　图层管理

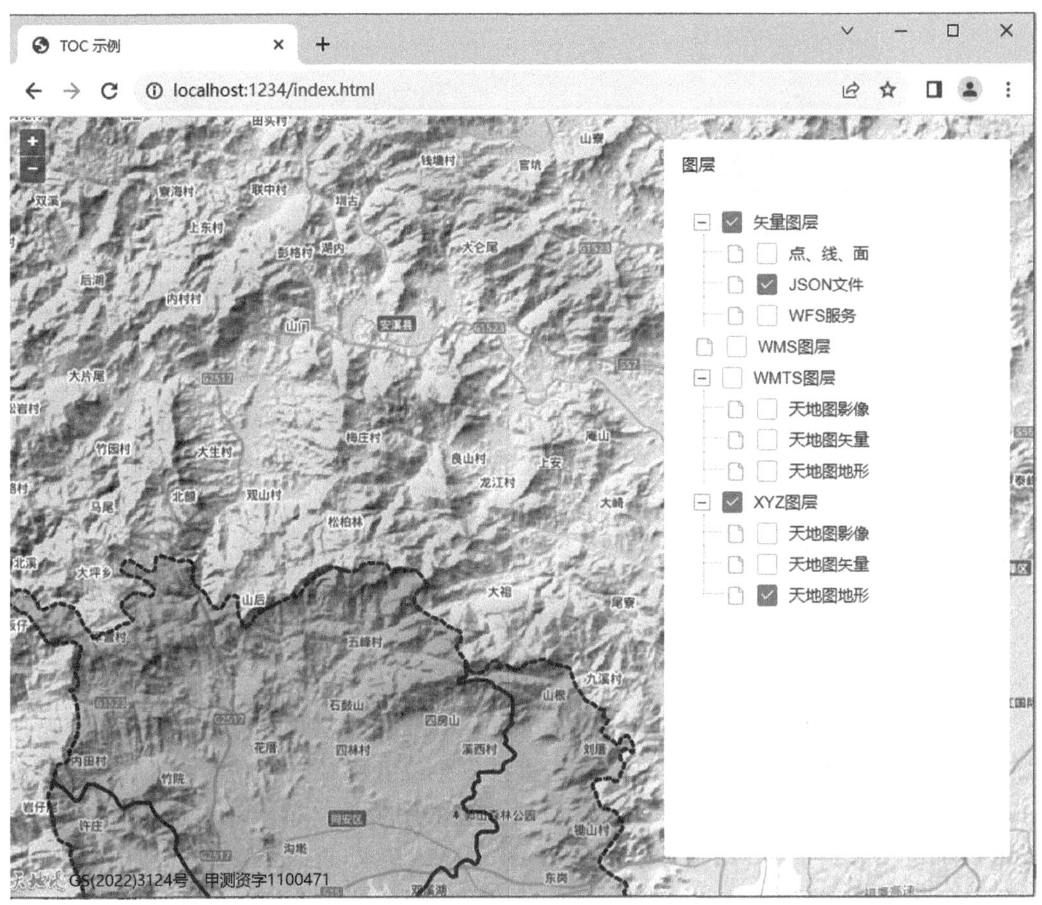
TOC 示例
localhost:1234/index.html
图层
矢量图层
点、线、面
JSON文件
WFS服务
WMS图层
WMTS图层
天地图影像
天地图矢量
天地图地形
XYZ图层
天地图影像
天地图矢量
天地图地形
GS(2022)3124号 甲测资字1100471

图 11-6　图层加载管理

第 12 章　OpenLayers 数据查询

12.1　概述

空间数据查询是 Web GIS 应用开发的核心功能之一，大多数 Web GIS 的应用都具备空间查询功能。在 OpenLayers 中，数据查询包含了点击查询、条件过滤查询和空间查询三种方式。读者通过掌握 OpenLayers 数据查询功能的开发，进一步掌握了复杂的数据请求方式，满足不同的数据查询需求。

12.2　点击查询

点击查询主要使用 Map 对象的 forEachFeatureAtPixel 方法进行查询。首先需要给地图添加一个点击事件，在点击事件中，获得点击事件发生位置所对应的像素。然后将像素传入 forEachFeatureAtPixel 方法，根据 layer 参数向相应的图层发出请求。注意到，forEachFeatureAtPixel 可以同时向 WMS 服务发出 GetFeatureInfo 请求，返回要素，也可以向 WFS 服务发出 GetFeatures 请求。当要素被请求回时，可以根据要素的属性值对其进行进一步可视化操作。

```
//点击查询
map.on('singleclick',function(evt){
//点击获得事件发生对应的像素坐标
var pixel = map.getEventPixel(evt.originalEvent);
//通过像素坐标查询获得要素信息
map.forEachFeatureAtPixel(pixel, function (feature, layer) {
if (feature ! = undefined) {
console.log(feature);
        }
  })
})
```

12.3　条件过滤查询

条件过滤查询就是 GIS 中的属性查询。条件过滤查询使用的是 ol/format/filter 对象。

过滤条件全部都包含在 ol. format. filter 里面，包括 Or、Not、Bbox、Within、IsNull、IsLike、During、EqualTo、LessThan、Contains、IsBetWeen、NotEqualTo、Instresect、GreaterThan、LessThanOrEqualTo、greaterThanOrEqualTo 等。

下面的代码说明了构建 GetFeature 请求的过程，该请求从名为 water_areas 的 WFS 服务中心按照 filter 的条件进行了属性查询，返回的要素集格式为 json，并将属性查询的结果展现在地图上。

```
// 生成一个 GetFeature 请求
let featureRequest = new WFS().writeGetFeature({
  srsName: 'EPSG:3857',
  featureNS: 'http://openstreemap.org',
  featurePrefix: 'osm',
  featureTypes: ['water_areas'],
  outputFormat: 'application/json',
  filter: and(
    like ('name', 'Mississippi*'),
    equalTo ('waterway', 'riverbank')
  ),
});

// 将请求提交到服务，并将返回的要素添加到地图上
fetch('https://ahocevar.com/geoserver/wfs', {
  method: 'POST',
  body: new XMLSerializer().serializeToString(featureRequest),
})
  .then(function (response) {
    return response.json();
  })
  .then(function (json) {
    const features = new GeoJSON().readFeatures(json);
    vectorSource.addFeatures(features);
    map.getView().fit(vectorSource.getExtent());
  });
```

12.4　空间查询

空间查询本质上也是一种过滤查询，只是过滤条件选择的是空间关系运算条件，传递的参数为几何体(geometry)。在下面的代码中，使用 intersects 作为空间运算条件查询与目标空间

要素相交的要素。其中第一个字段"the_geom"指的是在 WFS 服务中的空间字段，feature.getGeometry()返回的是查询目标要素的空间范围。

```
// 生成一个多边形查询的 GetFeature 请求
let featureRequest = new ol.format.WFS().writeGetFeature({
  srsName: 'EPSG:3857',
  featureNS: 'http://openstreemap.org',
  featurePrefix: 'osm',
  featureTypes: ['water_areas'],
  outputFormat: 'application/json',
  filter: intersects("the_geom", feature.getGeometry(), 'EPSG:3857')
});

fetch('https://ahocevar.com/geoserver/wfs', {
  method: 'POST',
  body: new XMLSerializer().serializeToString(featureRequest)
}).then(function(response) {
  return response.json();
}).then(function(json) {
  var features = new ol.format.GeoJSON().readFeatures(json);
  if(features.length == 0){
      console.log('无查询结果')
  }else{
      spaceSource.addFeatures(features);
      map.getView().fit(spaceSource.getExtent());
  }
});
// 将请求提交到服务，并将返回的要素添加到地图上
```

在开始空间查询之前，需要通过交互界面输入空间要素的范围。这里可以通过 OpenLayers 的编辑交互组件工具 Draw、Modify 和 Snap 完成空间要素的绘制和编辑，将其作为空间查询的输入条件。以下两个文件说明了空间要素编辑组件的用法。在这里，drawAndModify.html 文件的作用是提供界面按钮。主要逻辑在 drawAndModify.js 部分。

```
<!DOCTYPE html>
<html lang="en">
<head>
    <meta charset="UTF-8">
    <meta http-equiv="X-UA-Compatible" content="IE=edge">
    <meta name="viewport" content="width=device-width, initial-scale=1.0">
```

```
    <title>Openlayers - Map</title>
    <style>
        html, body {
        width: 100 % ;
        height: 100 % ;
        margin:0;
        padding: 0;
    }
    #map {
        width: 100 % ;
        height: 100 % ;
    }
    .control - btn{
        position: absolute;
        top: 30px;
        right: 50px;
        z - index: 999;
        }
    </style>
</head>
<body>
    <div id="map"></div>
    <div class="layui - btn - container control - btn">
        <button id="Point" type="button" class="layui - btn">绘制点</button>
        <button id="LineString" type="button" class="layui - btn">绘制线</
button>
        <button id="Polygon" type="button" class="layui - btn">绘制面</
button>
        <button id="Edit" type="button" class="layui - btn">开启编辑</
button>
    </div>
    <script src="../js/drawAndModify.js"></script>
</body>
</html>
```

drawAndModify.js 文件中综合运用了 OpenLayers 库中的三个图形编辑组件：Draw、Snap、Modify。这几个组件的综合运用，基本能够解决大多数前端图斑绘制编辑的需求。注意，使用这些组件前需要创建显示绘制结果的矢量图层，并将图层与各类交互工具绑定在一起。

```
import { Draw, Modify, Snap } from "ol/interaction";
// 定义显示绘制结果的矢量图层
const source = new VectorSource();
const vector = new VectorLayer({
    source: source,
    style: new Style({
      fill: new Fill({
        color: "rgba(255, 255, 255, 0.5)",
      }),
        stroke: new Stroke({
        color: "red",
        width: 2,
      }),
      image: new CircleStyle({
        radius: 7,
            fill: new Fill({
          color: "red",
        }),
      }),
    }),
});
map.addLayer(vector);

// 定义编辑交互工具
const modify = new Modify({ source: source });
// 变量 draw 用于存储绘制交互工具,变量 snap 用于存储捕捉工具
let draw, snap;
// 添加绘制交互
function addInteractions(type) {
  // 移除旧的交互工具
      if (draw) {
    map.removeInteraction(draw);
  }
  if (snap) {
    map.removeInteraction(snap);
  }
  map.removeInteraction(modify);
```

```
  // 根据选择的要素类型创建绘制工具
  draw = new Draw({
    source: source,
    type: type,
  });
  // 添加绘制交互
  map.addInteraction(draw);
  // 创建捕捉交互
  snap = new Snap({ source: source });
  // 添加捕捉交互
  map.addInteraction(snap);
}

// 添加编辑交互
function addEditInteraction(enable) {
  // 移除绘制交互工具
  if (draw) {
    map.removeInteraction(draw);
  }

  if (enable) {
    map.addInteraction(modify);
  } else {
    map.removeInteraction(modify);
  }
}

$("button").on("click", function () {
  if (this.id != "Edit") {
    $("#Edit").html("开启编辑");
    addInteractions(this.id);
  } else {
    if (this.innerHTML == "开启编辑") {
      addEditInteraction(true);
      this.innerHTML = "关闭编辑";
    }else {
      addEditInteraction(false);
```

```
        this.innerHTML = "开启编辑";
      }
    }
});
```

编译运行后，即可使用这些工具在网页上进行前端要素的绘制与编辑了，其效果如图 12-1所示。

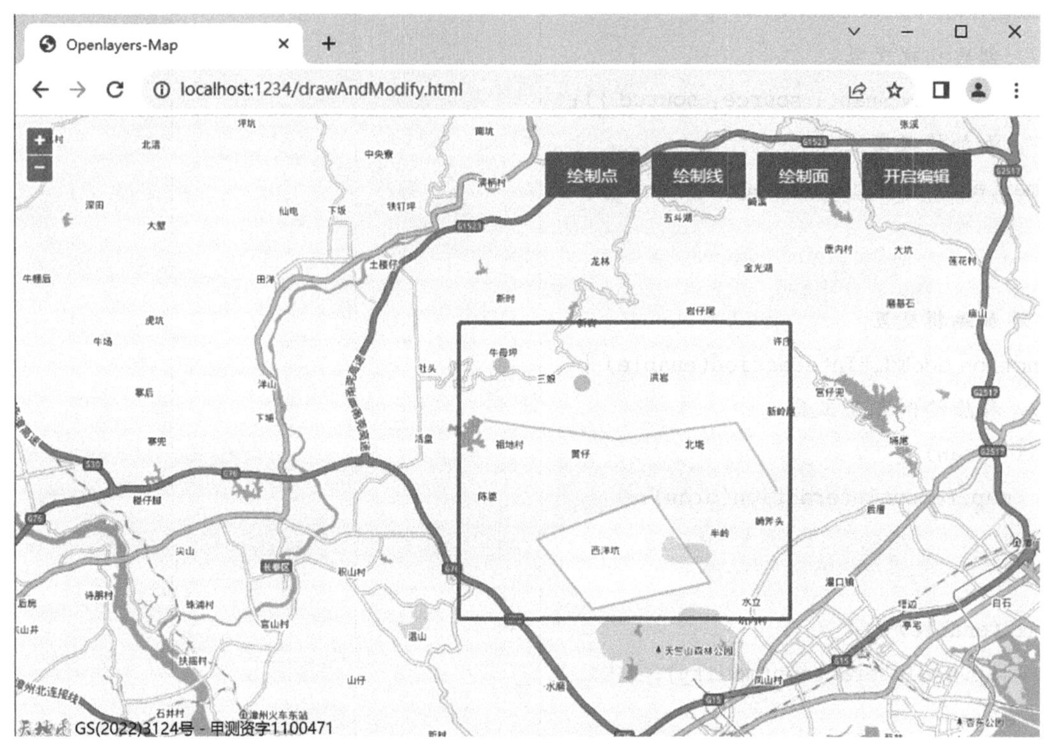

图 12-1　空间要素绘制与编辑

第 13 章　OpenLayers 调用 WPS 服务

13.1　概述

WPS 服务是 OGC 规范中的一个重要的服务，该服务能够在很大程度上扩展 Web GIS 的功能。OpenLayers 可以对 WPS 服务进行调用从而实现更多的专业功能。本章向读者介绍了如何部署 WPS 服务，并在 OpenLayers 中对 WPS 服务进行调用。

13.2　WPS 插件安装

在 GeoServer 中默认是没有内置 WPS 服务的，WPS 的实现是作为 GeoServer 的一个扩展存在的。要使用 WPS 服务，首先得安装 GeoServer 下 WPS 的扩展插件(见图 13－1)，WPS 扩展插件可以去 GeoServer 官网下载。

图 13－1　WPS 插件下载

下载 WPS 插件后，发现 WPS 插件由一系列的 JAR(Java archive，Java 归档)文件构成(见图 13－2)，将这些 JAR 文件拷贝到 GeoServer 的 WEB－INF\lib 目录下后，重启 GeoServer就能够看到在服务能力栏多了一个 WPS 的选项，即表明 WPS 插件已经安装成功了(见图 13－3)。

名称	压缩前	压缩后	类型	修改日期
..(上级目录)			文件夹	
GEOTOOLS_NOTICE.txt	1 KB	1 KB	文本文档	2020-08-31 19:44
GPL.md	17.5 KB	6.7 KB	Markdown File	2020-08-31 19:44
gs-web-wps-2.19-SNAPSHOT.jar	150.3 KB	137.0 KB	JAR 文件	2021-10-03 02:49
gs-wps-core-2.19-SNAPSHOT.jar	436.3 KB	399.3 KB	JAR 文件	2021-10-03 02:49
gt-csv-25-SNAPSHOT.jar	37.8 KB	34.8 KB	JAR 文件	2021-10-03 02:49
gt-process-geometry-25-SNAPSHOT.jar	16.8 KB	14.4 KB	JAR 文件	2021-10-03 02:49
gt-xsd-wps-25-SNAPSHOT.jar	39.8 KB	35.9 KB	JAR 文件	2021-10-03 02:49
LGPL.md	25.7 KB	9.2 KB	Markdown File	2020-08-31 19:44
net.opengis.wps-25-SNAPSHOT.jar	218.3 KB	192.5 KB	JAR 文件	2021-10-03 02:49
NOTICE.md	83.8 KB	25.3 KB	Markdown File	2020-08-31 19:44
opencsv-5.0.jar	195.2 KB	181.0 KB	JAR 文件	2021-10-03 02:49
serializer-2.7.2.jar	269.9 KB	253.4 KB	JAR 文件	2021-10-03 02:49

图 13-2　WPS 插件示例

图 13-3　WPS 插件安装成功

13.3　WPS 服务测试工具

WPS 插件安装成功后，在 GeoServer 中也集成了一个非常重要的服务测试工具——WPS request builder，这个工具能够帮助我们组织比较复杂的 WPS 请求，如图 13-4 所示。这个测试工具中内置了 GeoServer 已经实现的一系列的 WPS 原子服务，我们可以使用该工具通过提供参数的方式提交各种 WPS 请求，并输出请求及响应的相关文档和结果。

GeoServer的演示程序

GeoServer的演示程序集合

- Demo requests Example requests for GeoServer (using the TestServlet).
- SRS List List of all SRS known to GeoServer
- Reprojection console Simple coordinate reprojection tool
- WCS request builder Step by step WCS GetCoverage request builder
- WPS request builder Step by step WPS request builder

图 13-4　WPS 服务测试工具

WPS 的执行(execute)操作是使用指定的输入值和必需的输出数据项执行进程的请求，请求可以作为 GET URL 或带有 XML 请求文档的 POST 发出，如图 13-5 所示。因为请求具有复杂的结构，所以更常用的是 post 表单。

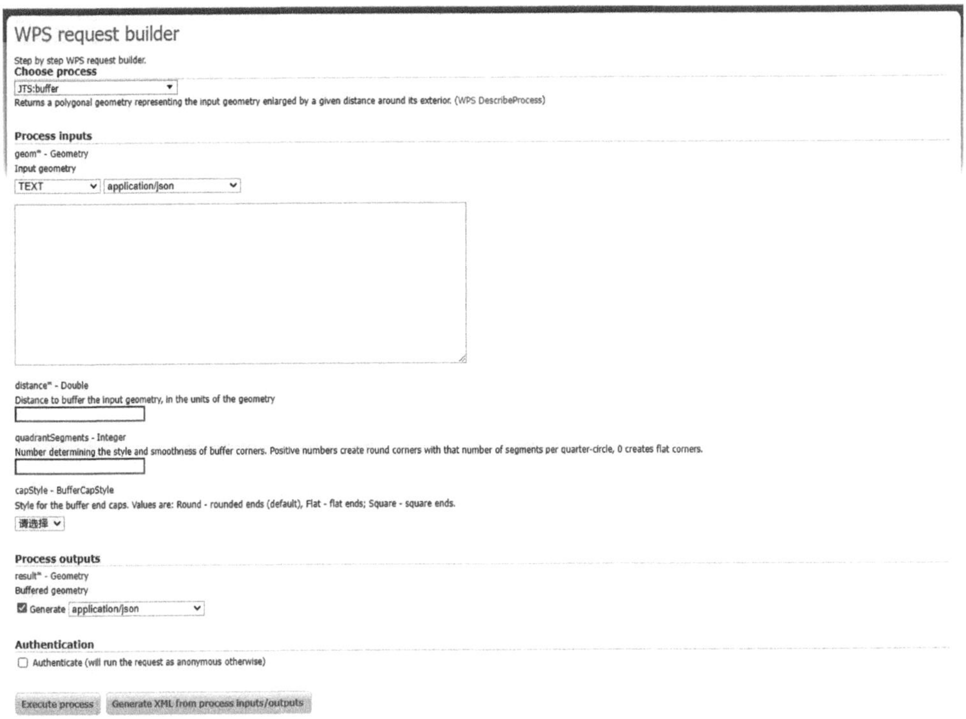

图 13-5　WPS 请求示例

13.4　调用 WPS 实现缓冲区功能

下面以缓冲区的实现为例，说明如何调用 WPS 实现缓冲区的生成。首先在 WPS request Bilder 工具中选择 JTS:buffer 过程。该过程即为生成缓冲区的 WPS 服务。如图 13-6 所示，该服务的参数分别是输入的待作为缓冲区的几何体，缓冲距离、缓冲区角样式、平滑度(quadrantSegments，正数创建圆角，每四分之一圆具有该段数，0 创建平角)以及缓冲区端的样式(Round，圆端(默认)；Flat，平端；方形，方形末端)，带 * 号的参数为必填参数。我们选择 JSON 格式作为输入和输出值，点击下方的“ExecuteProcess”，即让 WPS 经过运算得到了 JSON 格式的点缓冲区生成后的结果。点击“Generate XML from process inputs/outputs”按钮，即生成该请求的 XML 格式的响应结果，如图 13-7 所示。

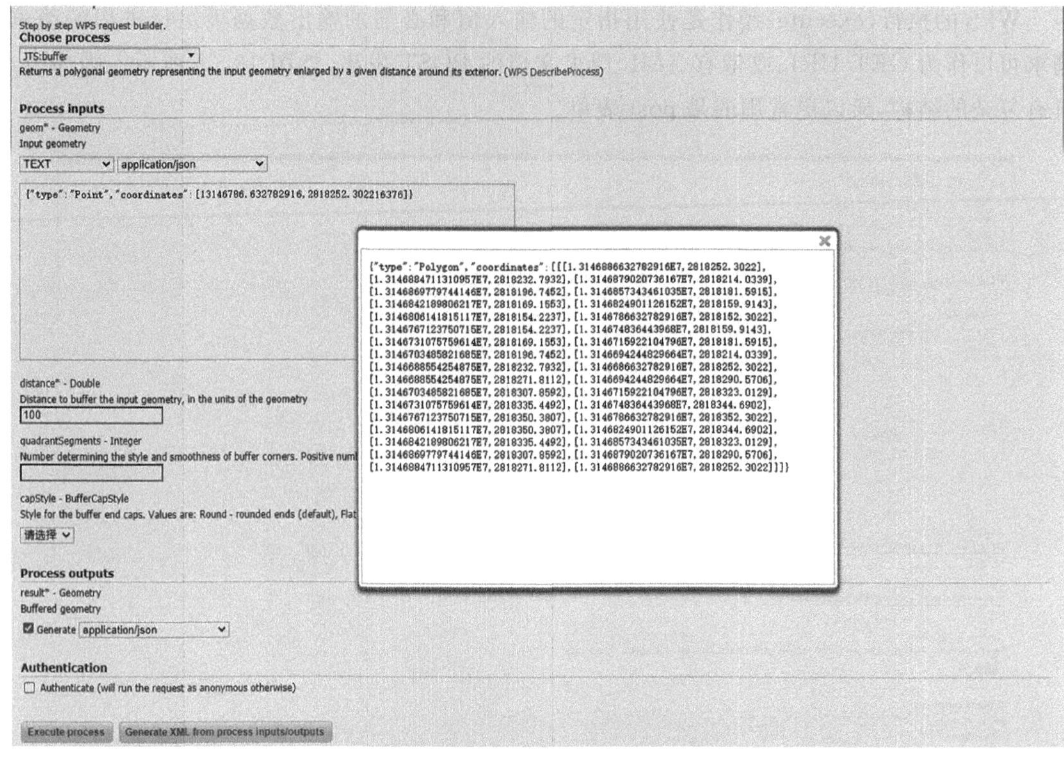

图 13 - 6　构建 WPS JTS:buffer 请求

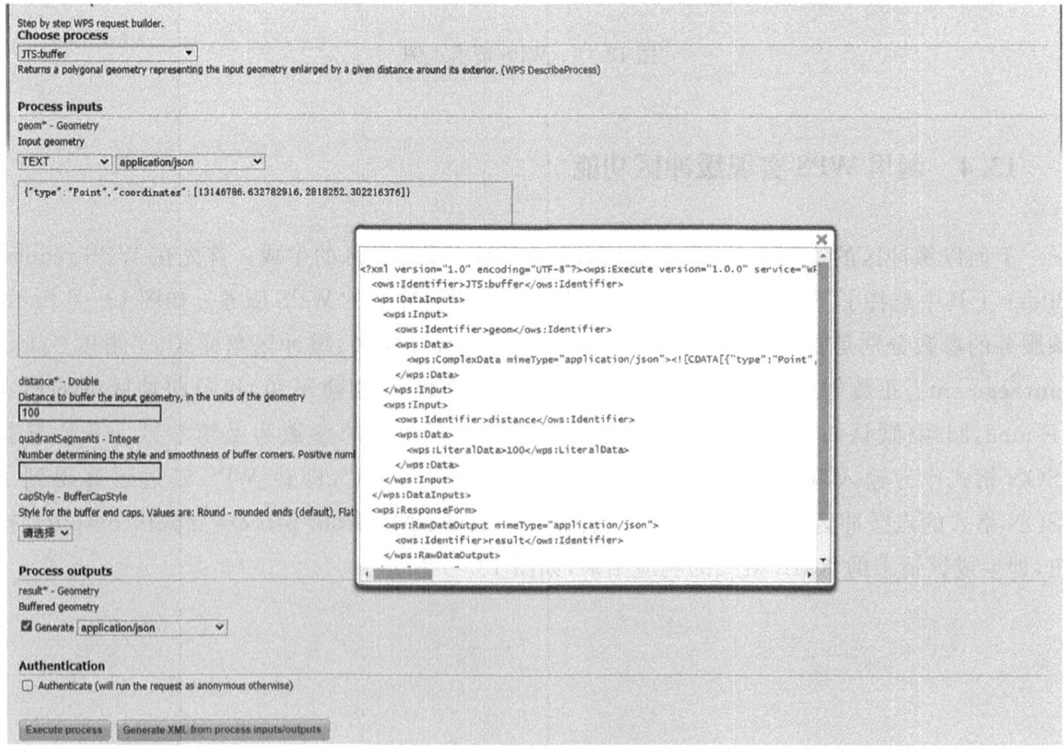

图 13 - 7　WPS 请求的 XML 文档

根据该 XML 文档，即可在 OpenLayers 代码中组织针对 WPS 的 xml 请求，代码如下。

```
buildBufferWpsBody(geom){
    let bufferWpsBody = '<? xml version="1.0" encoding="UTF-8"? ><wps:Execute version="1.0.0" service="WPS" xmlns:xsi="http://www.w3.org/2001/XMLSchema-instance" xmlns="http://www.opengis.net/wps/1.0.0" xmlns:wfs="http://www.opengis.net/wfs" xmlns:wps="http://www.opengis.net/wps/1.0.0" xmlns:ows="http://www.opengis.net/ows/1.1" xmlns:gml="http://www.opengis.net/gml" xmlns:ogc="http://www.opengis.net/ogc" xmlns:wcs="http://www.opengis.net/wcs/1.1.1" xmlns:xlink="http://www.w3.org/1999/xlink" xsi:schemaLocation="http://www.opengis.net/wps/1.0.0 http://schemas.opengis.net/wps/1.0.0/wpsAll.xsd">';
    bufferWpsBody += '<ows:Identifier>JTS:buffer</ows:Identifier>';
    bufferWpsBody += '<wps:DataInputs>';
    bufferWpsBody += '<wps:Input>';
    bufferWpsBody += '<ows:Identifier>geom</ows:Identifier>';
    bufferWpsBody += '<wps:Data>';
    bufferWpsBody += '<wps:ComplexData mimeType="application/json"><! [CDATA[' + geom + ']]></wps:ComplexData>';
    bufferWpsBody += '</wps:Data>';
    bufferWpsBody += '</wps:Input>';
    bufferWpsBody += '<wps:Input>';
    bufferWpsBody += '<ows:Identifier>distance</ows:Identifier>';
    bufferWpsBody += '<wps:Data>';
    bufferWpsBody += '<wps:LiteralData>'+ this.distance +'</wps:LiteralData>';
    bufferWpsBody += '</wps:Data>';
    bufferWpsBody += '</wps:Input>';
    bufferWpsBody += '<wps:Input>';
    bufferWpsBody += '<ows:Identifier>capStyle</ows:Identifier>';
    bufferWpsBody += '<wps:Data>';
    bufferWpsBody += '<wps:LiteralData>Round</wps:LiteralData>';
    bufferWpsBody += '</wps:Data>';
    bufferWpsBody += '</wps:Input>';
    bufferWpsBody += '</wps:DataInputs>';
    bufferWpsBody += '<wps:ResponseForm>';
    bufferWpsBody += '<wps:RawDataOutput mimeType="application/json">';
    bufferWpsBody += '<ows:Identifier>result</ows:Identifier>';
    bufferWpsBody += '</wps:RawDataOutput>';
    bufferWpsBody += '</wps:ResponseForm>';
```

```
    bufferWpsBody += '</wps:Execute>';
    return bufferWpsBody;
  },
```

构造了 xml 请求后，可按照如下的方法发起对 WPS 服务的请求，再处理来自 WPS 服务端的响应 result。

```
const wpsUrl = "http://localhost:8080/geoserver/ows? service=WPS&version=1.0.0";
let xmlData = buildBufferWpsBody(jsonStr);
//请求 WPS 服务并处理返回结果
$.ajax({
    url: wpsUrl,
    type: 'post',
    contentType: 'application/json',
    data: xmlData,
    dataType: 'json',
    success: function(result) {
//处理返回的结果
    console.log(result);
}});
```

13.5 调用 WPS 实现裁切功能

WPS 中的裁切功能指通过一个给定的几何体，从给定的空间要素集中进行裁切，获得在几何体范围内的空间要素集合。

如图 13-8 所示，在 GeoServer 的 WPS request builder 中找到 gs:clip 处理服务，发现该处理服务的输入参数有 3 个，一是待裁切的要素集(feature collection)，这个要素集可以用 GeoServer中已经发布的矢量图层来替代；二是裁切几何体，该几何体可以用 GeoJSON 替代；三是是否保留原始数据中心的 Z 值，默认为不保留。用与上一节同样的方法，可以对该服务进行测试并获得该服务的 xml 请求体，如图 13-9 所示。

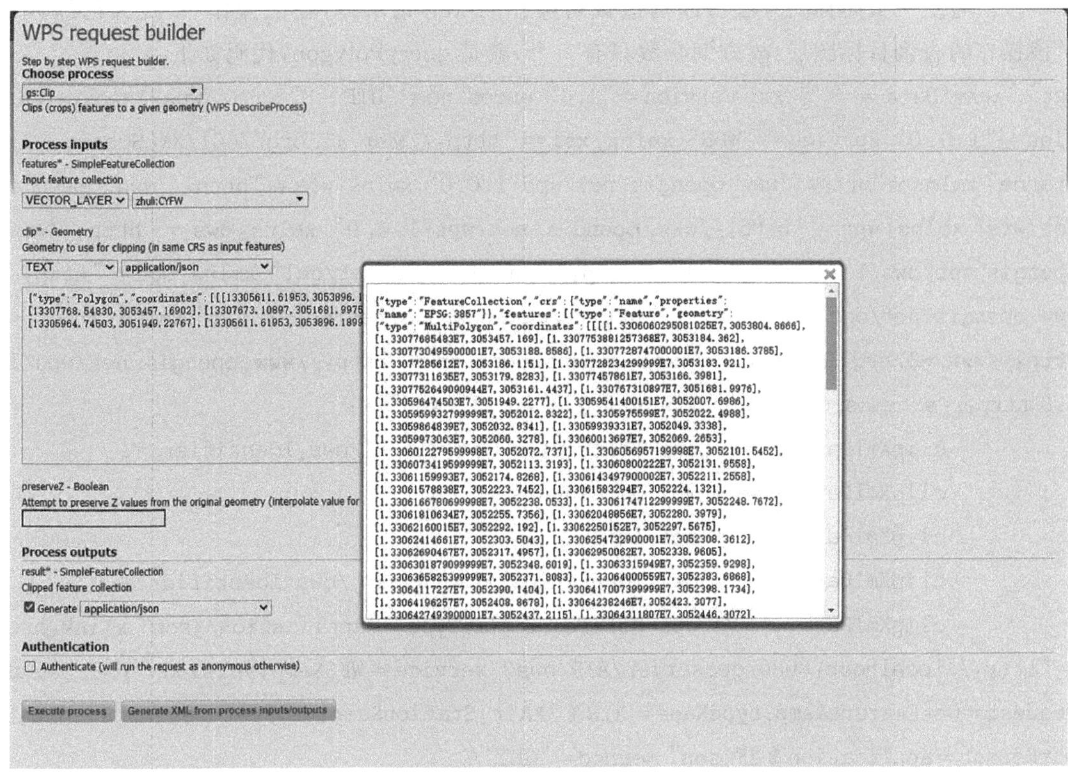

图 13 - 8　构建和测试 WPS 的 gs:clip 请求

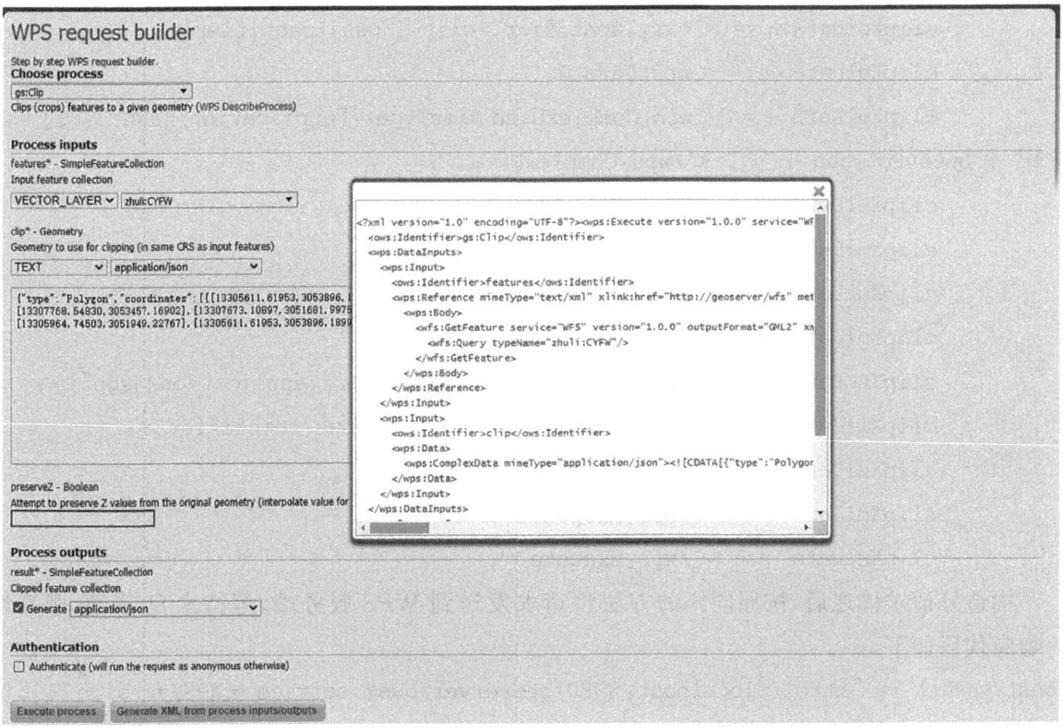

WPS request builder

Step by step WPS request builder.
Choose process
gs:Clip
Clips (crops) features to a given geometry (WPS DescribeProcess)

Process inputs
features* - SimpleFeatureCollection
Input feature collection
VECTOR_LAYER　zhuli:CYFW

clip* - Geometry
Geometry to use for clipping (in same CRS as input features)
TEXT　application/json

{"type":"Polygon","coordinates":[[[13305611.61953,3053896.
[13307768.54830,3053457.16902],[13307673.10897,3051681.997
[13305964.74503,3051949.22767],[13305611.61953,3053896.189


```
<?xml version="1.0" encoding="UTF-8"?><wps:Execute version="1.0.0" service="WF
  <ows:Identifier>gs:Clip</ows:Identifier>
  <wps:DataInputs>
    <wps:Input>
      <ows:Identifier>features</ows:Identifier>
      <wps:Reference mimeType="text/xml" xlink:href="http://geoserver/wfs" met
        <wps:Body>
          <wfs:GetFeature service="WFS" version="1.0.0" outputFormat="GML2" xm
            <wfs:Query typeName="zhuli:CYFW"/>
          </wfs:GetFeature>
        </wps:Body>
      </wps:Reference>
    </wps:Input>
    <wps:Input>
      <ows:Identifier>clip</ows:Identifier>
      <wps:Data>
        <wps:ComplexData mimeType="application/json"><![CDATA[{"type":"Polygor
      </wps:Data>
    </wps:Input>
  </wps:DataInputs>
```


preserveZ - Boolean
Attempt to preserve Z values from the original geometry (interpolate value for

Process outputs
result* - SimpleFeatureCollection
Clipped feature collection
Generate　application/json

Authentication
Authenticate (will run the request as anonymous otherwise)

Execute process　Generate XML from process inputs/outputs

图 13 - 9　获得 gs:clip 的 xml 请求体

按照与上一节同样的方法可以构造裁切操作的 xml 请求体，在该操作中，因为已经默认了该操作的查询目标图层，故查询参数只有一个，就是 queryPolygon，代码如下。

```
let clipXmlData = '<?xml version="1.0" encoding="UTF-8"?><wps:Execute version="1.0.0" service="WPS" xmlns:xsi="http://www.w3.org/2001/XMLSchema-instance" xmlns="http://www.opengis.net/wps/1.0.0" xmlns:wfs="http://www.opengis.net/wfs" xmlns:wps="http://www.opengis.net/wps/1.0.0" xmlns:ows="http://www.opengis.net/ows/1.1" xmlns:gml="http://www.opengis.net/gml" xmlns:ogc="http://www.opengis.net/ogc" xmlns:wcs="http://www.opengis.net/wcs/1.1.1" xmlns:xlink="http://www.w3.org/1999/xlink" xsi:schemaLocation="http://www.opengis.net/wps/1.0.0 http://schemas.opengis.net/wps/1.0.0/wpsAll.xsd">';
        clipXmlData += '<ows:Identifier>gs:Clip</ows:Identifier>';
        clipXmlData += '<wps:DataInputs>';
        clipXmlData += '<wps:Input>';
        clipXmlData += '<ows:Identifier>features</ows:Identifier>';
        clipXmlData += '<wps:Reference mimeType="application/json" xlink:href="http://localhost:8080/geoserver/AIR/ows?service=WFS&amp;version=1.0.0&amp;request=GetFeature&amp;typeName=AIR%3AAir_Station&amp;maxFeatures=50&amp;outputFormat=application%2Fjson" method="GET"/>';
        clipXmlData += '</wps:Input>';
        clipXmlData += '<wps:Input>';
        clipXmlData += '<ows:Identifier>clip</ows:Identifier>';
        clipXmlData += '<wps:Data>';
        clipXmlData += '<wps:ComplexData mimeType="application/json"><![CDATA[' + queryPolygon + ']]></wps:ComplexData>';
        clipXmlData += '</wps:Data>';
        clipXmlData += '</wps:Input>';
        clipXmlData += '</wps:DataInputs>';
        clipXmlData += '<wps:ResponseForm>';
        clipXmlData += '<wps:RawDataOutput mimeType="application/json">';
        clipXmlData += '<ows:Identifier>result</ows:Identifier>';
        clipXmlData += '</wps:RawDataOutput>';
        clipXmlData += '</wps:ResponseForm>';
        clipXmlData += '</wps:Execute>';
```

构造好请求体之后，按照同样的方法将请求发送到 WPS 服务端，等待来自 WPS 服务端的响应代码如下。

```
const wpsUrl = "http://localhost:8080/geoserver/ows?service=WPS&version=1.0.0";
```

```
//处理返回的要素集
$.ajax({
        url: wpsUrl,
        type: 'post',
        contentType: 'application/json',
        data: clipXmlData,
        dataType: 'json',
        success: function(result) {
            let features = result.features;
            //处理返回的要素集
}});
```

第 14 章　OpenLayers 综合应用——空气环境质量地图

14.1　概述

在介绍了以上各个 OpenLayers 的功能的使用方法之后，本书设计并实现了一个以环境空气质量监测为背景的 Web GIS 应用系统。该系统以 OpenLayers 为开发框架，综合 OpenLayers 的各个模块的使用方法，构建了一个接近实用的 Web GIS 应用系统。该系统的所有代码及部署方法将全部共享，供有兴趣的读者进一步学习，以全面掌握 Web GIS 的开发方法。

14.2　项目概要

本项目是一个典型的 Web GIS 系统，该系统以电子地图的方式管理了厦门市所有的空气质量监测站点及监测站点所连接的监测数据(此数据是模拟的，理论上也可以完成与环境监测传感器的连接)。通过点击站点图标，查看该站点现实的空气监测数据。同时也可以通过空间查询的方式，查询一定空间范围内的监测站点的分布情况等。下面就本项目涉及到的功能清单、数据服务、代码规划与实现效果等内容进行分析和解读。

14.3　功能清单

按照一般的系统基本需求，本系统设计了一些功能，见表 14－1。

表 14－1　环境空气质量地图功能列表

序号	模块	功能名称	描述
1	底图	底图切换	在矢量底图、影像底图、地形底图之间切换
2	量测	坐标拾取	点击地图获得点击处的地理坐标
3	测量	长度测量	返回绘制线长度
4	测量	面积测量	返回绘制的多边形面积
5	图层管理	图层管理	加载图层、关闭打开图层
6	标注	标注点	—

续表

序号	模块	功能名称	描述
7	标注	标注线	—
8	标注	标注面	标注矩形、圆形、多边形
9	空间查询	点击查询	点击站点图标，返回该站点空气质量信息
10	空间查询	范围查询	空间范围查询，查询空间范围内的站点
11	空间查询	缓冲区查询	点缓冲、线缓冲、面缓冲查询缓冲区内站点

14.4　数据准备与服务发布

要实现以上功能，需要同时使用公共服务数据和自有数据。公共服务数据可以使用天地图的相关服务；自有数据主要是厦门市的行政区划图，空气质量监测站点分布图，其数据格式是 ShapeFile；空气质量监测数据可以采用实时对接数据采集服务的方式获取，在本案例中，使用本地数据对其进行模拟，将其直接绑定到监测站点图层。环境空气质量地图数据清单见表 14－2。

表 14－2 环境空气质量地图数据清单

序号	数据目录	数据来源	描述
1	矢量底图	天地图	矢量底图(WMTS/XYZ)
2	矢量注记	天地图	矢量注记(WMTS/XYZ)
3	地形底图	天地图	地形底图(WMTS/XYZ)
4	地形注记	天地图	地形注记(WMTS/XYZ)
5	影像底图	天地图	影像底图(WMTS/XYZ)
6	影像注记	天地图	影像注记(WMTS/XYZ)
7	行政区划	自有数据	发布成 WFS
8	监测站点	自有数据	发布成 WFS

将天地图的数据由底图＋注记组合在一起，构成天地图矢量图层组、天地图影像图层组和天地图地形图层组，代码如下。

```
const tiandituXYZ = {
  //天地图矢量图层组
  VEC: new LayerGroup({
    id: "tiandituXYZVec",
```

```
    layers: [createXYZLayer(tiandituVecUrl), createXYZLayer(tiandituCvaUrl)],
    visible: true
  }),
  //天地图影像图层组
  IMG: new LayerGroup({
    id: "tiandituXYZImg",
    layers: [createXYZLayer(tiandituImgUrl), createXYZLayer(tiandituCiaUrl)],
    visible: false
}),
  //天地图地形图层组
  TER: new LayerGroup({
    id: "tiandituXYZTer",
    layers: [createXYZLayer(tiandituTerUrl), createXYZLayer(tiandituCtaUrl)],
    visible: false
}),
};
```

将行政区划数据和监测站点数据在原始数据为 ShapeFile 的情况下，通过 GeoServer 发布为矢量图层，采用 JSON 作为数据交换格式，这两个图层的代码如下。

```
//监测站点图层
const STA_URL = "http://localhost:8080/geoserver/AIR/ows? service=WFS&version=1.0.0&request=GetFeature&typeName=AIR%3AAir_Station&maxFeatures=50&outputorat=application%2Fjson";
//行政区划图层
const CITY_URL = "http://localhost:8080/geoserver/AIR/ows? service=WFS&version=1.0.0&request=GetFeature&typeName=AIR%3Axiamen&maxFeatures=50&outputFormat=application%2Fjson";
```

14.5 代码规划与实现效果

本书将空气质量环境地图设计为一个单页面的 Web 应用程序框架，同时将页面展现与逻辑实现彻底分离。页面只提供按钮、下拉菜单、地图及用作弹出窗口的 overlay 容器，主要代码完全封装在 index.js 中，代码如下。

```
<! DOCTYPE html>
<html lang="en">
<head>
```

```
  <meta charset="UTF-8">
  <meta name="viewport" content="width=device-width, initial-scale=1.0">
  <title>AQI MAP</title>
  <link rel="stylesheet" href="../assets/css/index.css" />
</head>
<body>
  <!--地图及 Overlay 容器-->
  <div id="map"><div id="staPopup"></div></div>
  <ul class="layui-nav toolbar layui-bg-molv">
    <li id="zoomIn" class="layui-nav-item zoom-tool"><a href="#"><img
class="menu-icon" src="../assets/images/zoomin.png" />放大</a></li>
    <li id="zoomOut" class="layui-nav-item zoom-tool"><a href="#"><img
class="menu-icon" src="../assets/images/zoomout.png" />缩小</a></li>
    <!--影像导航-->
    <li class="layui-nav-item">
      <a href="javascript:;"><img class="menu-icon" src="../assets/images/
baselayer.png" />底图</a>
      <dl class="layui-nav-child">
        <dd id="vec" class="layer-item layui-this"><a href="#">矢量</a
></dd>
        <dd id="img" class="layer-item"><a href="#">影像</a></dd>
        <dd id="ter" class="layer-item"><a href="#">地形</a></dd>v
      </dl>
    </li>
    <!--测量工具导航-->
    <li class="layui-nav-item">
      <a href="javascript:;"><img class="menu-icon" src="../assets/images/
measure.png" />测量</a>
      <dl class="layui-nav-child">
        <dd id="measureCoordinate" class="measure-tool"><a href="#">坐标
拾取</a></dd>
        <dd id="measureDistance" class="measure-tool"><a href="#">测距离
</a></dd>
        <dd id="measureArea" class="measure-tool"><a href="#">测面积</a
></dd>
```

```
        <dd id="measureClear" class="measure - tool"><a href=" # ">清除测量
</a></dd>
      </dl>
    </li>
    <! --标注工具导航-->
    <li class="layui - nav - item">
      <a href="javascript:;"><img class="menu - icon" src="../assets/images/
marker.png" />标注</a>
      <dl class="layui - nav - child">
        <dd id="markerPoint" class="marker - tool"><a href=" # ">点标注</a>
</dd>
        <dd id="markerLine" class="marker - tool"><a href=" # ">线标注</a>
</dd>
        <dd id="markerSquare" class="marker - tool"><a href=" # ">方形标注</
a></dd>
        <dd id="markerCircle" class="markerv - tool"><a href=" # ">圆形标注
</a></dd>
        <dd id="markerPolygon" class="marker - tool"><a href=" # ">多边形标注
</a></dd>
        <dd id="markerClear" class="marker - tool"><a href=" # ">清除标注</a
></dd>
      </dl>
    </li>
    <! --查询工具导航-->
    <li id="identifyTool"  class="layui - nav - item"><a href=" # "><img
class="menu - icon" src="../assets/images/zoomin.png" />空间查询</a></li>
  </ul>
  <div class="layui - card toolPanel">
    <div class="layui - card - header">空间查询</div>
    <div class="layui - card - body">
      <form class="layui - form layui - form - pane" action="">
      <div class="layui - form - item"  pane="">
        <label class="layui - form - label">工具</label>
        <div class="layui - input - block">
          < input type = "radio" name = "queryType" value = "Point" title = "点"
```

```
checked="">
          <input type="radio" name="queryType" value="LineString" title="
线">
          <input type="radio" name="queryType" value="Polygon" title="面">
        </div>
      </div>
      <div class="layui-form-item"  pane="">
        <label class="layui-form-label">缓冲范围</label>
        <div class="layui-input-block">
          <input type="text" name="buffer" value="30" class="layui-input">
        </div>
        </div>
        <div class="layui-form-item">
          <div class="layui-input-block" style="text-align:right;">
            <button id="drawQuery" class="layui-btn">绘制</button>
            <button id="clearQuery" class="layui-btn">清除</button>
          </div>
        </div>
      </form>
    </div>
  </div>
  <!--逻辑代码-->
  <script src="../js/index.js"></script>
</body>
</html>
```

由于本应用的代码比较复杂，不能将所有代码都写在 index.js 中，通过规划，将不同功能写在不同的 js 文件中，见表 14-3，最后将所有 js 文件集成在 index.js 文件中，以便将来维护。

表 14-3　环境空气质量地图的代码规划

序号	文件	描述
1	config.js	用于定义全局变量
2	tiandituXyzLayerConfig.js	用于定义天地图的图层组资源
3	airLayers	用于定义自有发布的图层
4	drawUtil.js	地图标注工具的实现

续表

序号	文件	描述
5	measure. js	量测工具的实现
6	spatialQueryUtil. js	空间查询工具的实现
7	index. js	集成工具的实现

最终，在 index. js 文件中，引入实现了各个功能组件 js 文件，实现最终代码的集成，以降低整体代码的复杂性，让各个功能模块的实现更加便利。

```
import MAP_CONFIG from "./config.js";
import tiandituXYZ from "./tiandituXyzLayerConfig.js";
import measureUtil from "./measureUtil.js";
import drawUtil from "./drawUtil.js";
import airLayers from "./airLayers.js";
import spatialQueryUtil from "./spatialQueryUtil.js";
```

关于各模块的具体实现，因为篇幅的原因，就不在此一一赘述。读者可以去课程网站上下载本教材的具体代码和数据进行研究。环境空气质量地图的整体实现效果如图 14-1 至图 14-5 所示。

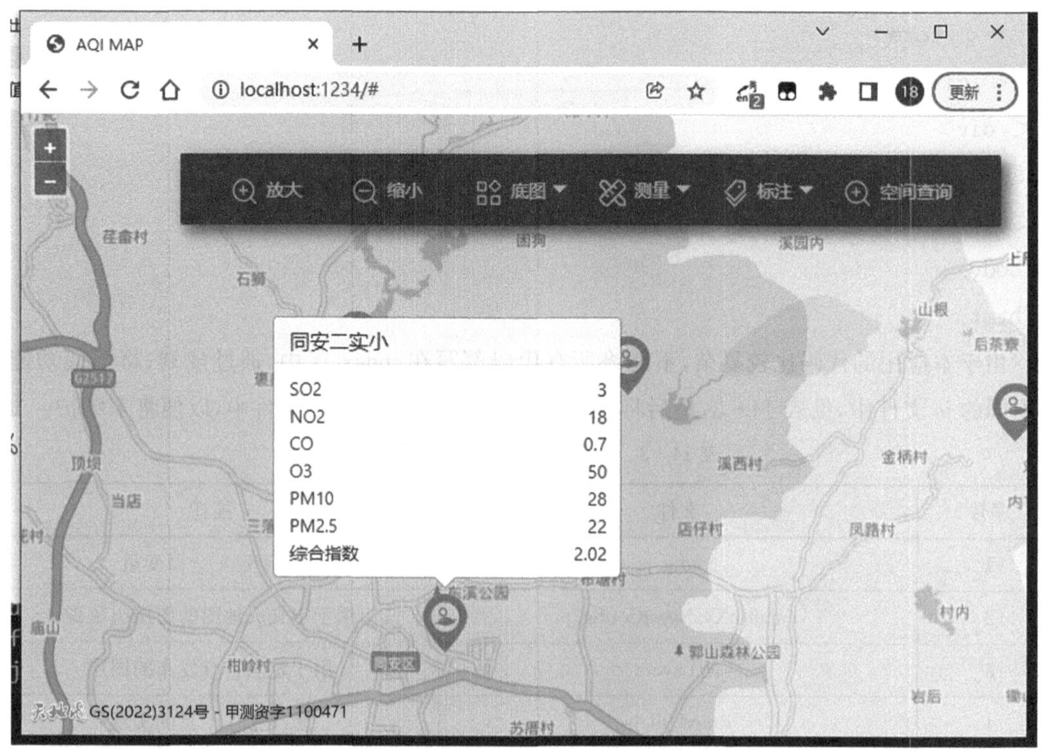

图 14-1　点击查询

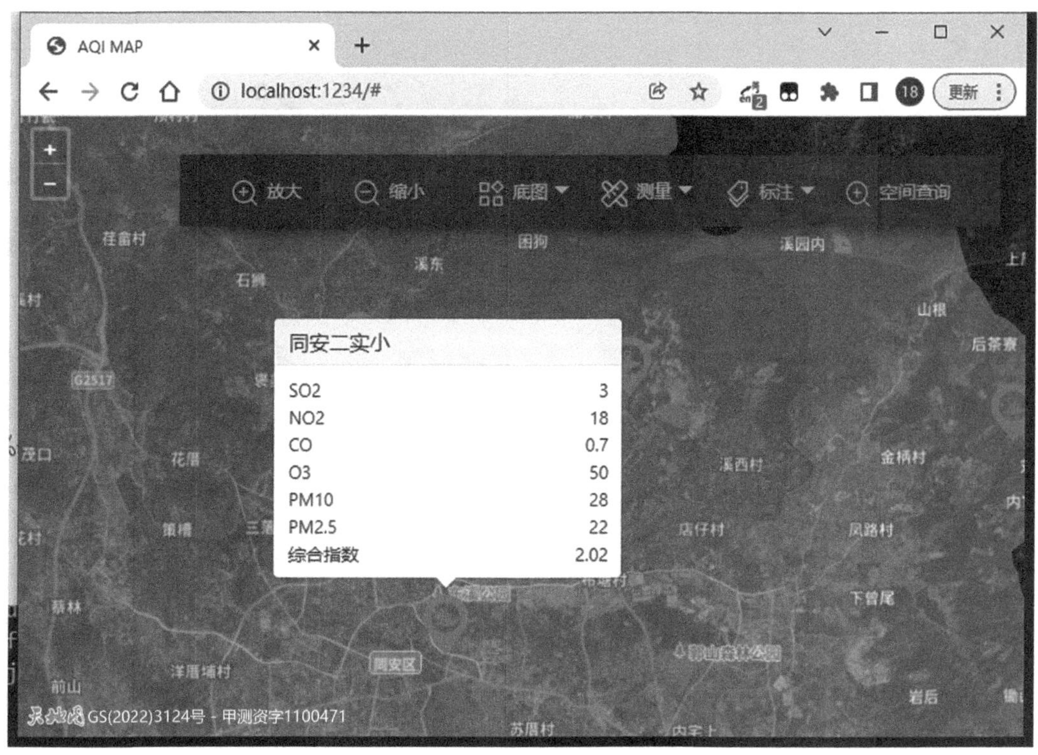

图 14－2　底图切换之影像底图

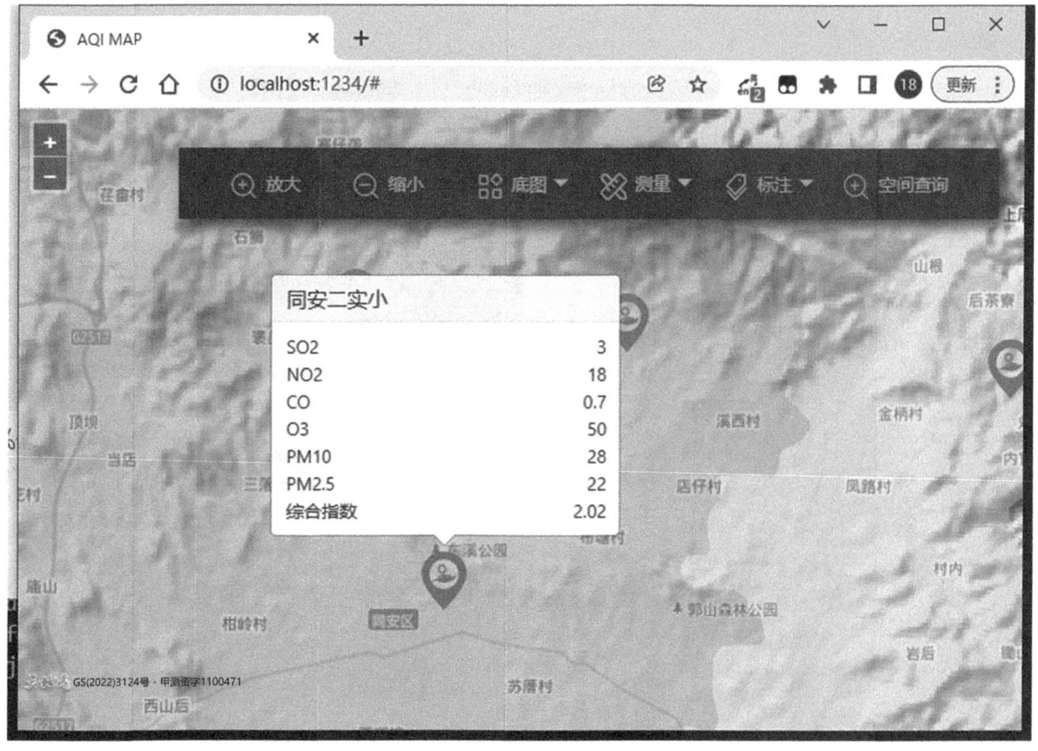

图 14－3　底图切换之地形底图

图 14 - 4　量测工具的实现

图 14 - 5　空间查询

参考文献

[1]龚健雅,张翔,向隆刚,等.智慧城市综合感知与智能决策的进展及应用[J].测绘学报,2019,48(12):1482-1497.

[2]宋关福.AI GIS:地理智慧的融合之道[J].软件和集成电路,2021(04):34-39.DOI:10.19609/j.cnki.cn10-1339/tn.2021.04.009.

[3]李彤.GML与GeoJSON格式的编码解码与传输差异比较研究[J].北京测绘,2018,32(03):281-285.DOI:10.19580/j.cnki.1007-3000.2018.03.007.

[4]蒋捷,吴华意,黄蔚.国家地理信息公共服务平台"天地图"的关键技术与工程实践[J].测绘学报,2017,46(10):1665-1671.

[5]詹亮,苗放,冷小鹏.空间信息Web服务在Web GIS中的共享应用研究[J].测绘与空间地理信息,2014,37(03):65-68.

[6]王方雄,满慧嘉.基于GML的网络GIS数据互操作方法研究[J].地理空间信息,2008(05):39-42.

[7]张书亮,戚海峰,张亦鸣,等.空间互操作框架集成模式分析[J].地球信息科学,2006(04):88-95.

[8]张书亮,闾国年,苗立志,等.GML在中国的研究进展[J].地球信息科学,2008,10(06):6763-6769.

[9]胡磊,乐鹏,龚健雅等.异步地理信息网络处理服务方法研究[J].武汉大学学报(信息科学版),2016,41(05):679-685.DOI:10.13203/j.whugis20140413.

[10]郭建忠,谢耕,成毅,等.网格GIS与云GIS辨析[J].测绘科学技术学报,2014,31(02):111-114.

[12]赵玲玲.建设实景三维中国、打造统一空间基底——《关于全面推进实景三维中国建设的通知》解读[J].资源导刊,2022(08):16-17.

[13]吴强,张侹,王华,等. Web GIS关键性能指标测试技术研究[J].测绘科学与工程, 2016, 36(4):3.

[14]郑玉明,廖湖声,陈镇虎.空间数据库引擎的R树索引[J].计算机工程,2004(05):38-39+97.

[15]郭建忠,欧阳,魏海平,等.基于文件与基于数据库的格网索引[J].测绘学院学报,2002(03):220-223.

[16]阎超德,赵学胜.GIS空间索引方法述评[J].地理与地理信息科学,2004(04):23-26+39.

[17]自然资源部办公厅.关于全面推进实景三维中国建设的通知[EB/OL].[2022-2-24].http://gi.mnr.gov.cn/202202/t20220225_2729401.html.

[18]刘荣梅，缪谨励，赵林林. 欧盟空间信息基础设施建设(INSPIRE)：兼议对中国地学信息化的启示[J]. 地质通报，2015，34(08)：1562－1569.
[19]李波，丁仙峰，伊文英，等. 基于 REST 的空间信息服务互操作协议的研究[J]. 计算机科学，2012，39(S1)：109－112＋131.